中文版 Photoshop CC 基础培训教程

（第2版）

数字艺术教育研究室◎编著

人民邮电出版社
北京

图书在版编目（CIP）数据

中文版Photoshop CC基础培训教程 / 数字艺术教育研究室编著. -- 2版. -- 北京 : 人民邮电出版社, 2023.7
ISBN 978-7-115-60992-2

Ⅰ. ①中… Ⅱ. ①数… Ⅲ. ①图象处理软件－教材 Ⅳ. ①TP391.413

中国国家版本馆CIP数据核字(2023)第115975号

内 容 提 要

本书全面系统地介绍了 Photoshop CC 2019 的基本操作方法和图形图像处理技巧，包括图像处理基础知识，初识 Photoshop CC 2019，绘制和编辑选区，绘制图像，修饰图像，编辑图像，绘制图形及路径，调整图像的色彩和色调，图层的应用，应用文字与蒙版，使用通道、滤镜与动作，以及商业案例实训等内容。

本书以课堂案例为主线，通过对各案例的实际操作，读者可以快速上手，熟悉软件功能和艺术设计思路。书中的软件功能讲解部分能够使读者深入学习软件功能和基本制作技能；课堂练习和课后习题部分可以锻炼读者的动手能力；商业案例实训部分可以让读者快速掌握商业设计的理念和方法，使读者顺利达到实战水平。

本书适合作为院校和培训机构艺术类专业课程的教材，也可作为 Photoshop CC 2019 自学人员的参考书。

◆ 编　　著　数字艺术教育研究室
责任编辑　杨　璐
责任印制　马振武
◆ 人民邮电出版社出版发行　　北京市丰台区成寿寺路 11 号
邮编　100164　　电子邮件　315@ptpress.com.cn
网址　https://www.ptpress.com.cn
北京九州迅驰传媒文化有限公司印刷
◆ 开本：787×1092　1/16
印张：16.25　　2023 年 7 月第 2 版
字数：430 千字　　2025 年 1 月北京第 2 次印刷

定价：59.90 元

读者服务热线：(010)81055410　印装质量热线：(010)81055316
反盗版热线：(010)81055315
广告经营许可证：京东市监广登字 20170147 号

Photoshop CC 2019是由Adobe公司开发的图形图像处理软件，它功能强大、易学易用，深受图形图像处理爱好者和平面设计人员的喜爱。目前，我国很多院校和培训机构的艺术类专业，都将Photoshop设为一门重要的专业课程。为了帮助院校和培训机构的教师全面、系统地讲授这门课程，使学生能够熟练地使用Photoshop进行设计，数字艺术教育研究室组织从事Photoshop教学的教师和专业平面设计公司里经验丰富的设计师共同编写了本书。

内容特点

在编写体系方面，本书做了精心的设计，按照“课堂案例—软件功能解析—课堂练习—课后习题”这一思路进行编排。本书力求通过课堂案例演练，使学生快速熟悉软件功能和艺术设计思路；通过软件功能解析，使学生深入学习软件的功能和制作特色；通过课堂练习和课后习题，拓展学生的实际应用能力。

本书在内容编写方面，力求细致全面、重点突出；在文字叙述方面，注意言简意赅、通俗易懂；在案例选取方面，强调案例的针对性和实用性。

配套资源

本书配套资源包含书中所有案例、课堂练习和课后习题的素材文件及效果文件。另外，如果读者是老师，购买本书作为授课教材，本书还将提供教学大纲、备课教案、教学PPT，以及课堂实战演练和课后综合演练操作答案等相关教学资源包，老师在讲课时可直接使用，也可根据实际需求任意修改课件、教案。扫描右侧二维码即可获得资源下载方式。

如果大家在阅读或使用过程中遇到任何与本书相关的技术问题或者需要帮助，请发邮件至szys@ptpress.com.cn，我们会尽力为大家解答。

学时分配参考

本书的参考学时为64学时，其中实训环节为30学时，各章的参考学时参见下面的学时分配表。

章	课程内容	学时分配	
		讲授	实训
第1章	图像处理基础知识	1	—
第2章	初识Photoshop CC 2019	1	—
第3章	绘制和编辑选区	3	2
第4章	绘制图像	3	2
第5章	修饰图像	2	2
第6章	编辑图像	2	2
第7章	绘制图形及路径	4	3
第8章	调整图像的色彩和色调	3	3
第9章	图层的应用	3	3
第10章	应用文字与蒙版	3	3
第11章	使用通道、滤镜与动作	3	2
第12章	商业案例实训	6	8
学时总计		34	30

由于编者水平有限，书中难免存在不妥之处，敬请广大读者批评指正。

编者

2022年11月

Photoshop教学辅助资源

素材类型	名称或数量	素材类型	名称或数量
教学大纲	1套	课堂案例	33个
电子教案	12单元	课堂练习	21个
PPT课件	12个	课后习题答案	21个
第3章 绘制和编辑选区	制作时尚彩妆类电商Banner	第10章 应用文字与蒙版	制作服装类App主页Banner
	制作商品详情页主图		制作房地产类公众号封面次图
	制作装饰画		制作空调广告
	制作果汁海报		制作豆浆机广告
第4章 绘制图像	制作风景插画	第11章 使用通道、滤镜与动作	制作婚纱摄影类公众号运营海报
	制作浮雕画		制作素描画效果
	制作摄影类公众号封面		制作彩妆网店详情页主图
	制作女装活动页H5首页		制作每日早餐公众号封面首图
	绘制时尚装饰画		制作文化传媒类公众号封面首图
	制作应用商店类UI图标		制作家用电器类微信公众号封面首图
第5章 修饰图像	清除照片中的涂鸦	第12章 商业案例实训	制作空调扇Banner
	清除商品上的灰尘		制作生活家具类网站Banner
	为餐具添加表情		制作服饰类App主页Banner
	制作头戴式耳机海报		制作美妆护肤网店Banner
	修复模糊图像		制作电商平台App主页Banner
	修复化妆品		制作抗皱精华露海报
第6章 编辑图像	制作展示画		制作实木餐桌椅海报
	制作音量调节器		制作旅行社推广海报
	为产品添加标识		制作实木双人床海报
	制作旅游类公众号首图		制作汽车海报
	制作房地产类公众号信息图		制作儿童教育图书封面
第7章 绘制图形及路径	制作箱包类促销公众号封面首图		制作化妆美容图书封面
	制作箱包类App主页Banner		制作摄影图书封面
	制作音乐节装饰画		制作花艺工坊图书封面
	制作结婚请柬		制作少儿读物图书封面
	制作中秋节庆海报		制作果汁饮料包装
第8章 调整图像的色彩和色调	修正详情页主图中偏色的图片		制作冰激凌包装
	调整过暗的图片		制作土豆片软包装
	制作休闲生活类公众号封面首图		制作洗发水包装
	调整照片的色彩与明度		制作五谷杂粮包装
	制作旅游出行微信公众号封面首图		制作生活家具类网站首页
	制作数码影视公众号封面首图		制作生活家具类网站详情页
	制作女装网店详情页主图		制作生活家具类网站列表页
第9章 图层的应用	制作家电网站首页Banner		制作中式茶叶官网首页
	制作计算器图标		制作中式茶叶官网详情页
	制作化妆品网店详情页主图		制作旅游类App首页
	制作文化创意运营海报		制作旅游类App引导页
	制作饰品类公众号封面首图		制作旅游类App个人中心页
第10章 应用文字与蒙版	制作家装网站首页Banner		制作旅游类App酒店详情页
	制作霓虹字		制作旅游类App登录页
	制作家电类网站首页Banner		

CONTENTS 目录

第1章

图像处理基础知识

本章介绍

本章主要介绍Photoshop CC 2019图像处理的基础知识，包括位图与矢量图、分辨率、文件常用格式和图像的颜色模式等。通过对本章的学习，读者可以快速掌握这些基础知识，从而更快、更准确地处理图像。

课堂学习目标

- 了解位图和矢量图的概念
- 了解不同的分辨率
- 熟悉图像的不同颜色模式
- 熟悉软件常用的文件格式

1.1 位图和矢量图

图像可以分为两大类：位图和矢量图。下面对这两种类型的图像进行简单介绍。

1.1.1 位图

位图也叫点阵图像，它由许多单独的小方块组成，这些小方块称为像素。每个像素都有特定的位置和颜色值，位图的显示效果与像素紧密相关，不同位置和颜色的像素组合在一起就构成了一幅色彩丰富的图像。像素越多，图像的分辨率越高，相应地，生成的文件也越大。

一幅位图的原始效果如图1-1所示。使用缩放工具将其放大后，可以清晰地看到像素的小方块与颜色，如图1-2所示。

位图的清晰度与分辨率有关，如果在屏幕上以较大的倍数放大图像，或以低于创建时的分辨率打印图像，图像就会出现锯齿状的边缘，并且会丢失细节。

图1-1

图1-2

1.1.2 矢量图

矢量图也叫向量图，它是一种基于图形的几何特性、用数学方式来描述的图像。矢量图中的图形元素称为对象，每一个对象都是独立的个体，都具有大小、颜色、形状和轮廓等属性。

矢量图的清晰度与分辨率无关，将分辨率设置为任意大小，矢量图的清晰度不变，也不会出现锯齿状的边缘。在任何分辨率下显示或打印，矢量图都不会丢失细节。一幅矢量图的原始效果如图1-3所示。使用缩放工具将其放大后，其清晰度不变，效果如图1-4所示。

图1-3　　图1-4

矢量图所占的存储空间较小，但是不宜制作色彩丰富的图像，无法像位图那样精确地描绘各种绚丽的景象。

1.2 分辨率

分辨率是用于描述图像文件信息的术语。分辨率分为图像分辨率、屏幕分辨率和输出分辨率3种，下面将分别进行讲解。

1.2.1 图像分辨率

在Photoshop CC 2019中，图像分辨率指图像单位长度上的像素数，其单位为像素/英寸（dpi）或像素/厘米。

在相同尺寸的两幅图像中，高分辨率的图像包含的像素比低分辨率的图像包含的像素多。如一幅尺寸为1英寸 × 1英寸的图像，其分辨率为72像素/英寸，这幅图像包含5184个像素（72×72=5184）。尺寸相同、分辨率为300像素/英寸的图像包含90000个像素。相同尺寸下，分辨率为72像素/英寸的图像效果如图1-5所示；分辨率为10像素/英寸的图像效果如图1-6所示。由此可见，在相同尺寸下，高分辨率的图像能更清晰地表现内容。

提示

如果一幅图像包含的像素数是固定的，增大图像尺寸后，图像的分辨率会降低。

图1-5

图1-6

1.2.2　屏幕分辨率

屏幕分辨率指显示器单位长度显示的像素数。屏幕分辨率取决于显示器尺寸及其像素设置。Windows显示器的分辨率一般约为96像素/英寸，Mac显示器的分辨率一般约为72像素/英寸。在Photoshop CC 2019中，图像像素被直接转换成了显示器像素，当图像分辨率高于显示器分辨率时，屏幕显示的图像尺寸比实际尺寸大。

1.2.3　输出分辨率

输出分辨率是照排机或打印机等输出设备产生的每英寸的油墨点数（dpi）。打印机的分辨率为300dpi时，可以得到比较好的打印效果。

1.3　图像的颜色模式

Photoshop CC 2019提供了多种颜色模式，这些颜色模式正是作品能够在屏幕和印刷品上成功表现的重要保障。在这些颜色模式中，经常使用到的有CMYK模式、RGB模式、Lab模式及HSB模式。另外，还有索引模式、灰度模式、位图模式、双色调模式和多通道模式等。可以在“图像>模式”子菜单中选择这些模式，每种颜色模式都有不同的色域，并且各个模式之间可以相互转换。下面将介绍主要的颜色模式。

1.3.1　CMYK模式

CMYK代表了印刷时使用的4种油墨颜色：C代表青色，M代表洋红色，Y代表黄色，K代表黑色，其“颜色”面板如图1-7所示。

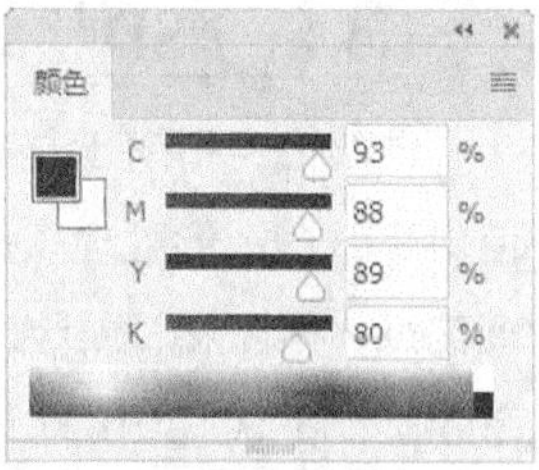

CMYK模式应用了色彩学中的减法混合原理，即减色模式，它是Photoshop作品中最常用的颜色模式之一。

图1-7

1.3.2　RGB模式

与CMYK模式不同的是，RGB模式是一种加色模式，它通过叠加红、绿、蓝3种颜色形成更多的颜色。RGB是色光的颜色叠加模式，一幅24bit的RGB图像有3个颜色通道：红色（R）、绿色（G）和蓝色（B），其“颜色”面板如图1-8所示。

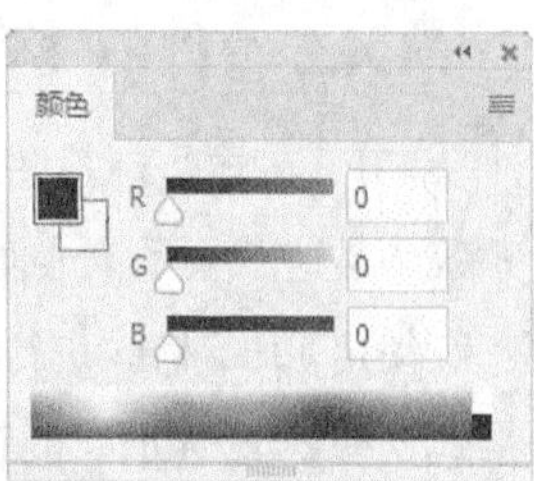

图1-8

每个颜色通道都有8bit的色彩信息，即0~255亮度值的色域。也就是说，每一种颜色都有256级亮度水平。3种颜色叠加，可以有256×256×256=16777216

种可能的颜色。这么多种颜色足以表现出绚丽多彩的世界。

在Photoshop CC 2019中编辑图像时，建议选择RGB模式。

1.3.3 灰度模式

灰度图又叫8bit深度图。每个像素用8位二进制数表示，因此该模式能产生2^8（即256）级灰色调。当一个彩色模式文件被转换为灰度模式文件时，其所有的颜色信息都将丢失。尽管Photoshop CC 2019允许将灰度模式文件转换为彩色模式文件，但无法将原来的颜色完全还原。所以，当要将文件转换为灰度模式时，应先做好备份。

与黑白图像一样，灰度模式的图像只有明暗值，没有色相和饱和度这两种颜色信息。0%代表白，100%代表黑，K值用于衡量黑色油墨的用量，其“颜色”面板如图1-9所示。

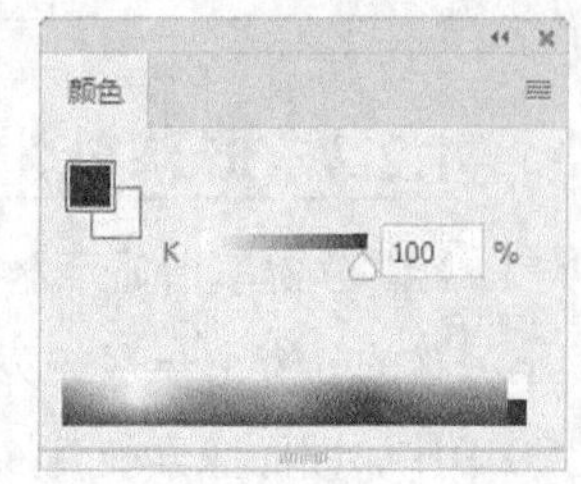

图1-9

提示

将图像由彩色模式转换为双色调（Duotone）模式或位图（Bitmap）模式前，必须先将其转换为灰度模式。

1.4 常用的图像文件格式

当用Photoshop CC 2019制作或处理好一幅图像后，就要进行存储。这时，选择一种合适的文件格式就显得十分重要。Photoshop CC 2019有20多种文件格式可供选择。在这些文件格式中，既有Photoshop的专用格式，也有通用的文件格式，还有一些比较特殊的格式。下面将介绍几种常用的文件格式。

1.4.1 PSD格式和PDD格式

PSD格式和PDD格式是Photoshop的专用文件格式，能够支持从线图到CMYK模式的所有图像类型，但由于一些图形处理软件不支持，所以它们的通用性不强。PSD格式和PDD格式能够保存图像数据的处理信息，如图层、蒙版、通道等。在没有最终决定图像的存储格式前，最好先以这两种格式存储。另外，Photoshop CC 2019打开和存储这两种格式文件的速度比其他格式更快。但是这两种格式也有缺点，就是它们所存储的图像文件会占用较大的存储空间。

1.4.2 TIFF格式

TIFF格式是标签图像格式。TIFF格式具有很强的可移植性，它可以用于Windows、macOS及UNIX系统，是这三大系统上使用较广泛的绘图格式。

使用TIFF格式进行存储时应考虑到文件的大小，因为TIFF格式的结构要比其他格式更复杂。TIFF格式支持24个通道，能存储多于4个通道的文件。TIFF格式还允许使用Photoshop中的复杂工具和滤镜特效。这种格式非常适用于印刷和输出。

1.4.3　BMP格式

BMP是Windows Bitmap的缩写。这种格式的文件可以用于Windows下的绝大多数应用程序。

BMP格式使用索引色彩，其图像具有极为丰富的色彩。BMP格式能够存储黑白图像、灰度图像和24位RGB图像等。此格式一般在多媒体演示、视频输出等情况下使用，但不能在macOS中使用。在存储BMP格式的图像文件时，还可以进行无损压缩，这样能够节省磁盘空间。

1.4.4　GIF格式

GIF是Graphics Interchange Format的缩写。GIF格式的图像文件比较小，所以一般采用这种格式的文件来缩短图像的加载时间。如果在网络中传输图像文件，GIF格式的图像文件要比其他格式的图像文件快得多。

1.4.5　JPEG格式

JPEG是Joint Photographic Experts Group的缩写，其中文意思为联合图像专家组。JPEG格式既是Photoshop支持的一种文件格式，也是一种压缩方案。它是常用的一种存储格式。JPEG格式是压缩格式中的“佼佼者”，与TIFF格式采用的LZW无损压缩相比，它的压缩比例更大。但它使用的有损压缩算法会导致部分数据丢失。用户可以在存储前选择图像的质量，这样就能控制数据的损失程度。

1.4.6　EPS格式

EPS是Encapsulated Post Script的缩写。EPS格式可用于在Illustrator和Photoshop之间交换数据。Illustrator制作出来的流动曲线、简单图形和专业图像一般都存储为EPS格式。Photoshop可以打开这种格式的文件。在Photoshop CC 2019中，也可以把其他格式的文件存储为EPS格式，使其能在Illustrator等其他绘图类的软件中打开。

1.4.7　选择合适的图像文件存储格式

可以根据工作的需要选择合适的图像文件存储格式，下面根据图像的不同用途列出适合的存储格式。

用于印刷：TIFF、EPS。

用于出版物：PDF。

用于网络：GIF、JPEG、PNG。

用于Photoshop图像处理工作：PSD、PDD。

第2章

初识Photoshop CC 2019

本章介绍

本章先对Photoshop CC 2019的工作界面进行介绍，然后介绍Photoshop CC 2019中的基本操作。通过对本章的学习，读者可以对Photoshop CC 2019的多种功能有一个大体的了解，从而在制作图像的过程中快速地定位并应用相应的工具，完成图像的制作。

课堂学习目标

- 了解软件的工作界面
- 了解文件的操作方法
- 了解图像的显示效果
- 了解标尺、参考线和网格线的设置方法
- 了解图像和画面尺寸的调整方法
- 了解绘图颜色的设置方法
- 了解图层的含义和基本操作
- 了解恢复操作的方法

2.1 工作界面的介绍

2.1.1　菜单栏与快捷键

熟练掌握工作界面中的内容，有助于初学者日后得心应手地驾驭Photoshop CC 2019。Photoshop CC 2019的工作界面主要由菜单栏、属性栏、工具箱、控制面板和状态栏组成，如图2-1所示。

菜单栏
属性栏
工具箱
控制面板
状态栏
文件(F) 编辑(E) 图像(I) 图层(L) 文字(Y) 选择(S) 滤镜(T) 3D(D) 视图(V) 窗口(W) 帮助(H)

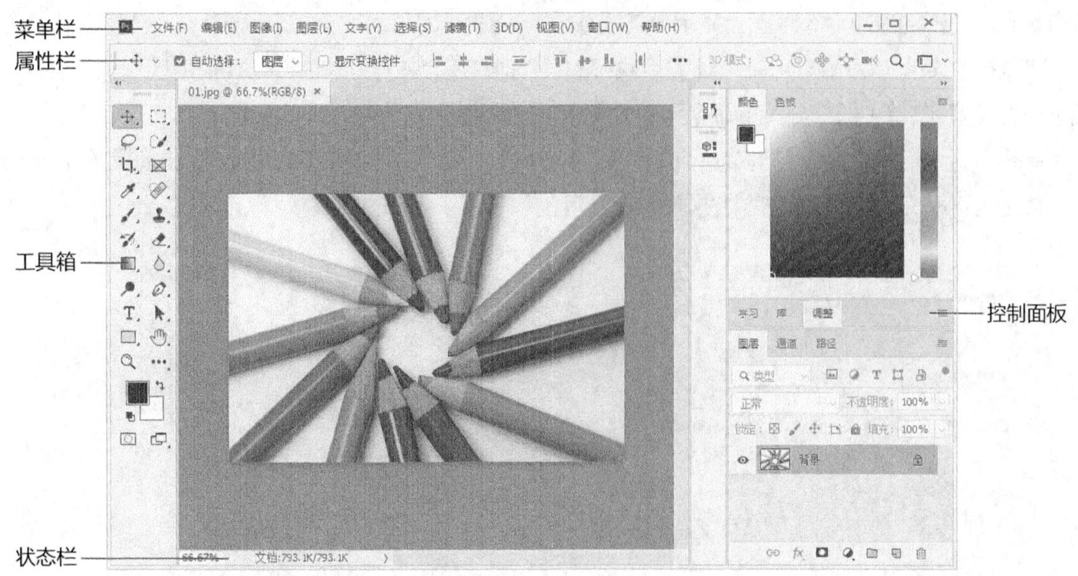

图2-1

菜单栏：菜单栏中共包含11个菜单，利用各个菜单中的命令可以完成编辑图像、调整色彩和添加滤镜效果等操作。

工具箱：工具箱中包含了多个工具，利用不同的工具可以完成对图像的绘制、观察和测量等操作。

属性栏：属性栏包含工具箱中各个工具的扩展功能，在属性栏中设置不同的选项，可以快速地完成多样化的操作。

控制面板：控制面板是Photoshop CC 2019的重要组成部分，在不同的控制面板中进行设置，可以完成填充颜色、设置图层和添加图层样式等操作。

状态栏：状态栏显示了当前文件的显示比例、文档大小、当前工具和暂存盘大小等提示信息。

1. 菜单分类

Photoshop CC 2019的菜单栏包括“文件”菜单、“编辑”菜单、“图像”菜单、“图层”菜单、“文字”菜单、“选择”菜单、“滤镜”菜单、“3D”菜单、“视图”菜单、“窗口”菜单及“帮助”菜单，如图2-2所示。

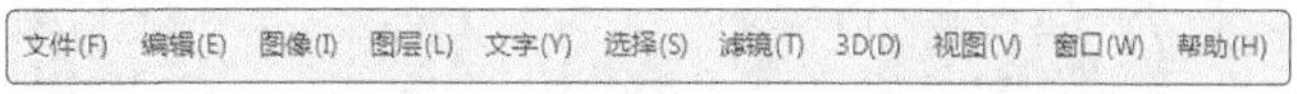

文件(F) 编辑(E) 图像(I) 图层(L) 文字(Y) 选择(S) 滤镜(T) 3D(D) 视图(V) 窗口(W) 帮助(H)

图2-2

各菜单功能如下。

“文件”菜单包含了各种基础文件操作命令。“编辑”菜单包含了各种编辑文件的操作命令。“图像”菜单包含了各种改变图像的大小、颜色等的操作命令。“图层”菜单包含了各种调整图像中图层的操作命令。

“文字”菜单包含了各种对文字的编辑和调整功能。“选择”菜单包含了各种关于选区的操作命令。“滤镜”菜单包含了各种添加滤镜效果的操作命令。“3D”菜单包含了各种创建3D模型、控制框架和编辑光线的操作命令。“视图”菜单包含了各种对视图进行设置的操作命令。“窗口”菜单包含了显示或隐藏各种控制面板的操作命令。“帮助”菜单提供了各种帮助信息。

2. 菜单命令的不同状态

子菜单命令：有些菜单命令中包含子菜单，包含子菜单的菜单命令，其右侧会显示黑色的三角形▶，单击带有黑色三角形的菜单命令，就会显示出其子菜单，如图2-3所示。

不可执行的菜单命令：当菜单命令不符合执行的条件时，就会显示为灰色，即不可执行状态。如在CMYK模式下，“滤镜”菜单中的部分菜单命令将变为灰色，不能使用。

可弹出对话框的菜单命令：当菜单命令后面有省略号“...”时，如图2-4所示，单击此菜单命令，能够弹出相应的对话框，可以在对话框中进行相应的设置。

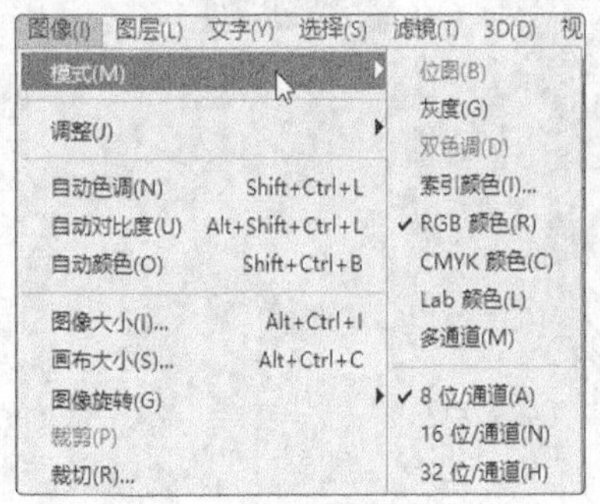

图2-3

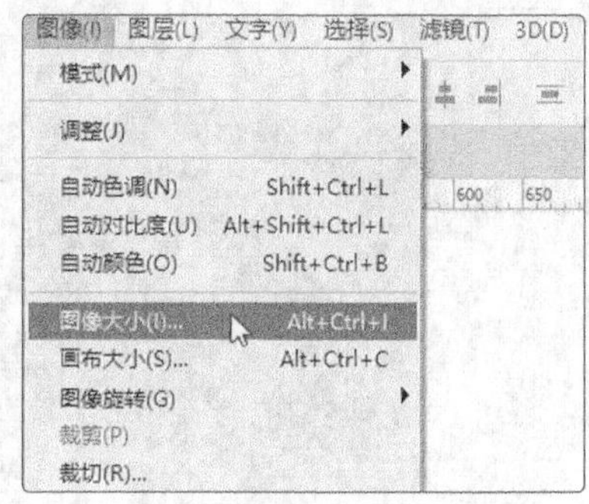

图2-4

3. 显示或隐藏菜单命令

可以根据操作需要显示或隐藏指定的菜单命令。不经常使用的菜单命令可以暂时隐藏。选择“窗口>工作区>键盘快捷键和菜单”命令，弹出“键盘快捷键和菜单”对话框，如图2-5所示。

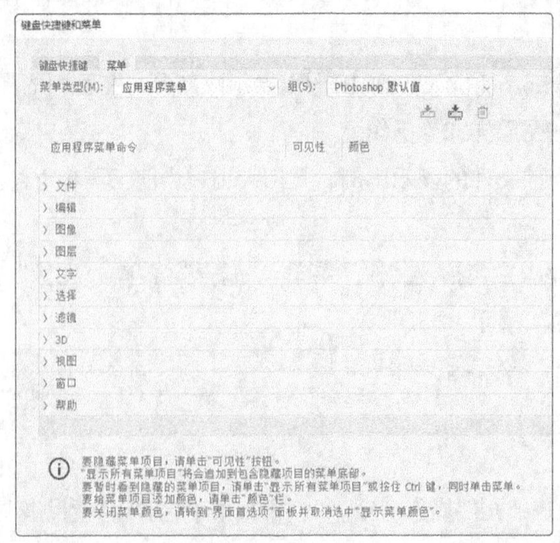

图2-5

单击“应用程序菜单命令”栏中的命令左侧的三角形按钮〉，将展开详细的菜单命令，如图2-6所示。单击“可见性”一列中的眼睛图标，可将对应的菜单命令隐藏，如图2-7所示。

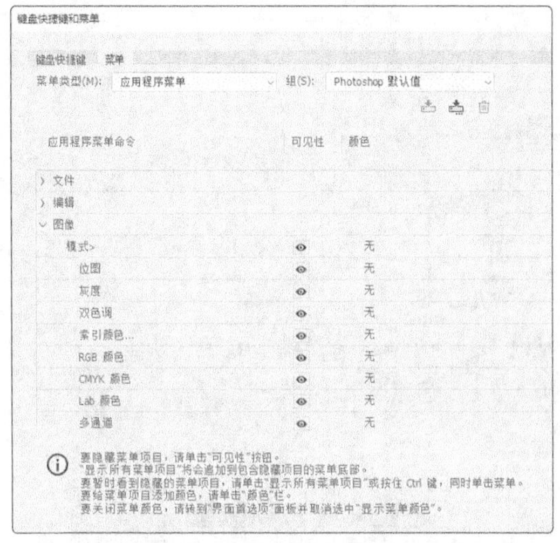

图2-6

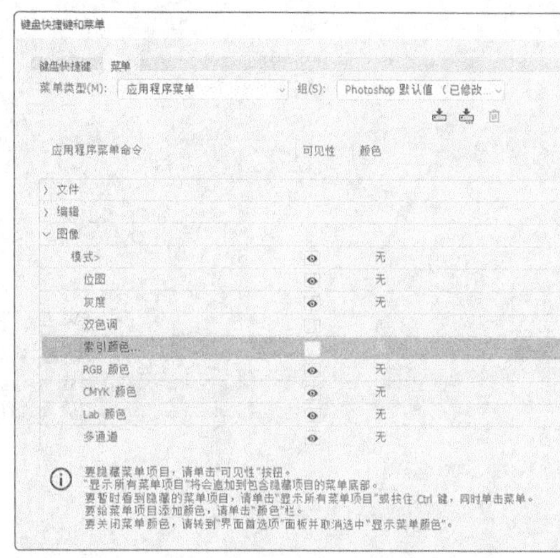

图2-7

设置完成后，单击“存储对当前菜单组的所有更改”按钮，保存当前的设置；也可单击“根据当前菜单组创建一个新组”按钮，为当前的设置创建一个新组。隐藏菜单命令前后的效果如图2-8和图2-9所示。

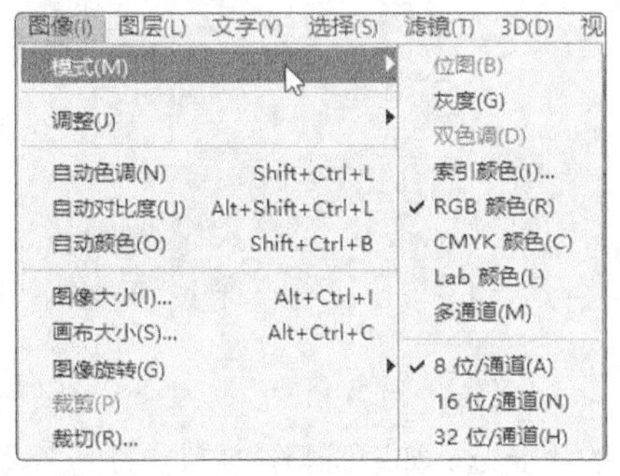

图2-8

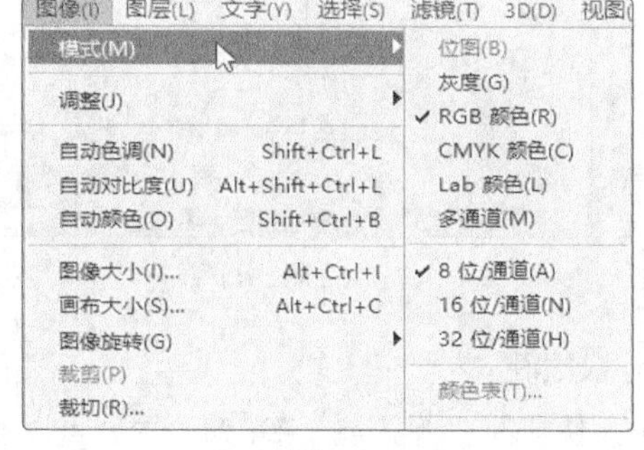

图2-9

4. 突出显示菜单命令

为了突出显示常用的菜单命令，可以为其设置颜色。选择“窗口 > 工作区 > 键盘快捷键和菜单”命令，打开“键盘快捷键和菜单”对话框，单击需要突出显示的菜单命令右侧的“无”，在弹出的下拉列表中可以选择需要的颜色，如图2-10所示。可以为不同的菜单命令设置不同的颜色，如图2-11所示。设置好颜色后，菜单命令的效果如图2-12所示。

提示

如果要取消显示菜单命令的颜色，可以选择“编辑 > 首选项 > 常规”命令，在打开的对话框中选择“界面”选项，然后取消勾选“显示菜单颜色”复选框。

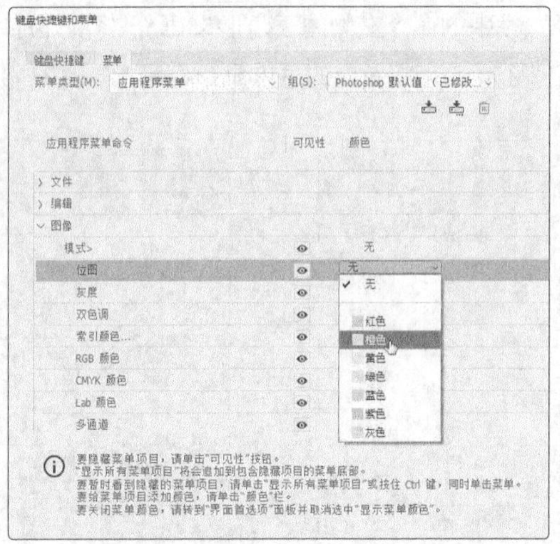

图2-10

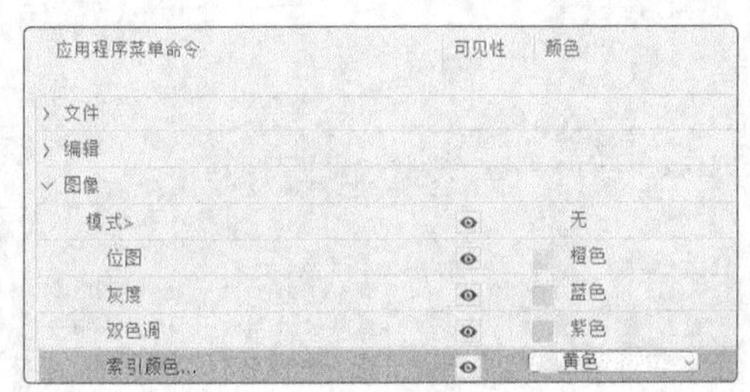

图2-11

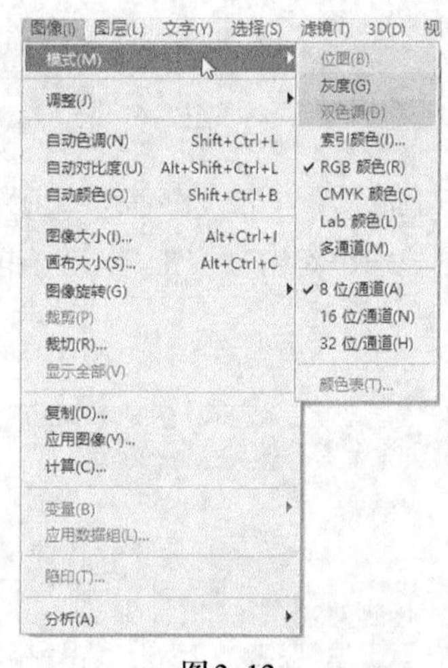

图2-12

5. 快捷键

使用快捷键：当要选择菜单命令时，可以使用菜单命令的快捷键。如要选择“文件>打开”命令，直接按Ctrl+O组合键即可。

按住Alt键的同时，按菜单名后面括号中的字母键，打开相应的菜单，再按菜单命令中的带括号的字母键即可执行相应的命令。如要打开“选择”菜单，按Alt+S组合键即可，要想选择菜单中的“色彩范围”命令，再按C键即可。

自定义快捷键：为了方便用户选择最常用的命令，Photoshop CC 2019提供了自定义快捷键和保存快捷键的功能。

选择“窗口>工作区>键盘快捷键和菜单”命令，打开“键盘快捷键和菜单”对话框，如图2-13所示。对话框下面的信息栏中说明了快捷键的设置方法，在“组”下拉列表中可以选择要设置的快捷键组，在“快捷键用于”下拉列表中可以选择需要设置快捷键的菜单或工具，在下面的选项列表中可以对需要设置快捷键的命令或工具进行设置，如图2-14所示。

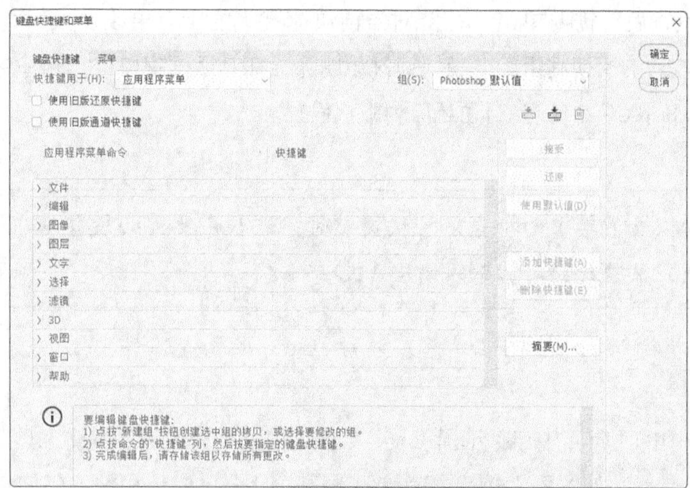

图2-13

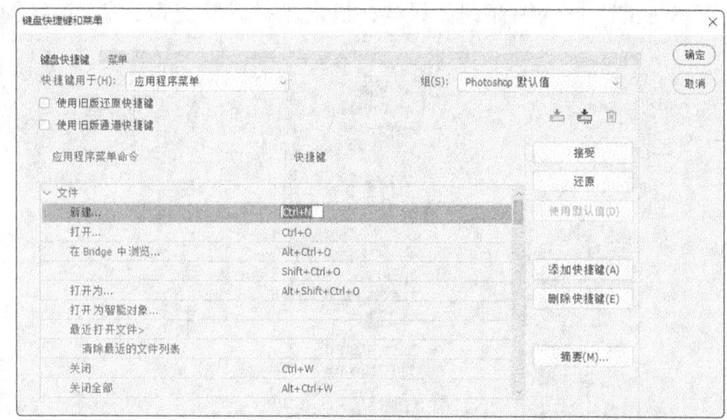

图2-14

设置完新的快捷键后，单击对话框右上方的“根据当前的快捷键组创建一组新的快捷键”按钮，打开“另存为”对话框，在“文件名”文本框中输入名称，如图2-15所示。单击“保存”按钮即可存储新的快捷键组。这时，在“组”下拉列表中即可选择新的快捷键组，如图2-16所示。

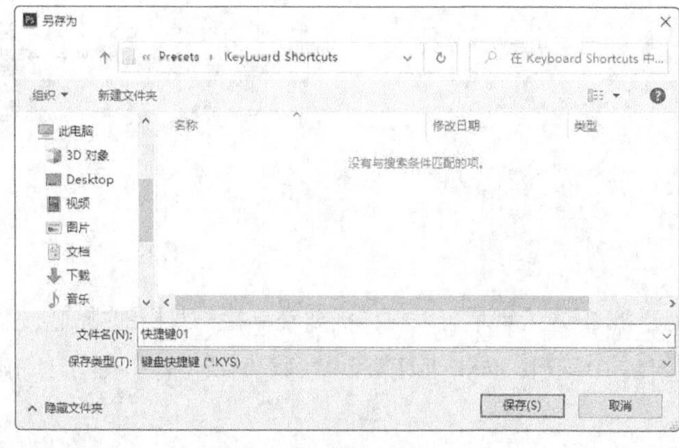

图2-15

图2-16

更改快捷键组的设置后，需要单击“存储对当前快捷键组的所有更改”按钮对其进行存储，单击“确定”按钮，应用更改后的快捷键组。要将快捷键组删除，在对话框中单击“删除当前的快捷键组合”按钮即可，此时Photoshop CC 2019会自动还原为默认设置。

提示

在为控制面板或菜单中的命令定义快捷键时，这些快捷键必须包括Ctrl键或一个功能键。在为工具箱中的工具定义快捷键时，必须使用A键～Z键。

2.1.2　工具箱

Photoshop CC 2019的工具箱中包括选择工具、绘图工具、填充工具、编辑工具、颜色选择工具、屏幕视图工具和快速蒙版工具等，如图2-17所示。想要了解某个工具的具体用法、名称和功能，可以将鼠标指针放置在该工具上，此时会出现一个演示框，演示框中会显示该工具的具体用法、名称和功能，如图2-18所示。工具名称后面的字母为此工具的快捷键，只要在键盘上按该字母键，就可以快速选择对应的工具。

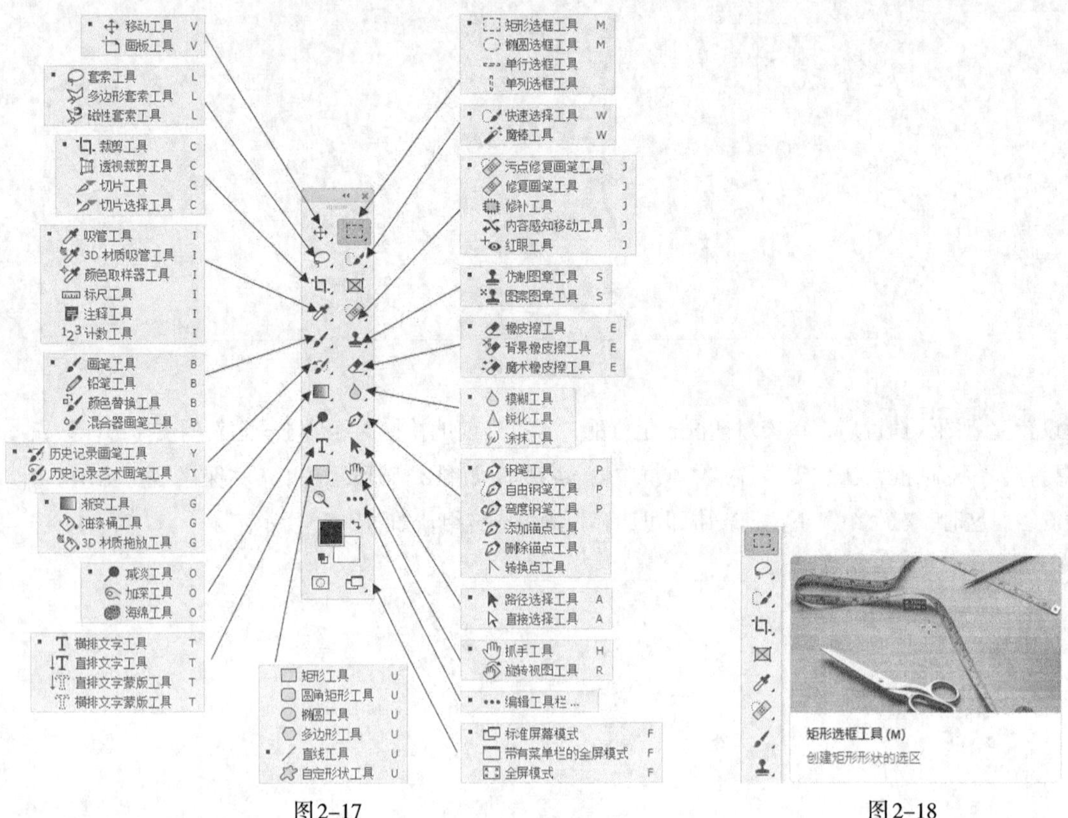

图2-17　　　　图2-18

切换工具箱的显示状态：Photoshop CC 2019的工具箱可以根据需要在单栏与双栏的排列形式之间自由切换。当工具箱显示为单栏时，效果如图2-19所示；单击工具箱上方的双箭头图标，工具箱即可显示为双栏，效果如图2-20所示。

图2-19

图2-20

显示隐藏工具：在工具箱中，部分工具图标的右下方有一个黑色的小三角形，这表示该工具下还有隐藏的工具。用鼠标在工具图标上长按，即可显示隐藏的工具，如图2-21所示。单击工具图标，即可选择该工具。

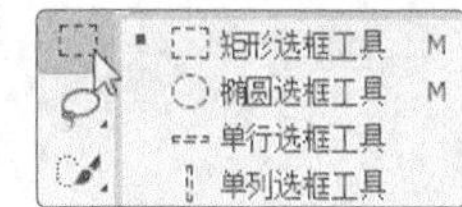

图2-21

恢复工具的默认设置：要想恢复工具的默认设置，可以选择工具，用鼠标右键在相应的工具属性栏中单击工具图标，在弹出的菜单中选择“复位工具”命令，如图2-22所示。

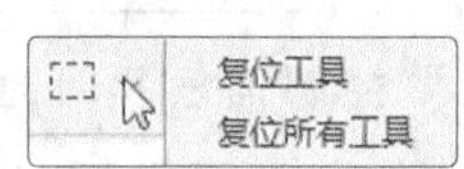

图2-22

鼠标指针的显示状态：当选择工具箱中的工具后，鼠标指针就会变为工具图标的形状。图2-23和图2-24所示分别为选择裁剪工具和画笔工具后的鼠标指针状态。按Caps Lock键后，鼠标指针将变为精确的十字形图标，如图2-25所示。

图2-23

图2-24

图2-25

2.1.3　属性栏

当选择某个工具后，工作界面上方会出现相应的工具属性栏，可以通过属性栏对工具的属性进行进一步的设置。图2-26所示为选择魔棒工具时的属性栏，可以在该属性栏中对工具的属性做进一步的设置。

图2-26

2.1.4　状态栏

打开一张图片时，工作界面下方的状态栏会显示其状态信息，如图2-27所示。状态栏的左侧显示当前图片的显示比例。在显示比例的文本框中修改数值可改变图片的显示比例。

状态栏的中间部分显示当前文档的大小，单击三角形图标，在弹出的菜单中可以设置想要显示的图像信息，如图2-28所示。

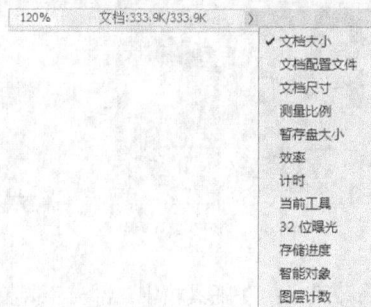

图2-27　　图2-28

2.1.5　控制面板

控制面板是处理图像时不可或缺的部分。Photoshop CC 2019为用户提供了多个控制面板。

收起与展开控制面板：控制面板可以根据需要收起或展开。控制面板的展开状态如图2-29所示。单击控制面板上方的双箭头图标，可以将控制面板收起，如图2-30所示。如果要展开某个控制面板，直接单击其选项卡，相应的控制面板就会自动弹出，如图2-31所示。

图2-29

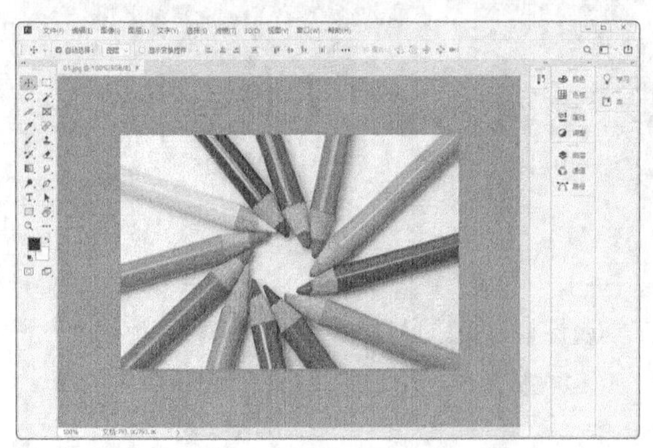

图2-30

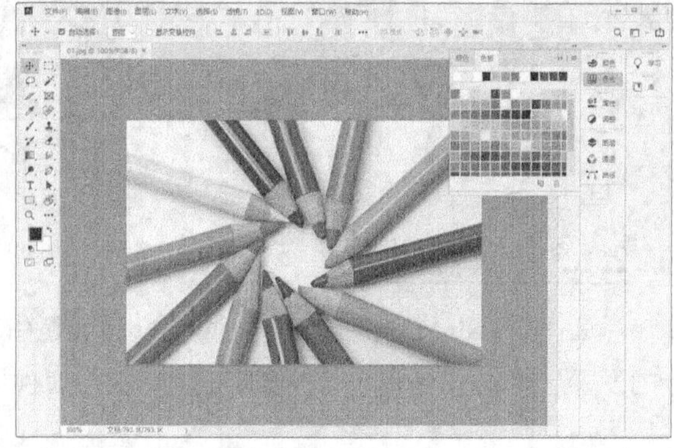

图2-31

拆分控制面板：若需要单独拆分出某个控制面板，可用鼠标选中该控制面板的选项卡并将其向工作区拖曳，如图2-32所示，拆分出来的控制面板如图2-33所示。

组合控制面板：可以根据需要将两个或多个控制面板组合到一个面板组中，这样可以节省工作界面的空间。要组合控制面板，可以选中外部控制面板的选项卡，并将其拖曳到目标面板组中，此时面板组周围会出现蓝色的边框，如图2-34所示。释放鼠标左键，该控制面板将被组合到面板组中，如图2-35所示。

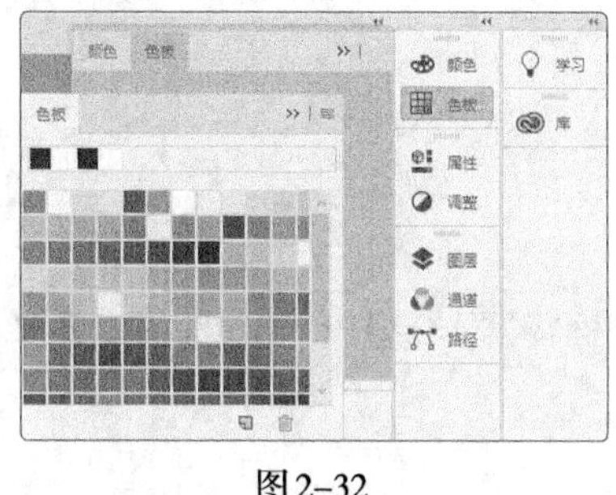

图2-32

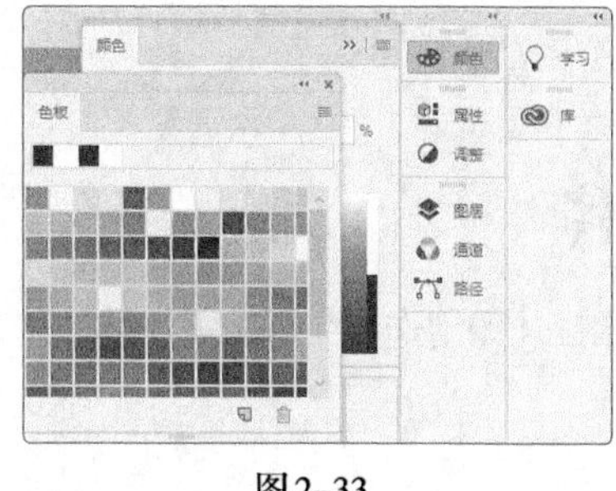

图2-33

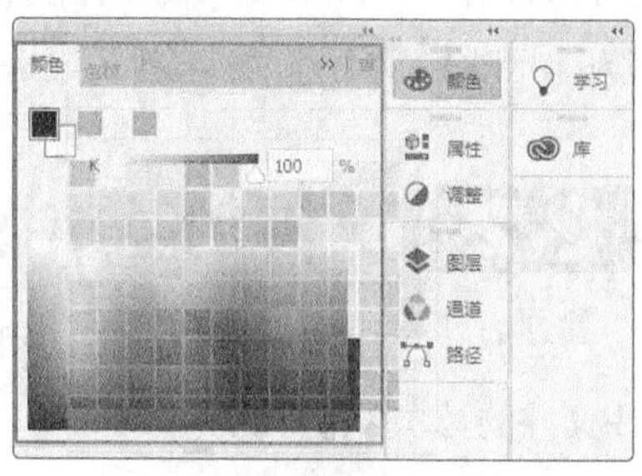

图2-34

控制面板中的下拉命令菜单：单击控制面板右上方的图标，可以打开控制面板中的下拉命令菜单，执行菜单中的命令可以提升控制面板的功能性，如图2-36所示。

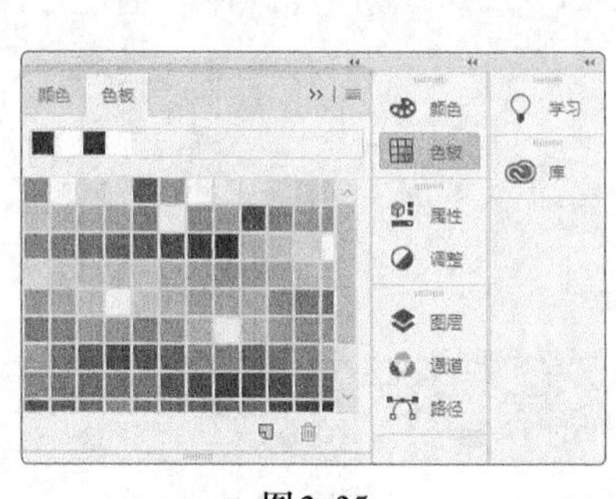

图2-35

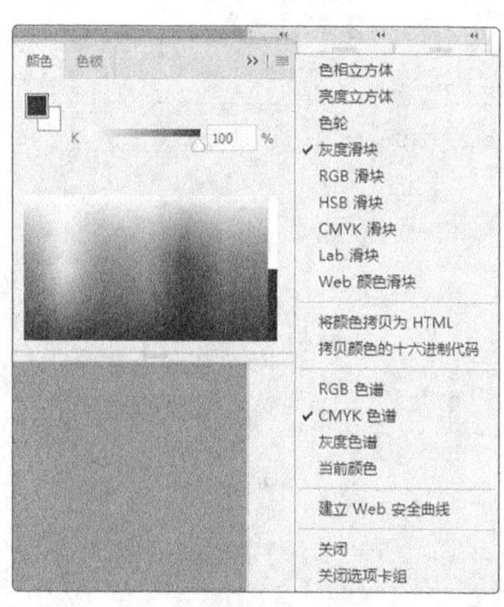

图2-36

隐藏与显示控制面板：按Tab键可以隐藏控制面板和工具箱；再次按Tab键，可显示出隐藏的部分。按Shift+Tab组合键，可以隐藏控制面板；再次按Shift+Tab组合键，可显示出隐藏的部分。

提示

按F5键可以显示或隐藏“画笔”面板，按F6键可以显示或隐藏“颜色”面板，按F7键可以显示或隐藏“图层”面板，按F8键可以显示或隐藏“信息”面板，按Alt+F9组合键可以显示或隐藏“动作”面板。

自定义工作区：用户可以依据操作习惯自定义工作区、控制面板及工具的排列方式，设计出个性化的Photoshop CC 2019工作界面。

设置完工作区后，选择“窗口>工作区>新建工作区”命令，打开“新建工作区”对话框，如图2-37所示。输入工作区的名称，单击“存储”按钮，即可存储自定义的工作区。

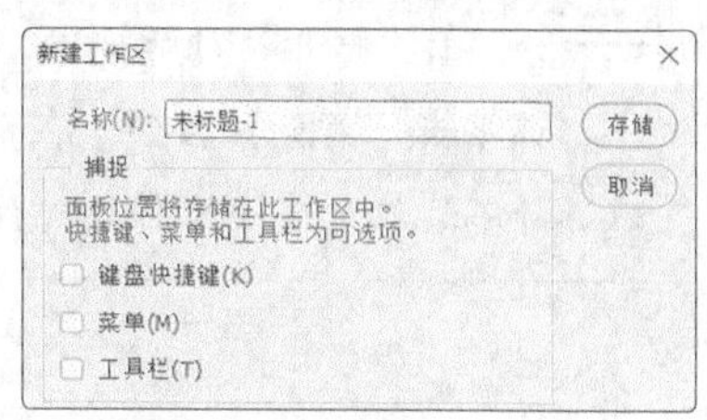

图2-37

要想使用自定义工作区，在“窗口>工作区”的子菜单中选择新保存的工作区的名称即可。如果要恢复Photoshop CC 2019默认的工作区状态，选择“窗口>工作区>复位基本功能”命令即可。选择“窗口>工作区>删除工作区”命令，可以删除自定义的工作区。

2.2 文件的基本操作

掌握文件的基本操作方法，是开始设计和制作作品所必需的技能。下面将具体介绍Photoshop CC 2019中文件的基本操作方法。

2.2.1 新建文件

选择“文件>新建”命令，或按Ctrl+N组合键，打开“新建文档”对话框，如图2-38所示。在该对话框中可以设置图像的名称、宽度、高度、分辨率和颜色模式等，设置完成后单击“创建”按钮，完成新建文件操作，如图2-39所示。

图2-38

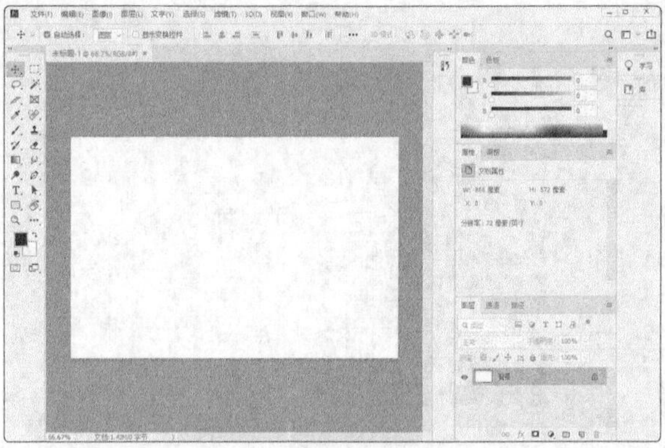

图2-39

2.2.2 打开文件

如果要对照片或图片进行修改和处理，就要在Photoshop CC 2019中打开需要的文件。

选择“文件>打开”命令，或按Ctrl+O组合键，弹出“打开”对话框，在该对话框中搜索路径和文件，确认文件名称和类型，如图2-40所示，然后单击“打开”按钮，或直接双击文件，即可打开指定的图像文件，如图2-41所示。

提示

在“打开”对话框中，也可以同时打开多个文件，只需在文件列表中将所需的几个文件选中，并单击“打开”按钮。在“打开”对话框中选择文件时，按住Ctrl键的同时，用鼠标单击，可以选择不连续的多个文件；按住Shift键的同时，用鼠标单击，可以选择连续的多个文件。

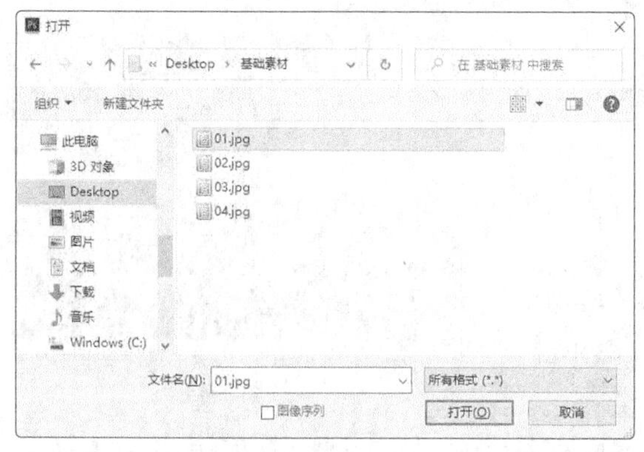

图2-40

图2-41

2.2.3　保存文件

编辑和制作完图像后，就需要将文件保存，以便下次继续操作。

选择“文件>存储”命令，或按Ctrl+S组合键，即可存储文件。第一次存储文件时，选择“文件>存储”命令，将弹出“另存为”对话框，如图2-42所示。在该对话框中输入文件名、选择文件格式后，单击“保存”按钮，即可将文件保存。

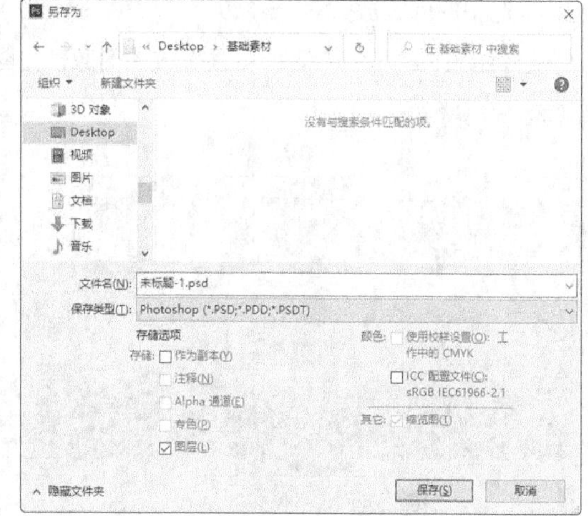

图2-42

提示

对已经存储过的图像文件进行各种编辑操作后，选择“存储”命令，将不会弹出“另存为”对话框，计算机会直接保存最终确认的结果，并覆盖原始文件。

2.2.4　关闭文件

存储文件后，可以将其关闭。选择“文件>关闭”命令，或按Ctrl+W组合键，即可关闭文件。关闭文件时，若当前文件被修改过或是新建的文件，则会弹出提示对话框，如图2-43所示。单击“是”按钮即可存储并关闭文件。

图2-43

2.3　图像的显示效果

使用Photoshop CC 2019编辑和处理图像时，可以改变图像的显示比例，使操作更便捷、效率更高。

2.3.1 100%显示图像

以100%的比例显示图像的效果如图2-44所示。在此显示比例下可以对图像进行精确编辑。

图2-44

2.3.2 放大显示图像

选择缩放工具，鼠标指针变为放大工具图标，每单击一次，图像就会放大一倍。当图像以100%的比例显示时，再单击一次，图像则以200%的比例显示，效果如图2-45所示。

要放大一个指定的区域时，在需要放大的区域按住鼠标左键不放，则该区域将放大显示，将其放大到需要的大小后松开鼠标左键，如图2-46所示。取消勾选“细微缩放”复选框，可在图像上框选出矩形选区，将选中的区域放大。

连续按Ctrl+ +组合键，可逐次放大图像，如图2-47所示。如从100%的显示比例放大到200%、300%、400%、500%。

图2-45

图2-46

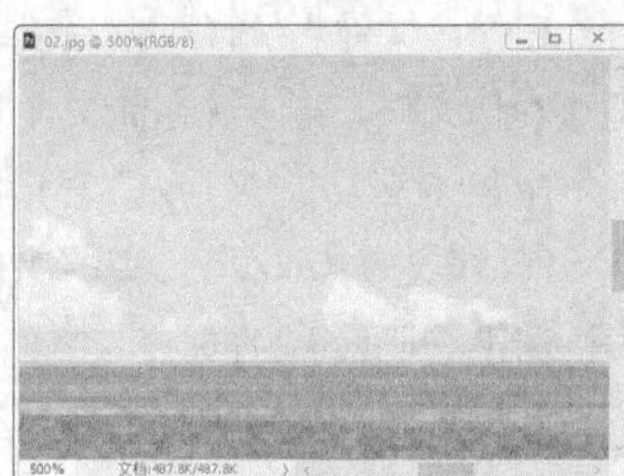
图2-47

2.3.3 缩小显示图像

缩小图像一方面可以用有限的屏幕空间显示更多的图像内容，另一方面可以帮助用户看到图像的全貌。

选择缩放工具，鼠标指针变为放大工具图标，按住Alt键不放，鼠标指针变为缩小工具图标。此时每单击一次，图像将缩小一级显示。图像缩小显示后的效果如图2-48所示。连续按Ctrl+ -组合键，可逐次缩小图像，如图2-49所示。

图2-48

图2-49

也可在缩放工具属性栏中单击“缩小”按钮，如图2-50所示，使鼠标指针变为缩小工具图标，在图像上每单击一次鼠标，图像将缩小一级显示。

图2-50

2.3.4　全屏显示图像

如果要将图像的窗口放大填满整个屏幕，可以在缩放工具属性栏中单击“适合屏幕”按钮，再勾选“调整窗口大小以满屏显示”复选框，如图2-51所示。这样在缩放图像时，窗口就会和屏幕的尺寸相适应，效果如图2-52所示。单击“100%”按钮，图像将以实际像素比例显示。在缩放工具属性栏中单击“填充屏幕”按钮，图像将被缩放到适合屏幕尺寸的大小。

图2-51

图2-52

2.3.5　调整窗口显示方式

当打开多张图片时，会出现多个窗口，这就需要对窗口进行布置和摆放。

同时打开多张图片，效果如图2-53所示。按Tab键，关闭工作界面中的工具箱和控制面板，如图2-54所示。

选择“窗口>排列>全部垂直拼贴”命令，图片的排列效果如图2-55所示。选择“窗口>排列>全部水平拼贴”命令，图片的排列效果如图2-56所示。

选择“窗口>排列>双联水平”命令，图片的排列效果如图2-57所示。选择“窗口>排列>双联垂直”命令，图片的排列效果如图2-58所示。

图2-53

图2-54

图2-55

图2-56

图2-57

图2-58

选择“窗口>排列>三联水平”命令，图片的排列效果如图2-59所示。选择“窗口>排列>三联垂直”命令，图片的排列效果如图2-60所示。

选择“窗口>排列>三联堆积”命令，图片的排列效果如图2-61所示。选择“窗口>排列>四联”命令，图片的排列效果如图2-62所示。

选择“窗口>排列>将所有内容合并到选项卡中”命令，图片的排列效果如图2-63所示。选择“窗口>排列>在窗口中浮动”命令，图片的排列效果如图2-64所示。选择“窗口>排列>使所有内容在窗口中浮动”命令，图片的排列效果也如图2-65所示。选择“窗口>排列>层叠”命令，图片的排列效果也如图2-65所示。选择“窗口>排列>平铺”命令，图片的排列效果如图2-66所示。

图2-59

图2-60

图2-61

图2-62

图2-63

图2-64

图2-65

图2-66

“匹配缩放”命令用于使所有图片的缩放比例保持一致。将图2-67中的02素材以150%的比例显示，选择“窗口 > 排列 > 匹配缩放”命令，所有图片都将以150%的比例显示，如图2-68所示。

图2-67

图2-68

“匹配位置”命令用于使所有图片的显示位置保持一致。图2-69所示为各个图片的原显示位置，选择“窗口 > 排列 > 匹配位置”命令，使所有图片的显示位置相同，如图2-70所示。

图2-69

图2-70

“匹配旋转”命令用于使所有图片的旋转角度保持一致。将图2-71中的02图片旋转一定角度，选择“窗口 > 排列 > 匹配旋转”命令，使所有图片都以相同的角度旋转，如图2-72所示。

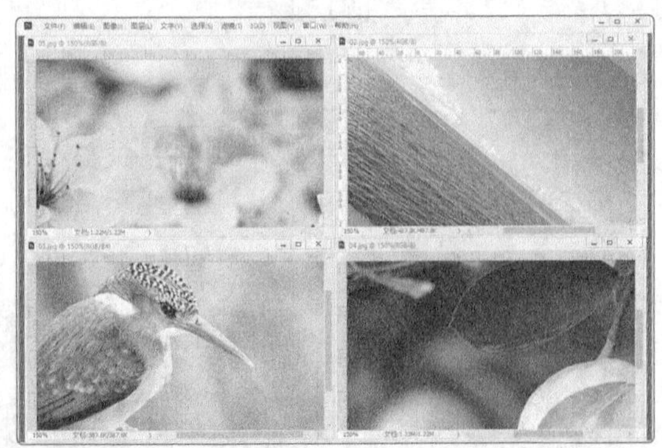
图2-71

图2-72

“全部匹配”命令用于使所有图像的缩放比例、显示位置、旋转角度保持一致。

2.3.6 观察图像

图像放大后，选择抓手工具，鼠标指针变为抓手工具图标，拖曳图像，可以观察图像的每个部分，效果如图2-73所示。直接拖曳图像周围的垂直和水平滚动条，也可观察图像的每个部分，效果如图2-74所示。如果正在使用其他工具进行工作，长按Space键就可以快速切换到抓手工具。

图2-73

图2-74

2.4 标尺、参考线和网格线的设置

设置标尺、参考线和网格线可以使图像处理更加精确，实际设计任务中的许多问题也需要使用标尺、参考线和网格线来解决。

2.4.1 标尺的设置

设置标尺可以帮助用户精确地编辑和处理图像。选择“编辑>首选项>单位与标尺”命令，打开“首选项”对话框，如图2-75所示。

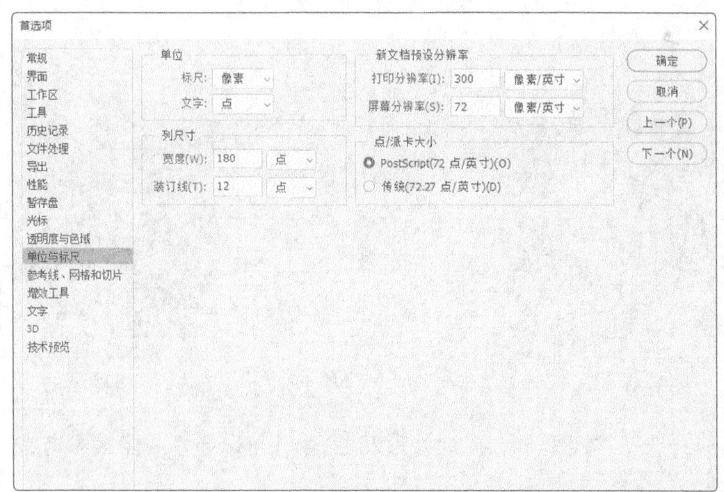

图2-75

单位：用于设置标尺和文字的显示单位，有多种显示单位可供选择。新文档预设分辨率：用于设置新建文档的预设分辨率。列尺寸：用列来精确确定图像的尺寸。点/派卡大小：用于选择打印所使用的点数。

选择“视图>标尺”命令，可以显示或隐藏标尺，如图2-76和图2-77所示。

将鼠标指针放在标尺的x轴和y轴的0点处，如图2-78所示。向右下方拖曳鼠标到适当的位置，如图2-79所示。释放鼠标左键，标尺的x轴和y轴的0点位置就变为了移动后的位置，如图2-80所示。

图2-76

图2-77

图2-78

图2-79

图2-80

2.4.2 参考线的设置

设置参考线可以在编辑图像时对所要编辑的内容进行精确定位。将鼠标指针放在水平标尺上，向下拖曳出一条水平的参考线，如图2-81所示。将鼠标指针放在垂直标尺上，向右拖曳出一条垂直的参考线，如图2-82所示。

图2-81

图2-82

显示或隐藏参考线：选择“视图 > 显示 > 参考线”命令，可以显示或隐藏参考线，只有存在参考线才能执行该命令。

移动参考线：选择移动工具，将鼠标指针放在参考线上，鼠标指针变为时，拖曳参考线即可移动参考线。

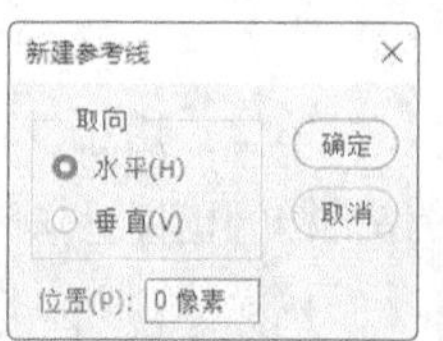

图2-83

锁定、清除、新建参考线：选择“视图 > 锁定参考线”命令或按Alt+Ctrl+；组合键，可以将参考线锁定，被锁定的参考线将不能移动；选择“视图 > 清除参考线”命令，可以将参考线清除；选择“视图 > 新建参考线”命令，打开“新建参考线”对话框，如图2-83所示，完成设定后单击“确定”按钮，图像中将出现新建的参考线。

2.4.3　网格线的设置

设置网格线可以使图像处理更精准。选择“编辑>首选项>参考线、网格和切片”命令，打开“首选项”对话框，如图2-84所示。

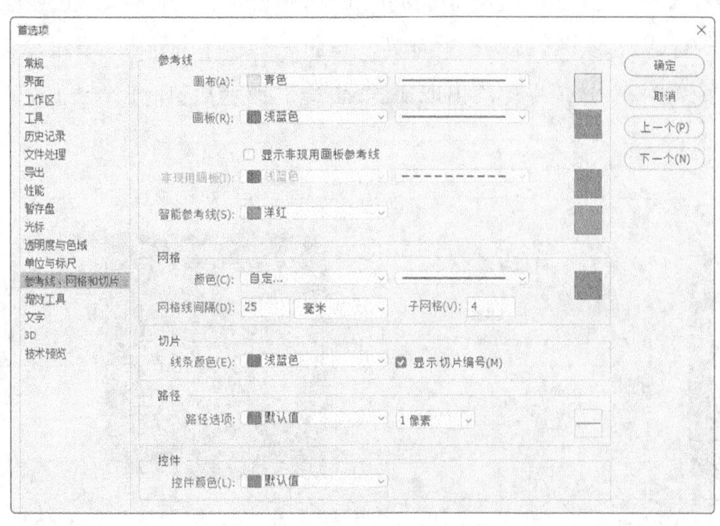

图2-84

参考线：用于设定参考线的颜色和样式。网格：用于设定网格的颜色、样式、网格线间隔和子网格等。切片：用于设定切片的颜色和切片编号的显示状态。路径：用于设定路径的颜色。控件：用于设定控件的颜色。

选择“视图>显示>网格”命令可以显示或隐藏网格，如图2-85和图2-86所示。

图2-85

图2-86

提示

按Ctrl+R组合键可以将标尺显示或隐藏。按Ctrl+；组合键，可以将参考线显示或隐藏。按Ctrl+' 组合键，可以将网格显示或隐藏。

2.5　图像和画布尺寸的调整

根据制作过程中的不同需求，可以随时调整图像与画布的尺寸。

2.5.1　图像尺寸的调整

打开一张图片，选择“图像>图像大小”命令，弹出“图像大小”对话框，如图2-87所示。

图像大小：改变“宽度”“高度”“分辨率”选项的数值，可以调整文档大小，图像的尺寸也会发生相应改变。缩放样式⚙：勾选此选项后，若添加了图层样式，系统可以在调整图像大小时自动缩放图层样式的大小。尺寸：图像宽度方向和高度方向上的总像素数，单击尺寸右侧的下拉按钮⌵，可以改变计量单位。调整为：选取预设以调整图像大小。约束比例🔗：单击“宽度”和“高度”选项左侧的锁链图标🔗，表示改变其中一项的数值时，另一项中的数值会同时成比例地改变。分辨率：位图的精细度，计量单位是像素/英寸，每英寸的像素数越多，分辨率就越高。重新采样：不勾选此复选框，尺寸的数值将不会改变，“宽度”“高度”“分辨率”选项左侧将出现锁链标志🔗，改变数值时3项数值会同时改变，如图2-88所示。

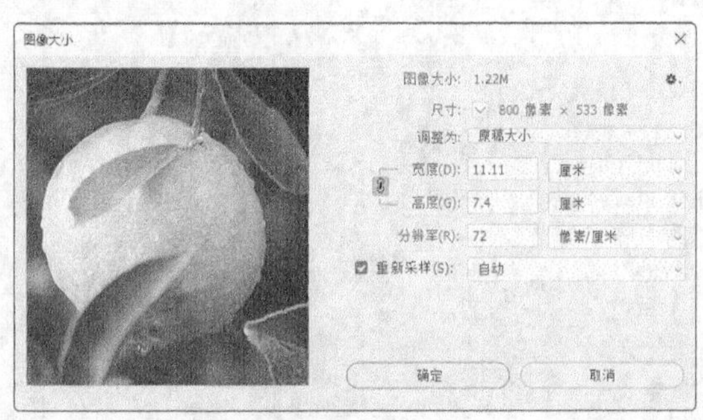

图2-87

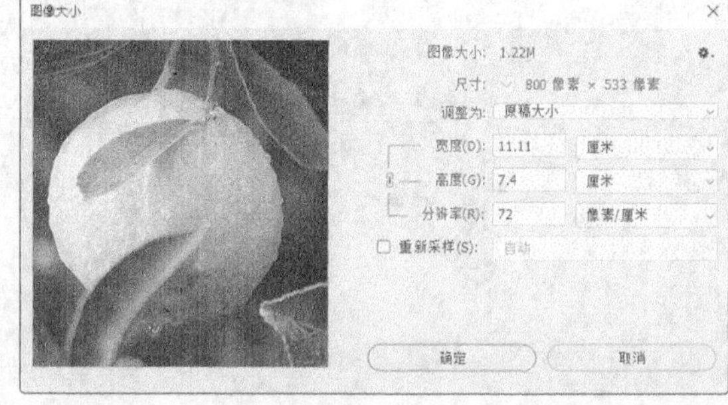

图2-88

在“图像大小”对话框中可以改变选项数值的计量单位，在选项右侧的下拉列表中进行选择，如图2-89所示。单击“调整为”选项右侧的下拉按钮⌵，在弹出的下拉菜单中选择“自动分辨率”命令，弹出“自动分辨率”对话框，系统将自动调整图像的分辨率和品质，如图2-90所示。

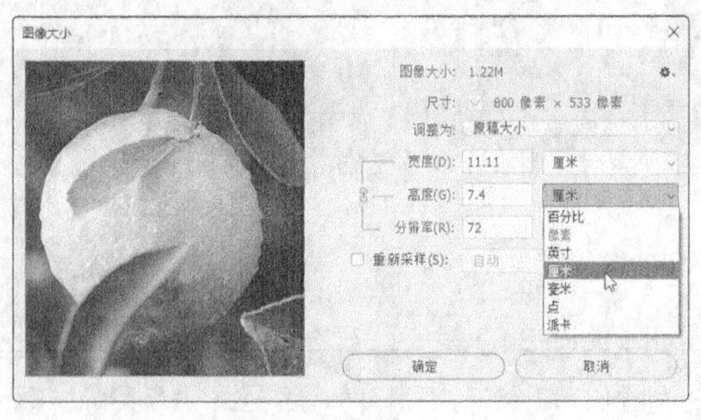

图2-89

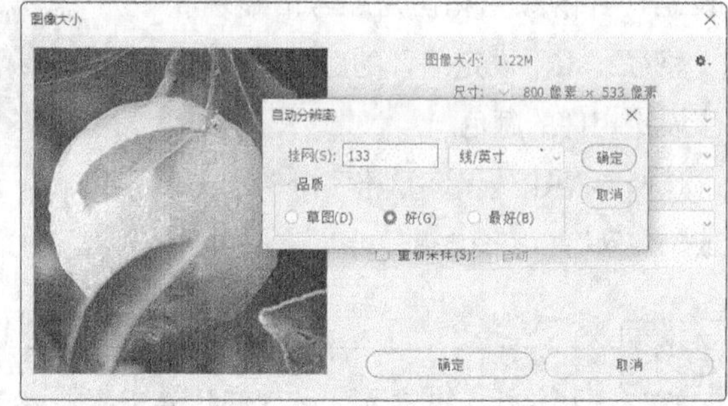

图2-90

2.5.2　画布尺寸的调整

画布尺寸的大小是指图像周围的工作空间的大小。选择“图像>画布大小”命令，打开“画布大小”对话框，如图2-91所示。

当前大小：显示的是当前文档的大小和画布的尺寸。新建大小：用于重新设定画布的大小。定位：可调整图像在画布中的位置，图像在画布中可居左、居中、居右上角等，如图2-92所示。设置不同的参数后的图像效果如图2-93所示。

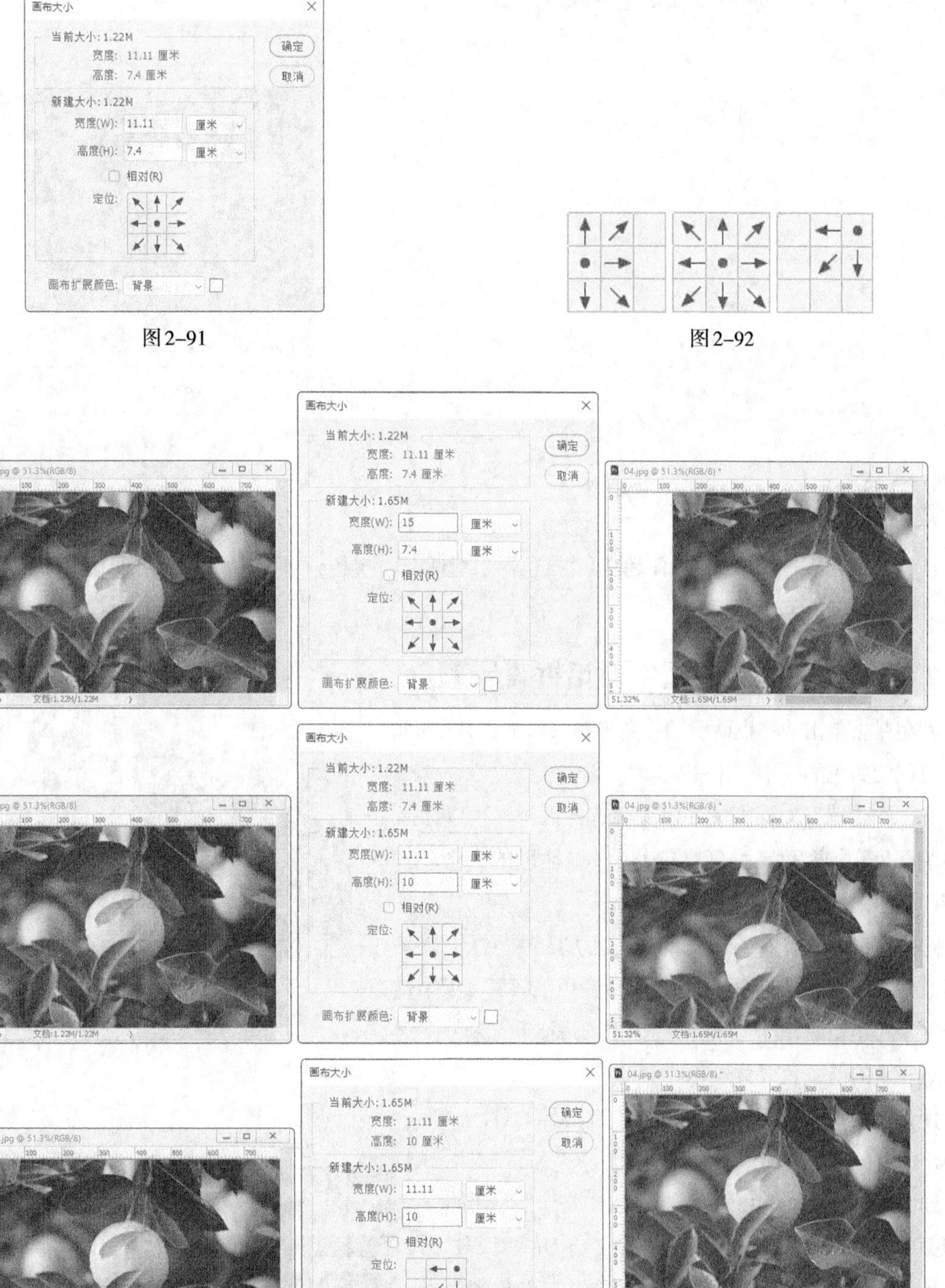

图2-91

图2-92

图2-93

画布扩展颜色：在此选项的下拉列表中可以选择填充图像周围扩展部分的颜色，可以选择前景色、背景色或Photoshop CC 2019中的默认颜色，也可以自己设置所需颜色。在该对话框中进行设置，如图2-94

所示，单击“确定”按钮，效果如图2-95所示。

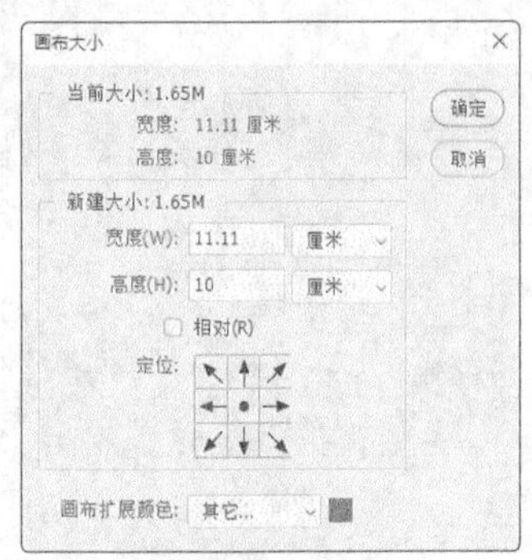

图2-94

图2-95

2.6 设置绘图颜色

在Photoshop CC 2019中可以使用“拾色器”对话框、“颜色”面板和“色板”面板对图像的颜色进行设置。

2.6.1 使用“拾色器”对话框设置颜色

在色带上单击或拖曳两侧的三角形滑块，如图2-96所示，可以使颜色的色相产生变化。

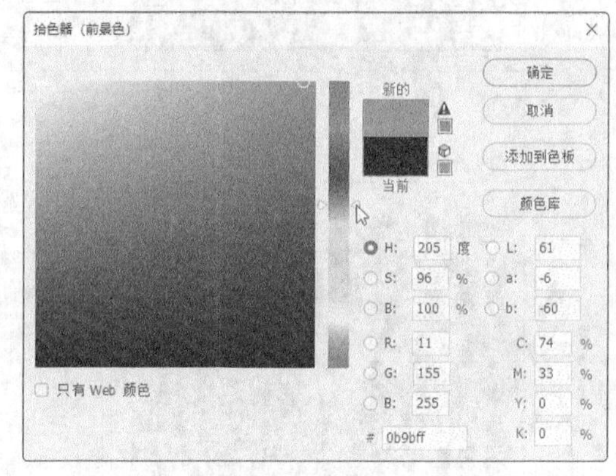

图2-96

在“拾色器”对话框的左侧颜色选择区中，可以选择颜色的明度和饱和度，垂直方向表示的是明度的变化，水平方向表示的是饱和度的变化。

选择好颜色后，在对话框的右侧上方的颜色框中会显示所选择的颜色，右侧下方是所选择颜色的HSB、RGB、CMYK和Lab值，单击“确定”按钮，所选择的颜色将变为工具箱中的前景色或背景色。

使用颜色库按钮选择颜色：在“拾色器”对话框中单击“颜色库”按钮 颜色库 ，弹出“颜色库”对话框，如图2-97所示。“色库”下拉列表中是一些常用的印刷颜色体系，如图2-98所示，其中“TRUMATCH”是为印刷设计提供服务的印刷颜色体系。在颜色带上单击或拖曳两侧的三角形滑块，可以使颜色的色相产生变化；在颜色选择区中选择带有编码的颜色，右侧上方的颜色框中会显示所选择的颜色，右侧下方是所选择颜色的Lab值。

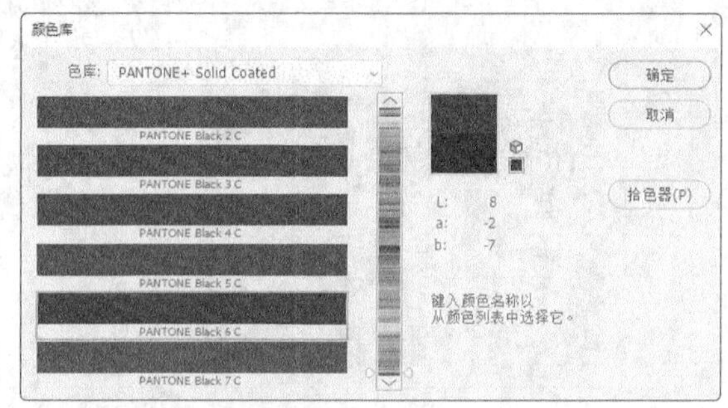

图2-97

通过输入数值选择颜色：在“拾色器”对话框中，右侧下方的HSB、RGB、CMYK、Lab颜色模式后面，都带有可以输入数值的数值框，在其中输入所需颜色的数值可以得到相应的颜色。

勾选对话框左下方的“只有Web颜色”复选框，颜色选择区中会出现供网页使用的颜色，如图2-99所示，在对话框下部的数值框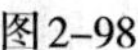

中，显示的是网页颜色的数值。

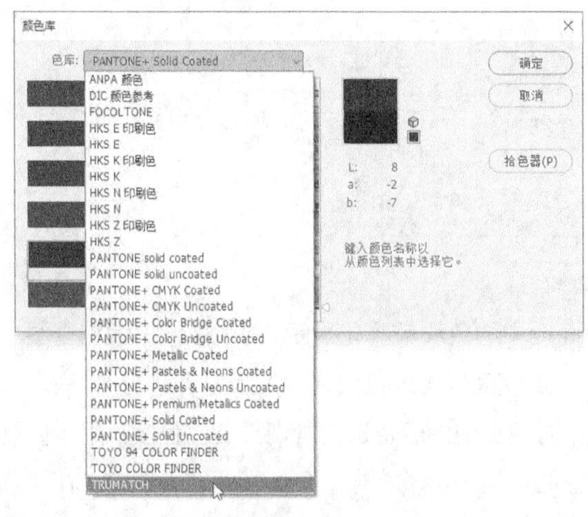

图2-98

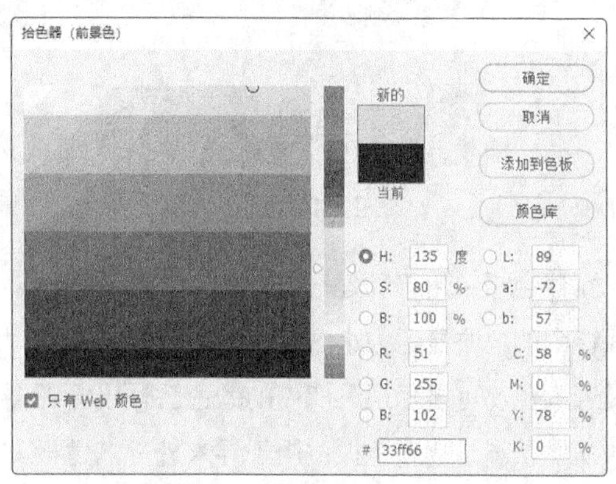

图2-99

2.6.2　使用“颜色”面板设置颜色

“颜色”面板可以用来改变前景色和背景色。选择“窗口>颜色”命令，弹出“颜色”面板，如图2-100所示。

在“颜色”面板中，可先单击左侧的“设置前景色”或“设置背景色”图标来确定所调整的是前景色还是背景色，然后拖曳三角形滑块或在色带中选择所需的颜色，或直接在颜色的数值框中输入数值来调整颜色。

单击“颜色”面板右上方的图标，弹出下拉菜单，如图2-101所示。此菜单用于设定“颜色”面板中显示的颜色模式，可以在不同的颜色模式中调整颜色。

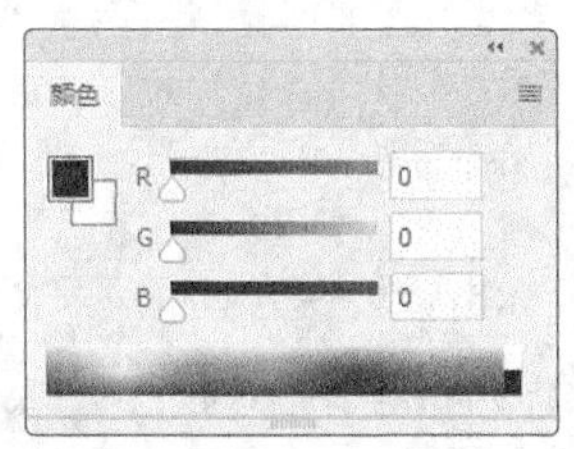

图2-100

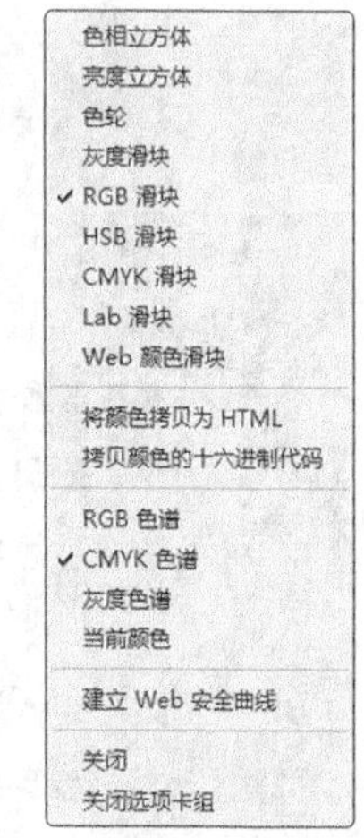

图2-101

2.6.3　使用“色板”面板设置颜色

在“色板”面板中可以选取一种颜色来改变前景色或背景色。选择“窗口>色板”命令，弹出“色板”面板，如图2-102所示。单击“色板”面板右上方的图标，弹出下拉菜单，如图2-103所示。

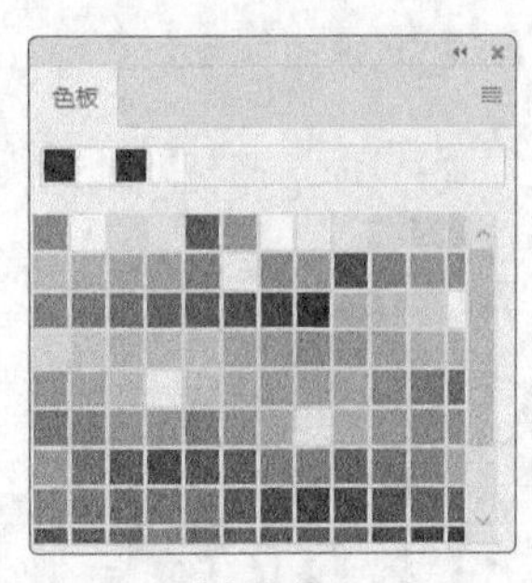

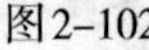
图2-102

图2-103

新建色板：用于新建一个色板。小型缩览图：可使面板中的色块最小化显示。小缩览图/大缩览图：可使面板中的色块显示为小图标/大图标。小列表/大列表：可使面板中的色块列表显示为小列表/大列表。显示最近颜色：可显示最近使用的颜色。预设管理器：用于对色板中的颜色进行管理。复位色板：用于恢复色板的初始状态。载入色板：用于导入外部的色板文件。存储色板：用于将当前色板文件存入硬盘。存储色板以供交换：用于将当前色板文件存入硬盘供交换使用。替换色板：用于替换当前的色板文件。“ANPA颜色”及以下选项都是软件预置的颜色库。

在“色板”面板中，将鼠标指针移到空白处，鼠标指针会变为油漆桶工具图标，如图2-104所示。此时单击，弹出“色板名称”对话框，如图2-105所示。在该对话框中单击“确定”按钮，即可将当前的前景色添加到“色板”面板中，如图2-106所示。

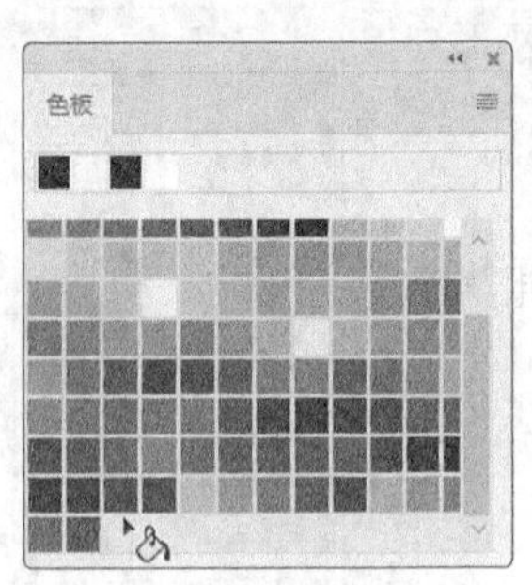

图2-104

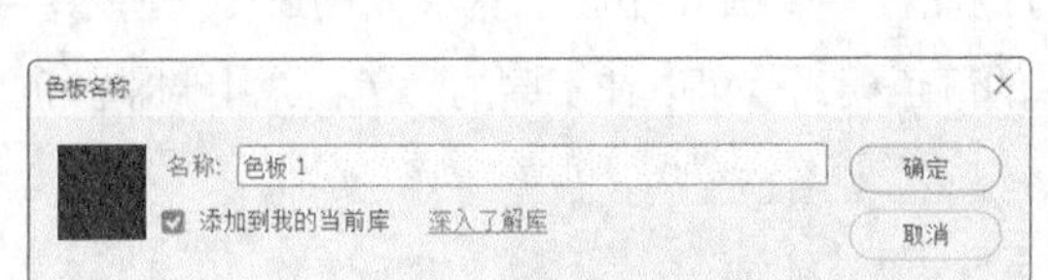

图2-105

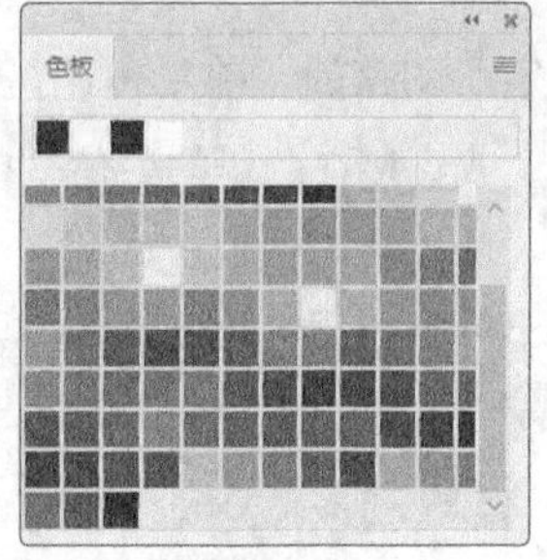

图2-106

在“色板”面板中，将鼠标指针移到色块上，鼠标指针会变为吸管工具图标，如图2-107所示。此时在想要的颜色上单击，即可将吸取的颜色设置为前景色，如图2-108所示。

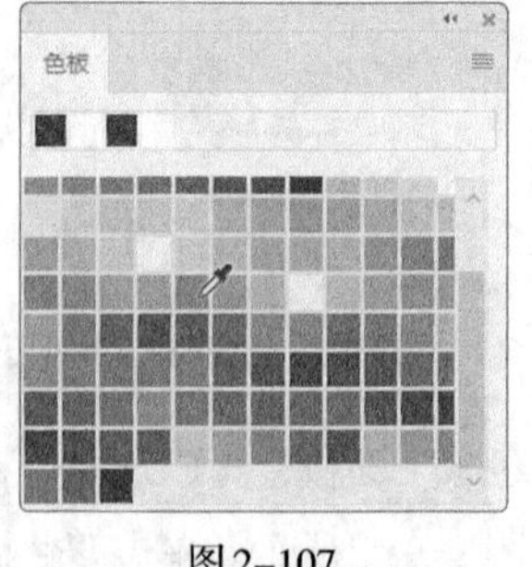

图2-107

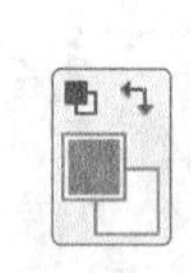
图2-108

2.7 图层的基本操作

利用图层可以在不影响图像中其他元素的情况下处理某一图像元素。可以将图层想象成一张张叠起来的硫酸纸，透过图层的透明区域可以看到下面的图层。更改图层的顺序和属性，可以改变图像的合成效果。图像效果如图2-109所示，其图层如图2-110所示。

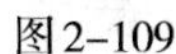

图2-109

图2-110

2.7.1 “图层”面板

“图层”面板中列出了图像中的所有图层、图层组和图层效果，如图2-111所示。在“图层”面板中可以搜索图层、显示和隐藏图层、创建新图层以及处理图层组，还可以在“图层”面板的下拉菜单中选择其他命令。

图2-111

图层搜索功能：在下拉列表中可以选取9种不同的搜索方式。类型：可以通过单击“像素图层过滤器”按钮、“调整图层过滤器”按钮、“文字图层过滤器”按钮、“形状图层过滤器”按钮和“智能对象过滤器”按钮来搜索需要的图层类型。名称：可以在右侧的文本框中输入图层名称来搜索图层。效果：通过图层应用的图层样式来搜索图层。模式：通过图层的混合模式来搜索图层。属性：通过图层的可见性、锁定、链接、混合和蒙版等属性来搜索图层。颜色：通过图层颜色来搜索图层。智能对象：通过图层中不同智能对象的链接方式来搜索图层。选定：通过选定的图层来搜索图层。画板：通过画板来搜索图层。

图层的混合模式：用于设定图层的混合模式，共包含27种混合模式。不透明度：用于设定图层的不透明度。填充：用于设定图层的填充百分比。图层中的眼睛图标：用于显示或隐藏图层中的内容。图层中的锁链图标：表示图层与图层之间的链接关系。图层中的图标：表示此图层为可编辑的文字层。图层中的图标：表示为图层添加了样式。

在“图层”面板的上方有5个工具按钮图标，如图2-112所示。

锁定：

图2-112

“锁定透明像素”按钮：用于锁定当前图层中的透明区域，使透明区域不能被编辑。“锁定图像像素”按钮：使当前图层不能被编辑。“锁定位置”按钮：使当前图层不能被移动。“防止在画板和画框内外自动嵌套”按钮：锁定画板在画布上的位置，阻止在画板内部或外部自动嵌套。“锁定全部”按钮：使当前图层或序列完全被锁定。

在“图层”面板的下方有7个工具按钮，如图2-113所示。

图2-113

“链接图层”按钮：使所选图层成为一组，当对一个链接图层进行操作时，将影响组中所有链接图层。“添加图层样式”按钮：为当前图层添加图层样式效果。“添加图层蒙版”按钮：在当前图层上创建一个蒙版。在图层蒙版中，黑色代表隐藏图像，白色代表显示图像，可以使用画笔等绘图工具对蒙版进行绘制，还可以将蒙版转换成选区。“创建新的填充或调整图层”按钮：可对图层进行颜色填充和效果调整。“创建新组”按钮：用于新建一个图层组，可在其中放入图层。“创建新图层”按钮▣：用于在当前图层的上方创建一个新图层。“删除图层”按钮▣：可以将不需要的图层拖曳到此处进行删除。

2.7.2 “图层”菜单

单击“图层”面板右上方的图标☰，弹出下拉命令菜单，如图2-114所示，可执行图层相关操作。

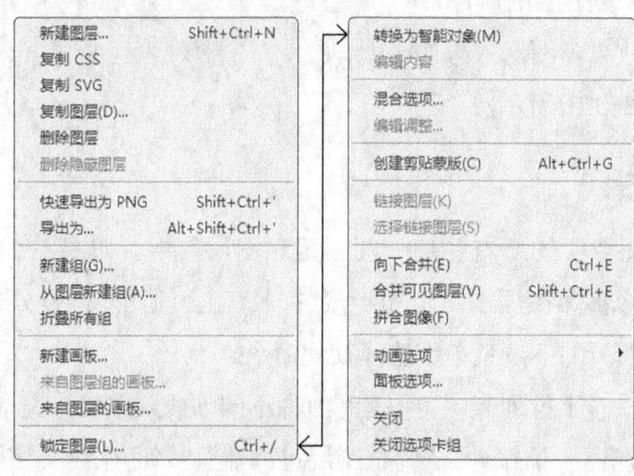

图2-114

2.7.3 新建图层

使用控制面板中的下拉菜单：单击“图层”面板右上方的图标☰，弹出下拉菜单，选择“新建图层”命令，弹出“新建图层”对话框，如图2-115所示。

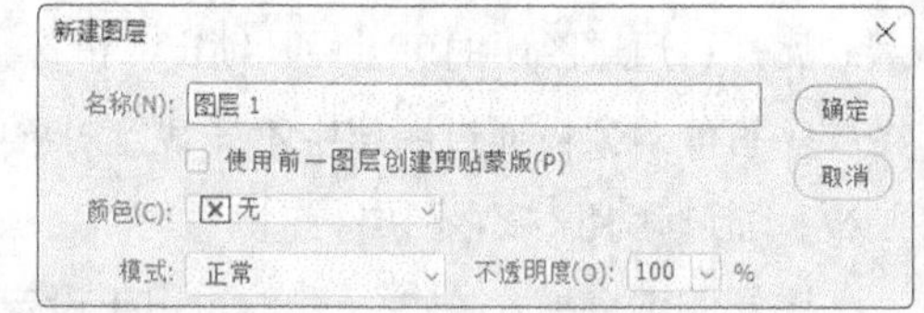

图2-115

名称：用于设定新图层的名称，可以选择使用前一图层创建剪贴蒙版。颜色：用于设定新图层的颜色。模式：用于设定当前图层的混合模式。不透明度：用于设定当前图层的不透明度。

使用控制面板按钮或快捷键：单击“图层”面板下方的“创建新图层”按钮▣，可以创建一个新图层；按住Alt键的同时，单击“创建新图层”按钮▣，将弹出“新建图层”对话框。

使用“图层”菜单命令或快捷键：选择“图层>新建>图层”命令，弹出“新建图层”对话框；按Shift+Ctrl+N组合键，也可以弹出“新建图层”对话框。

2.7.4 复制图层

使用控制面板中的下拉菜单：单击“图层”面板右上方的图标☰，弹出下拉菜单，选择“复制图层”命令，弹出“复制图层”对话框，如图2-116所示。

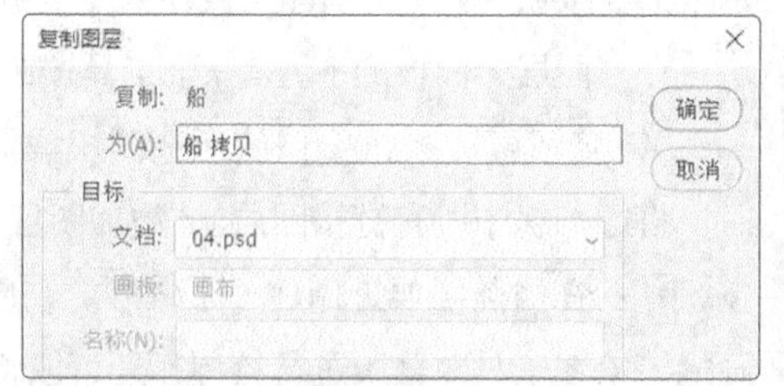

图2-116

为：用于设定复制层的名称。文档：用于设定复制层的文件来源。

使用控制面板按钮：将需要复制的图层拖曳到面板下方的“创建新图层”按钮▣上，可以将所选的图层复制为一个新图层。

使用“图层”菜单命令：选择“图层>复制图层”命令，弹出“复制图层”对话框。

使用鼠标拖曳的方法复制图层到其他图像中：打开目标图像和需要复制的图像，将需要复制的图像中的图层直接拖曳到目标图像中，图层复制完成。

2.7.5 删除图层

使用控制面板中的下拉菜单：单击“图层”面板右上方的图标，弹出下拉菜单，选择“删除图层”命令，弹出提示对话框，如图2-117所示。单击“是”按钮，删除图层。

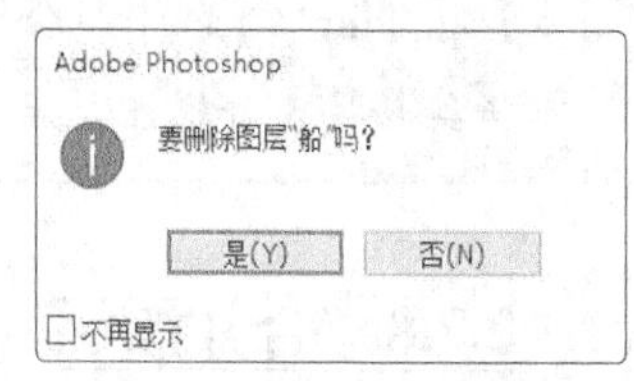

图2-117

使用控制面板按钮：选中要删除的图层，单击“图层”面板下方的“删除图层”按钮，即可删除图层；或将需要删除的图层直接拖曳到“删除图层”按钮上进行删除。

使用“图层”菜单命令：选择“图层>删除>图层”命令，即可删除图层。

2.7.6 图层的显示和隐藏

单击“图层”面板中任意图层左侧的眼睛图标，即可隐藏或显示该图层。

按住Alt键的同时，单击“图层”面板中任意图层左侧的眼睛图标，将只显示该图层，其他图层被隐藏。

2.7.7 图层的选择、链接和排列

选择图层：单击“图层”面板中的任意一个图层，即可选择这个图层。

选择移动工具，用鼠标右键单击窗口中的图像，会弹出一个可供选择的图层选项菜单，选择所需的图层即可。将鼠标指针靠近需要的图像并进行以上操作，即可选择该图像所在的图层。

链接图层：当要同时对多个图层中的图像进行操作时，可以将多个图层链接，方便操作。选中要链接的图层，如图2-118所示，单击“图层”面板下方的“链接图层”按钮，选中的图层即可被链接，如图2-119所示。再次单击“链接图层”按钮，即可取消链接。

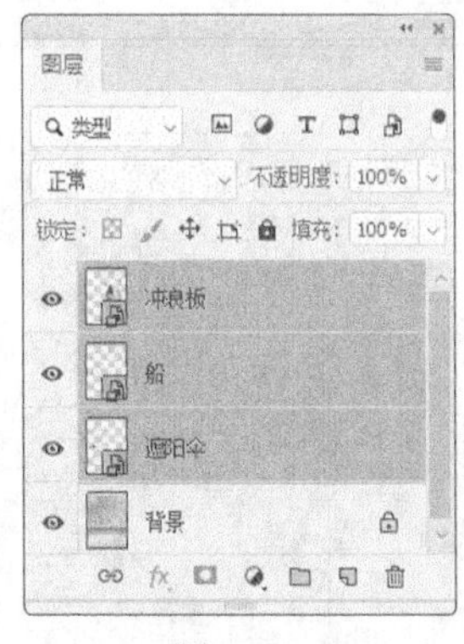

图2-118

图2-119

排列图层：拖曳“图层”面板中的任意图层，可将其调整到其他图层的上方或下方。

选择“图层>排列”命令，进入“排列”子菜单，选择其中的排列方式也可排列图层。

提示

按Ctrl+［组合键，可以将当前图层向下移动一层；按Ctrl+］组合键，可以将当前图层向上移动一层；按Shift+Ctrl+［组合键，可以将当前图层移动到除了背景图层以外的所有图层的下方；按Shift+Ctrl+］组合键，可以将当前图层移动到所有图层的上方。背景图层不能随意移动，可以将其转换为普通图层后再移动。

2.7.8 合并图层

“向下合并”命令用于向下合并图层。单击“图层”面板右上方的图标☰，在弹出的菜单中选择“向下合并”命令，或按Ctrl+E组合键即可合并图层。

“合并可见图层”命令用于合并所有可见图层。单击“图层”面板右上方的图标☰，在弹出的菜单中选择“合并可见图层”命令，或按Shift+Ctrl+E组合键即可合并可见图层。

“拼合图像”命令用于合并所有的图层。单击“图层”面板右上方的图标☰，在弹出的菜单中选择“拼合图像”命令即可合并所有图层。

2.7.9 图层组

当编辑多层图像时，为了方便操作，可以将多个图层置于一个图层组中。单击“图层”面板右上方的图标☰，在弹出的菜单中选择“新建组”命令，弹出“新建组”对话框，单击“确定”按钮，新建一个图层组，如图2-120所示。选中要放置到组中的多个图层，如图2-121所示，将其向图层组中拖曳，选中的图层将被放置在图层组中，如图2-122所示。

提示

单击“图层”面板下方的“创建新组”按钮□，可以新建图层组；选择“图层>新建>组”命令，也可新建图层组；还可选中要放置在图层组中的所有图层，按Ctrl+G组合键，自动生成新的图层组。

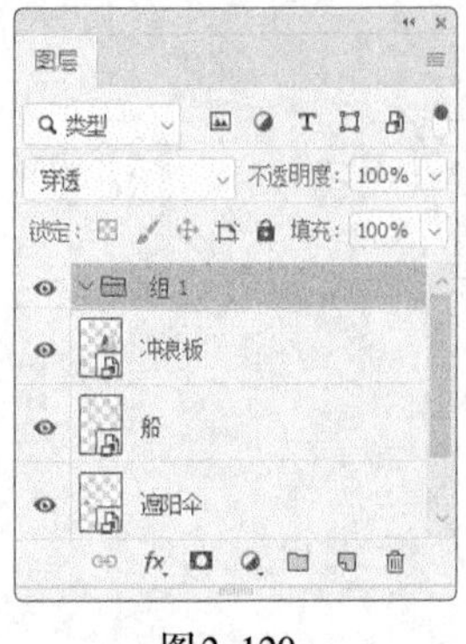

图2-120

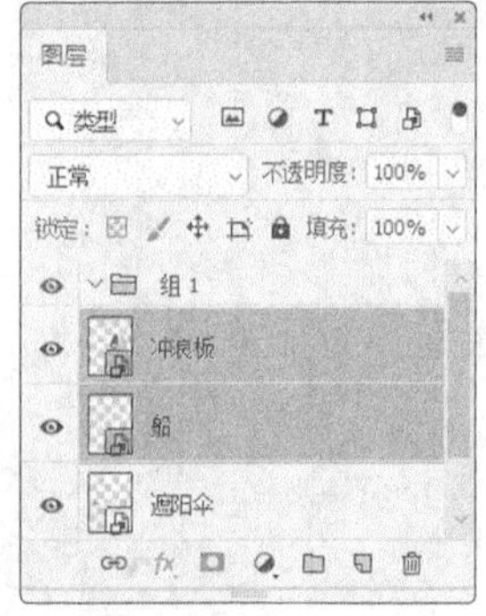

图2-121

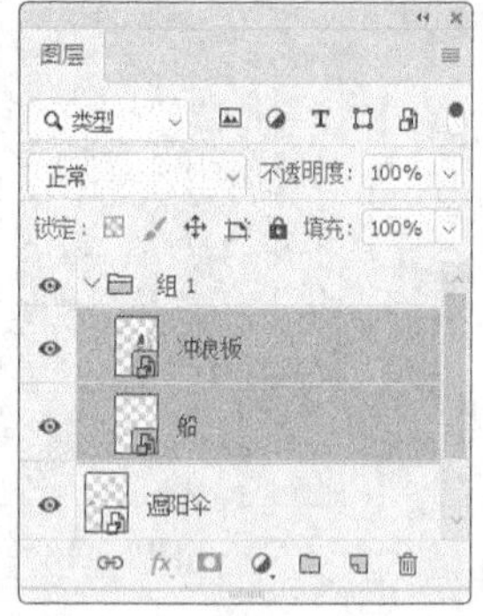

图2-122

2.8 恢复操作的应用

在绘制和编辑图像的过程中，经常会出现错误地执行一个步骤或对制作的一系列效果不满意的情况。当希望恢复到上一步或原来的图像效果时，可以使用恢复操作命令。

2.8.1 恢复到上一步的操作

在编辑图像的过程中可以随时将操作返回到上一步，也可以还原图像到恢复前的效果。选择“编辑>还原”命令，或按Ctrl+Z组合键，可以返回到上一步操作。如果想还原图像到恢复前的效果，按Shift+Ctrl+Z组合键即可。

2.8.2 中断操作

当在Photoshop CC 2019中进行图像处理时，想中断正在进行的操作，按Esc键即可。

2.8.3 恢复到操作过程中的任意步骤

在“历史记录”面板中可以将进行过多次处理操作的图像恢复到任意一步的状态。选择“窗口>历史记录”命令，弹出“历史记录”面板，如图2-123所示。

面板下方的按钮从左至右依次为“从当前状态创建新文档”按钮、“创建新快照”按钮和“删除当前状态”按钮。

单击面板右上方的图标，弹出“历史记录”面板的下拉菜单，如图2-124所示。

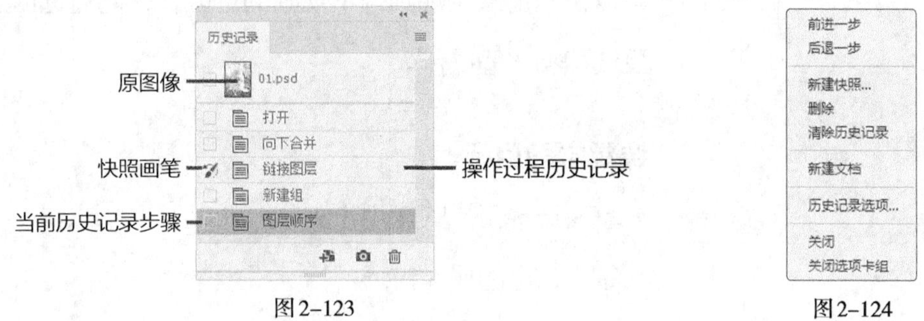

图2-123　　图2-124

前进一步：用于前进一步操作。后退一步：用于后退一步操作。新建快照：用于为当前操作步骤建立新的快照。删除：用于删除面板中指定的操作步骤。清除历史记录：用于清除面板中除最后一条记录外的所有记录。新建文档：用于为当前状态或者快照建立新的文件。历史记录选项：用于设置“历史记录”面板。关闭和关闭选项卡组：用于关闭“历史记录”面板和面板所在的选项卡组。

第3章

绘制和编辑选区

本章介绍

本章将主要介绍Photoshop CC 2019中选区的概念、绘制选区的方法以及编辑选区的技巧。通过对本章的学习，读者可以快速地绘制规则与不规则的选区，并能对选区进行移动、反选和羽化等操作。

课堂学习目标

- 掌握选择工具的使用方法
- 掌握选区的操作技巧

3.1 选择工具的使用

对图像进行编辑，首先要进行选择图像的操作。能够快速、精确地选择图像，是提高图像处理效率的关键。

3.1.1 课堂案例——制作时尚彩妆类电商Banner

【案例学习目标】使用不同的选择工具选择不同外形的图像，并应用移动工具将其合成为Banner。

【案例知识要点】使用矩形选框工具、椭圆选框工具、多边形套索工具和魔棒工具抠出化妆品，使用“变换”命令调整图像大小，使用移动工具合成图像，最终效果如图3-1所示。

【效果所在位置】资源/Ch03/效果/制作时尚彩妆类电商Banner.psd。

图3-1

（1）按Ctrl+O组合键，打开“资源>Ch03>素材>制作时尚彩妆类电商Banner”中的02文件，如图3-2所示。选择矩形选框工具，在02图像窗口中沿着化妆品盒边缘拖曳鼠标绘制选区，如图3-3所示。

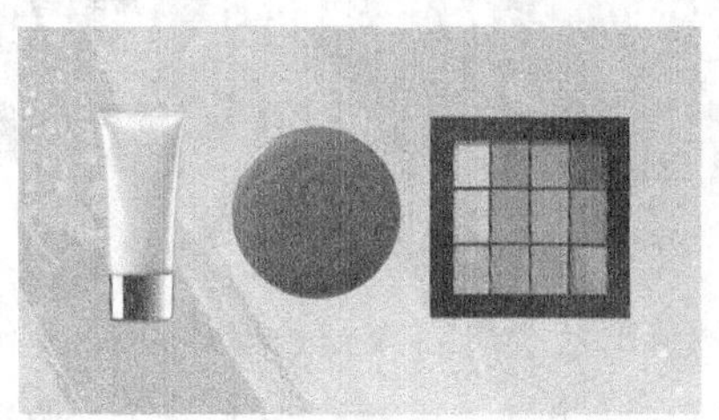

图3-2

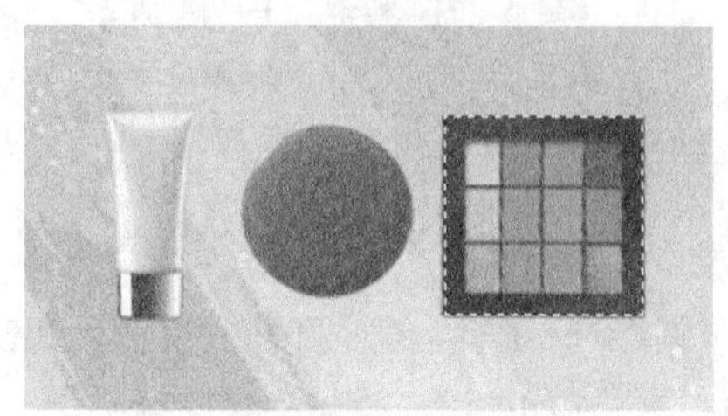

图3-3

（2）按Ctrl+O组合键，打开“资源>Ch03>素材>制作时尚彩妆类电商Banner”中的01文件，如图3-4所示。选择移动工具，将02图像窗口的选区中的图像拖曳到01图像窗口中适当的位置，如图3-5所示。“图层”面板中会生成新的图层，将其命名为“化妆品1”。

图3-4

图3-5

（3）按Ctrl+T组合键，图像周围出现变换框，将鼠标指针放在变换框的控制手柄外侧，指针变为旋转工具图标，拖曳鼠标将图像旋转到适当的角度，按Enter键确认操作，效果如图3-6所示。

图3-6

（4）选择椭圆选框工具，在02图像窗口中沿着化妆品边缘拖曳鼠标绘制选区，如图3-7所示。选择移动工具，将02图像窗口的选区中的图像拖曳到01图像窗口中适当的位置，如图3-8所示。“图层”面板中会生成新的图层，将其命名为“化妆品2”。

图3-7

图3-8

（5）选择多边形套索工具，在02图像窗口中沿着化妆品边缘单击绘制选区，如图3-9所示。选择移动工具，将02图像窗口的选区中的图像拖曳到01图像窗口中适当的位置，如图3-10所示。“图层”面板中会生成新的图层，将其命名为“化妆品3”。

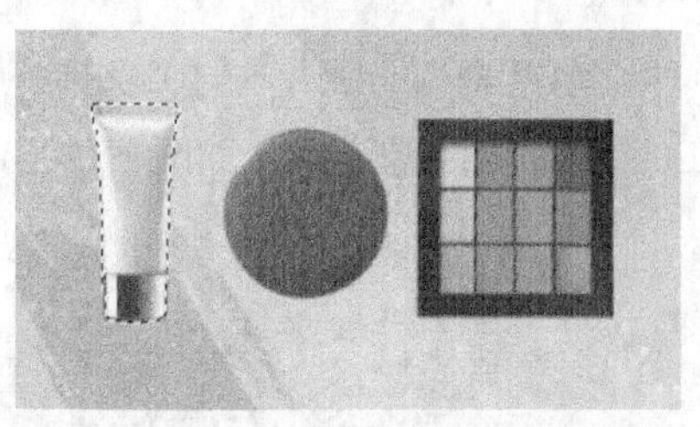

图3-9

图3-10

（6）按Ctrl+O组合键，打开“资源>Ch03>素材>制作时尚彩妆类电商Banner”中的03文件。选择魔棒工具，在图像窗口中的背景区域单击，图像周围生成选区，如图3-11所示。按Shift+Ctrl+I组合键，将选区反选，如图3-12所示。

（7）选择移动工具，将03图像窗口的选区中的图像拖曳到01图像窗口中适当的位置，如图3-13所示。“图层”面板中会生成新的图层，将其命名为“化妆品4”。

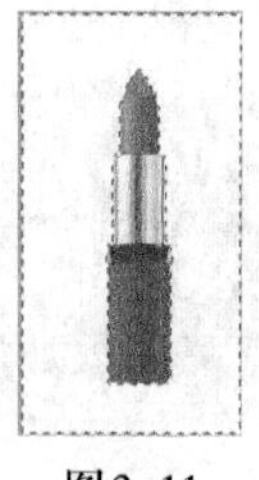

图3-11

图3-12

图3-13

（8）按Ctrl+O组合键，打开“资源>Ch03>素材>制作时尚彩妆类电商Banner”中的04、05文件。

选择移动工具，将图片分别拖曳到01图像窗口中适当的位置，效果如图3-14所示。“图层”面板中会生成新的图层，将其分别命名为“云1”和“云2”，如图3-15所示。

图3-14

图3-15

（9）选中“云1”图层，将其拖曳到“化妆品1”图层的下方，如图3-16所示。图像窗口中的效果如图3-17所示。至此，时尚彩妆类电商Banner制作完成。

图3-16

图3-17

3.1.2　选框工具

选择矩形选框工具，或反复按Shift+M组合键，其属性栏如图3-18所示。

图3-18

新选区：去除旧选区，绘制新选区。添加到选区：在原有选区的基础上增加新的选区。从选区减去：在原有选区的基础上减去选区。与选区交叉：选择新旧选区重叠的部分。羽化：用于设定选区边界的羽化程度。消除锯齿：用于消除选区边缘的锯齿。样式：用于选择选区的类型。

绘制矩形选区：选择矩形选框工具，在图像中适当的位置向右下方拖曳鼠标绘制选区；松开鼠标左键，矩形选区绘制完成，如图3-19所示。按住Shift键在图像中拖曳鼠标可以绘制出正方形选区，如图3-20所示。

图3-19

图3-20

设置固定比例的矩形选区：在矩形选框工具的属性栏中，选择“样式”下拉列表中的“固定比例”选项，将“宽度”设为1，“高度”设为3，如图3-21所示。此时在图像中绘制的选区就是设置好的比例，效果如图3-22所示。单击“高度和宽度互换”按钮，可以快速地将“宽度”和“高度”中的数值互换，互换后绘制的选区效果如图3-23所示。

图3-21

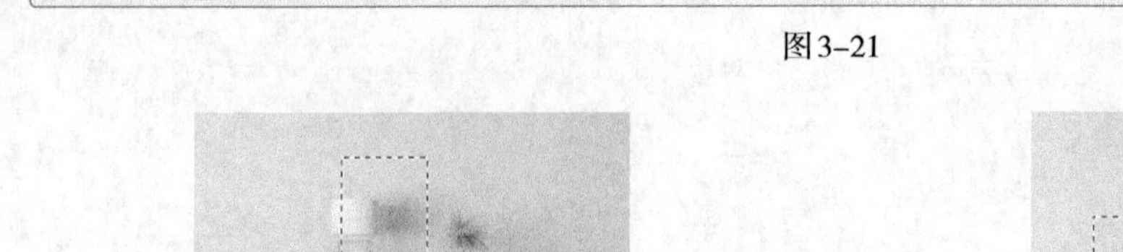
图3-22

图3-23

设置固定大小的矩形选区：在矩形选框工具的属性栏中，选择“样式”下拉列表中的“固定大小”选项，在“宽度”和“高度”框中输入数值，单位只能是像素，如图3-24所示。绘制固定大小的选区，效果如图3-25所示。单击“高度和宽度互换”按钮，可以快速地将“宽度”框和“高度”框中的数值互换，互换后绘制的选区效果如图3-26所示。

图3-24

图3-25

图3-26

因为椭圆选框工具的应用方法与矩形选框工具的应用方法基本相同，所以这里不再赘述。

3.1.3 套索工具

套索工具用于在图像或图层中绘制不规则形状的选区，以选取不规则形状的图像。

选择“套索”工具，或反复按Shift+L组合键，其属性栏如图3-27所示。

羽化：0像素 消除锯齿 选择并遮住...

图3-27

：用于设置选择方式。羽化：用于设定选区边缘的羽化程度。消除锯齿：用于消除选区边缘的锯齿。

选择套索工具，在图像中适当的位置拖曳鼠标进行绘制，如图3-28所示。松开鼠标左键，选择的区域自动封闭并生成选区，效果如图3-29所示。

图3-28

图3-29

3.1.4 魔棒工具

魔棒工具用来选取图像中的某一点，并将与这一点颜色相同或相近的点自动融入选区中。

选择魔棒工具，或反复按Shift+W组合键，其属性栏如图3-30所示。

图3-30

：用于设置选择方式。取样大小：用于设置取样范围。容差：用于设置取样颜色的范围，该数值越大，可容许取样的颜色范围越大。消除锯齿：用于消除选区边缘的锯齿。连续：用于对连续像素取样。对所有图层取样：用于将所有可见图层中的容许颜色范围内的颜色加入选区。

选择魔棒工具，在图像中单击需要选择的区域，即可得到需要的选区，效果如图3-31所示。调整属性栏中的容差值，再次单击需要选择的区域，此时的选区效果如图3-32所示。

图3-31

图3-32

3.1.5 “色彩范围”命令

执行“选择 > 色彩范围”菜单命令，弹出“色彩范围”对话框，如图3-33所示。可以根据选区内或整个图像中的颜色差异更加精确地创建不规则选区。

选择：可以选择选区的取样方式。检测人脸：勾选此复选框，可以更准确地选择脸部。本地化颜色簇：勾选此复选框，显示最大取样范围。颜色容差：可以调整选定颜色的范围。选区预览：可以选择图像窗口中选区的预览方式。

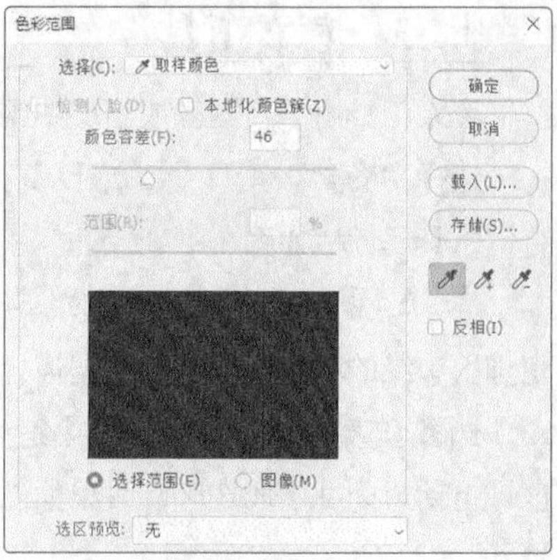

图3-33

3.1.6 “选择并遮住”命令

在图像中绘制选区，效果如图3-34所示。执行“选择 > 选择并遮住”命令，弹出“属性”面板，如图3-35所示。

视图：用于选择选区外图像的显示方式。显示边缘：用于在执行边缘调整的位置显示选区边框。显示原稿：用于查看原始选区。高品质预览：用于更清晰地预览更改的部分。不透明度：设置选区外图像的不透明度。智能半径：用于使半径自动适应图像边缘。半径：用于设置调整区域的大小。平滑：用于平滑选区边缘。羽化：用于柔化选区边缘。对比度：用于增加选区边缘的对比度。移动边缘：用于收缩或扩展选区。净化颜色/数量：设置从图像中移除的彩色边数量。输出到：用于选择选区的输出方式。记住设置：用于存储当前的设置。

“属性”面板中的设置如图3-36所示。单击“确定”按钮，图像效果如图3-37所示。

图3-34

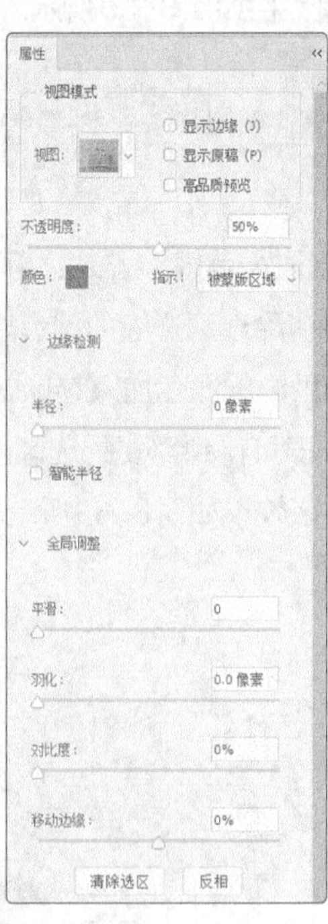

图3-35

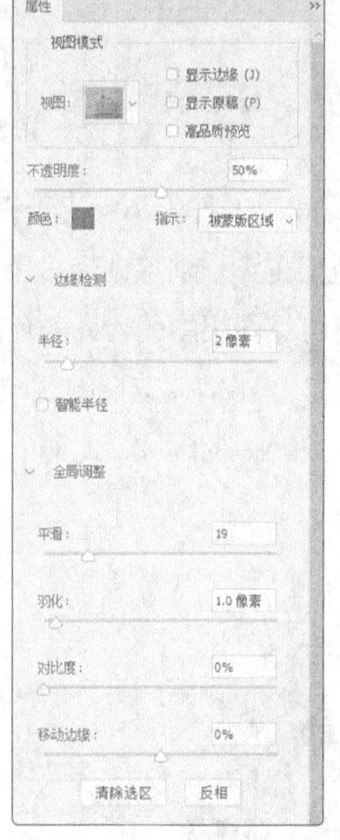

图3-36

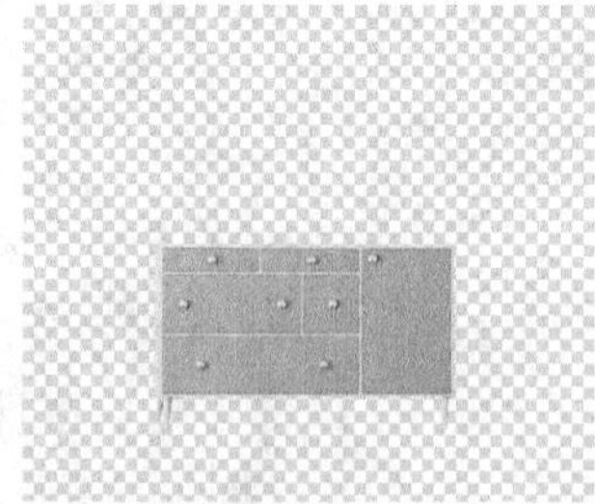

图3-37

3.2 选区的操作技巧

在建立选区后，可以对选区进行一系列的操作，如移动选区、调整选区和羽化选区等。

3.2.1 课堂案例——制作商品详情页主图

【案例学习目标】使用选框工具绘制选区，并使用“羽化”命令制作出需要的效果。

【案例知识要点】使用矩形选框工具、“变换选区”命令、“扭曲”命令和“羽化”命令制作商品投影，使用移动工具添加装饰图片和文字，最终效果如图3-38所示。

图3-38

【效果所在位置】资源/Ch03/效果/制作商品详情页主图.psd。

（1）按Ctrl+O组合键，打开“资源>Ch03>素材>制作商品详情页主图”中的01、02文件。选择移动工具，将02图片拖曳到01图像窗口中的适当位置，效果如图3-39所示。“图层”面板中会生成新的图层，将其命名为“沙发”。选择矩形选框工具，在图像窗口中拖曳鼠标绘制矩形选区，如图3-40所示。

图3-39

图3-40

（2）选择“选择>变换选区”命令，选区周围出现控制手柄，如图3-41所示。按住Ctrl+Shift组合键，拖曳左上角的控制手柄到适当的位置，效果如图3-42所示。使用相同的方法调整其他控制手柄，效果如图3-43所示。

图3-41

图3-42

图3-43

（3）选区变换完成后，按Enter键确认操作，效果如图3-44所示。按Shift+F6组合键，打开“羽化选区”对话框，设置如图3-45所示。单击“确定”按钮，效果如图3-46所示。

图3-44

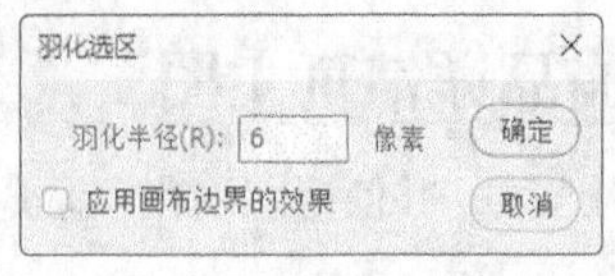

图3-45

图3-46

（4）按住Ctrl键的同时单击“创建新图层”按钮，在“沙发”图层下方新建图层并将其命名为“投影”。将前景色设为黑色。按Alt+Delete组合键，用前景色填充选区，再按Ctrl+D组合键取消选区，效果如图3-47所示。

（5）在“图层”面板中将“投影”图层的“不透明度”设为40%，如图3-48所示。按Enter键确认操作，效果如图3-49所示。

图3-47

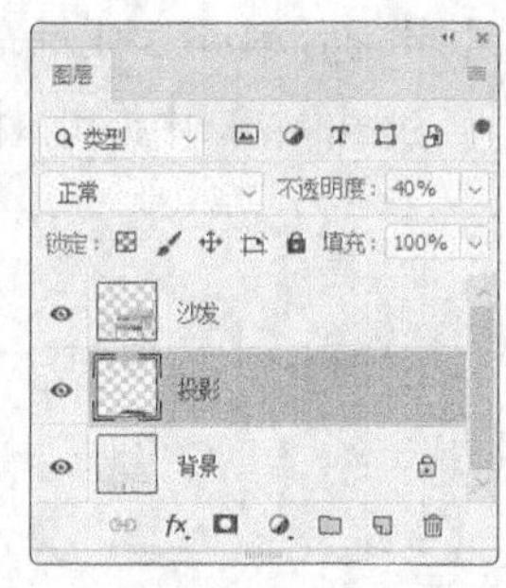

图3-48

图3-49

（6）选中“沙发”图层。按Ctrl+O组合键，打开“资源>Ch03>素材>制作商品详情页主图”中的03文件，选择移动工具，将03图片拖曳到01图像窗口中的适当位置，效果如图3-50所示。“图层”面板中会生成新的图层，将其命名为“装饰”，如图3-51所示。至此，商品详情页主图制作完成。

图3-50

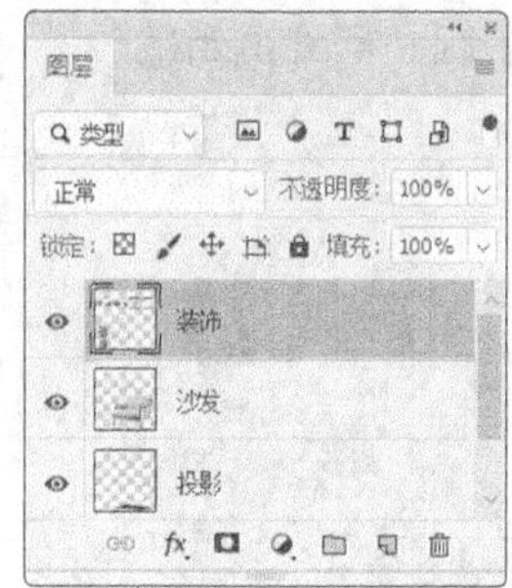

图3-51

3.2.2 移动选区

使用鼠标移动选区：选择绘制选区的工具，将鼠标指针放在选区中，鼠标指针变为图标，如图3-52所示；按住鼠标并进行拖曳，鼠标指针变为▶图标，将选区拖曳到其他位置，如图3-53所示，松开鼠标左键，即可完成选区的移动，效果如图3-54所示。

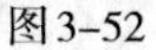
图3-52

图3-53

图3-54

使用键盘移动选区：当使用矩形和椭圆选框工具绘制选区时，按住Space键的同时拖曳鼠标，即可移动选区。绘制出选区后，使用键盘中的方向键，一次可以将选区沿各个方向移动1个像素；使用Shift+方向键的组合键，一次可以将选区沿各个方向移动10个像素。

3.2.3 羽化选区

羽化选区可以使图像产生柔和的效果。在图像中绘制不规则选区，如图3-55所示。执行“选择>修改>羽化”命令，弹出“羽化选区”对话框，设置羽化半径，如图3-56所示，单击“确定”按钮，选区被羽化。按Shift+Ctrl+I组合键将选区反选，如图3-57所示。

图3-55

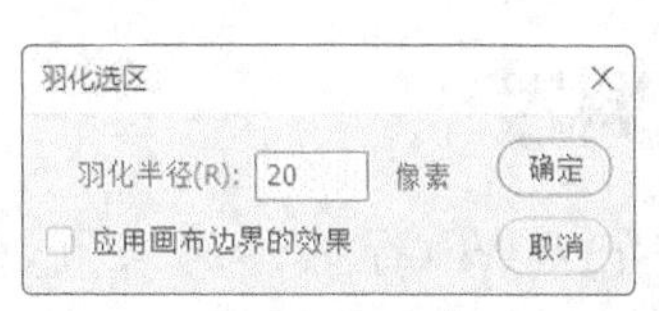

图3-56

图3-57

在选区中填充颜色后，效果如图3-58所示。还可以在绘制选区前，在所使用工具的属性栏中直接输入羽化的数值，如图3-59所示。此时，绘制的选区将自动生成带有羽化边缘的选区。

图3-58

图3-59

3.2.4 取消选区

执行“选择>取消选择”命令，或按Ctrl+D组合键，可取消选区。

3.2.5 全选和反选选区

全选即将所有图像全部选取。执行“选择>全部”命令，或按Ctrl+A组合键，即可选取所有图像，效果如图3-60所示。

执行“选择>反选”命令，或按Shift+Ctrl+I组合键，可以对选区进行反选，反选前后的效果分别如图3-61和图3-62所示。

图3-60

图3-61

图3-62

课堂练习——制作装饰画

【练习知识要点】使用图层样式制作底图，使用矩形工具和剪贴蒙版制作装饰画，使用“色彩范围”命令抠出自行车剪影，最终效果如图3-63所示。

【效果所在位置】资源/Ch03/效果/制作装饰画.psd。

图3-63

课后习题——制作果汁海报

【习题知识要点】使用魔棒工具抠出背景中的果汁、水果和文字，使用磁性套索工具抠出包装瓶，使用多边形套索工具、“载入选区”命令、“收缩选区”命令和“羽化选区”命令制作投影，使用移动工具添加图片和文字，最终效果如图3-64所示。

【效果所在位置】资源/Ch03/效果/制作果汁海报.psd。

图3-64

第4章

绘制图像

本章介绍

本章主要介绍Photoshop CC 2019中画笔工具的使用方法以及填充工具的使用技巧。通过对本章的学习，读者可以使用画笔工具绘制出丰富多彩的图像，使用填充工具制作出多样的填充效果。

课堂学习目标

- 掌握绘图工具的使用方法
- 掌握历史记录画笔工具和历史记录艺术画笔工具的使用方法
- 掌握油漆桶工具、吸管工具和渐变工具的使用技巧
- 掌握“填充”命令、“定义图案”命令和“描边”命令的使用技巧

4.1 绘图工具的使用

掌握绘图工具是绘制和编辑图像的基础。使用画笔工具可以绘制出各种效果的图像，使用铅笔工具可以绘制出各种硬边效果的图像。

4.1.1 课堂案例——制作风景插画

【案例学习目标】使用画笔工具绘制气球。

【案例知识要点】使用矩形选框工具绘制选区，使用“定义画笔预设”命令储存形状，使用画笔工具绘制形状，最终效果如图4-1所示。

图4-1

【效果所在位置】资源/Ch04/效果/制作风景插画.psd。

（1）按Ctrl+O组合键，打开“资源>Ch04>素材>制作风景插画”中的01、02文件。在02图像窗口中，按住Ctrl键的同时，单击“图层1”图层的缩览图，图像周围生成选区，如图4-2所示。

（2）选择矩形选框工具，在属性栏中单击“从选区减去”按钮，在气球的下方绘制一个矩形选框，减去相交的区域，效果如图4-3所示。选择“编辑>定义画笔预设”命令，弹出“画笔名称”对话框，在“名称”文本框中输入“气球”，如图4-4所示。单击“确定”按钮，将气球图像定义为画笔。按Ctrl+D组合键，取消选区。

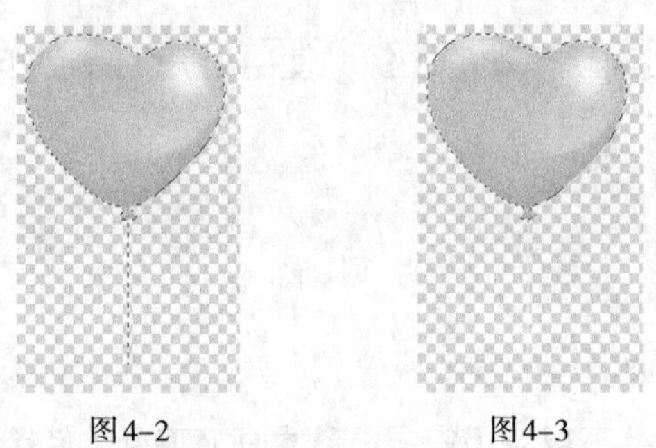
图4-2　　图4-3

图4-4

（3）选择移动工具，将02图片拖曳到01图像窗口中的适当位置并调整其大小，按Enter键确认操作，效果如图4-5所示。“图层”面板中会生成新的图层，将其命名为“气球”，如图4-6所示。

图4-5

图4-6

（4）按Ctrl+O组合键，打开“资源>Ch04>素材>制作风景插画”中的03文件。选择移动工具，将03图片拖曳到01图像窗口中的适当位置，效果如图4-7所示。“图层”面板中会生成新的图层，将其命名为“热气球”，如图4-8所示。

图4-7

图4-8

（5）单击“图层”面板下方的“创建新图层”按钮，生成新的图层并将其命名为“气球2”。将前景色设为紫色（R:170，G:105，B:250）。选择画笔工具，在属性栏中单击画笔选项右侧的下拉按钮，在弹出的面板中选择定义好的“气球”画笔，并设置合适的大小，如图4-9所示。

（6）在属性栏中单击“启用喷枪模式”按钮，在图像窗口中单击以绘制一个气球图形。调整画笔大小，再次绘制一个气球图形，效果如图4-10所示。将前景色设为蓝色（R:105，G:182，B:250）。使用相同的方法制作其他气球，效果如图4-11所示。至此，风景插画制作完成。

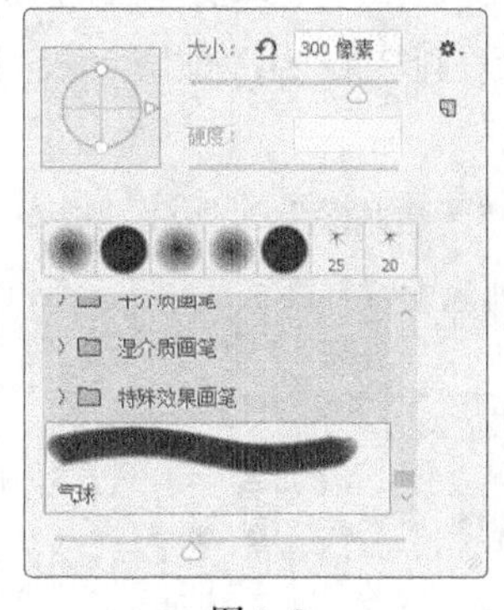

图4-9

图4-10

图4-11

4.1.2　画笔工具

选择画笔工具，或反复按Shift+B组合键，其属性栏如图4-12所示。

图4-12

：用于选择和设置预设的画笔。模式：用于选择画笔颜色与图像的混合模式。不透明度：用于设定画笔颜色的不透明度。：用于对不透明度使用压力。流量：用于设定画笔的压力，该数值越大，画笔的颜色越深。：用于启用喷枪模式绘制。平滑：设置画笔边缘的平滑度。：设置其他平滑选项。：使压力可以覆盖面板中的“不透明度”和“大小”的设置。：用于选择和设置绘画的对称选项。

选择画笔工具，在属性栏中设置画笔属性，如图4-13所示，在图像窗口中拖曳鼠标可以绘制出图4-14所示的效果。

图4-13

图4-14

画笔预设：在画笔工具属性栏中单击画笔选项右侧的下拉按钮，打开图4-15所示的面板，在该面板中可以选择画笔形状。

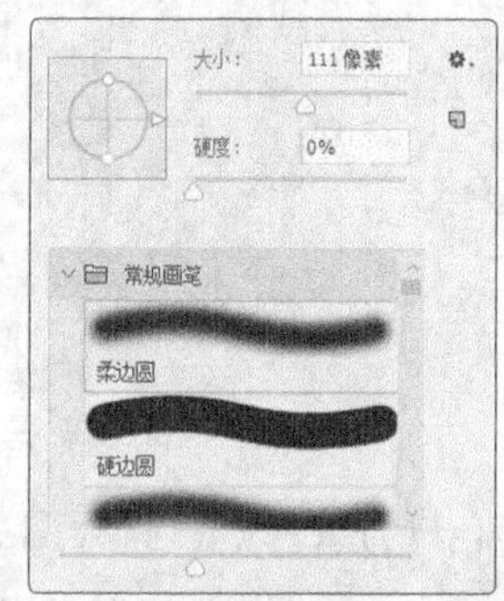

图4-15

拖曳“大小”选项下方的滑块或直接输入数值，可以设置画笔的大小。如果选择的画笔是基于样本的，将显示“恢复到原始大小”按钮，单击此按钮，可以使画笔恢复到初始的大小。

单击面板右上方的按钮，弹出下拉菜单，如图4-16所示。

新建画笔预设：用于创建新画笔。新建画笔组：用于创建新的画笔组。重命名画笔：用于重新命名画笔。删除画笔：用于删除当前选中的画笔。画笔名称：在面板中显示画笔名称。画笔描边：在面板中显示画笔描边。画笔笔尖：在面板中显示画笔笔尖。显示其他预设信息：在面板中显示其他预设信息。显示近期画笔：在面板中显示近期使用过的画笔。预设管理器：用于在弹出的“预置管理器”对话框中编辑画笔。恢复默认画笔：用于恢复画笔到默认状态。导入画笔：用于将存储的画笔载入面板。导出选中的画笔：用于将当前选中的画笔导出。获取更多画笔：用于在官网上获取更多的画笔。转换后的旧版工具预设：将转换后的旧版工具预设画笔集恢复为画笔预设列表。旧版画笔：将旧版的画笔集恢复为画笔预设列表。

在面板中单击“从此画笔创建新的预设”按钮，打开图4-17所示的“新建画笔”对话框。单击画笔工具属性栏中的“切换‘画笔设置’面板”按钮，打开图4-18所示的“画笔设置”面板。

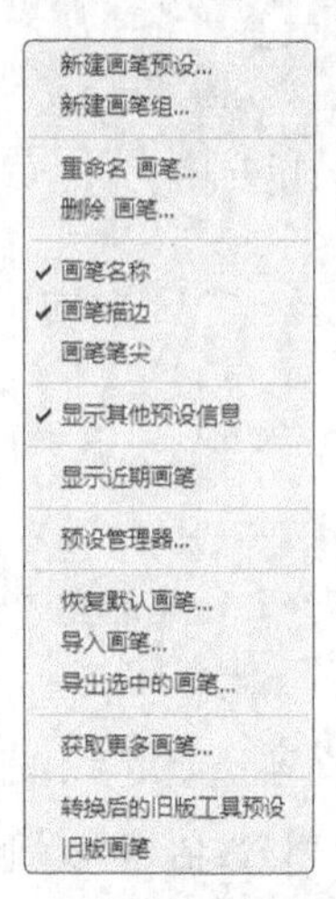

图4-16

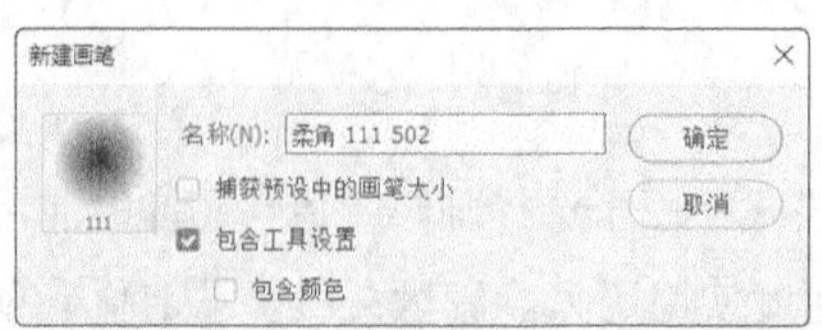

图4-17

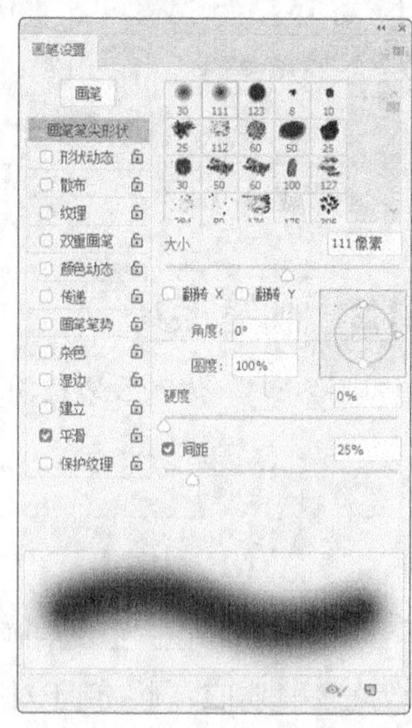

图4-18

4.1.3　铅笔工具

选择铅笔工具，或反复按Shift+B组合键，其属性栏如图4-19所示。

图4-19

：用于选择和设置预设的画笔。模式：用于选择铅笔颜色与图像的混合模式。不透明度：用于设定画笔颜色的不透明度。自动抹除：用于自动判断绘画时的起始点颜色，如果起始点的颜色为背景色，则铅笔工具将以前景色开始绘制；反之如果起始点的颜色为前景色，则铅笔工具会以背景色开始绘制。

使用铅笔工具：选择铅笔工具，在其属性栏中选择笔触大小，勾选"自动抹除"复选框，如图4-20所示。此时绘制效果与起始点的颜色有关，起始点的颜色与前景色相同时，铅笔工具将行使橡皮擦工具的功能，以背景色开始绘图；如果起始点的颜色与前景色不同，则以前景色开始绘图。

将前景色和背景色分别设定为黄色和橙色，在图像窗口中单击，画出一个黄色图形，在黄色图形上单击以绘制下一个图形，用相同的方法继续绘制，效果如图4-21所示。

模式: 正常　不透明度: 100%　平滑: 10%　自动抹除

图4-20

图4-21

4.2 应用历史记录画笔和历史记录艺术画笔工具

历史记录画笔工具和历史记录艺术画笔工具主要用于将图像恢复到某一历史状态，以制作出特殊的图像效果。颜色替换工具用于更改图像中某个对象的颜色。

4.2.1　课堂案例——制作浮雕画

【案例学习目标】使用图层样式和历史记录艺术画笔工具制作浮雕画。

【案例知识要点】使用历史记录艺术画笔工具制作涂抹效果，使用"色相/饱和度"命令和"颜色叠加"命令调整图像的颜色，使用"去色"命令为图像去色，使用浮雕效果滤镜为图像添加浮雕效果，最终效果如图4-22所示。

图4-22

【效果所在位置】资源/Ch04/效果/制作浮雕画.psd。

（1）按Ctrl+O组合键，打开"资源>Ch04>素材>制作浮雕画"中的01文件，如图4-23所示。选择"窗口>历史记录"命令，打开"历史记录"面板，单击面板右上方的图标，在弹出的菜单中选择"新建快照"命令，在弹出的对话框中进行设置，如图4-24所示，单击"确定"按钮。

图4-23

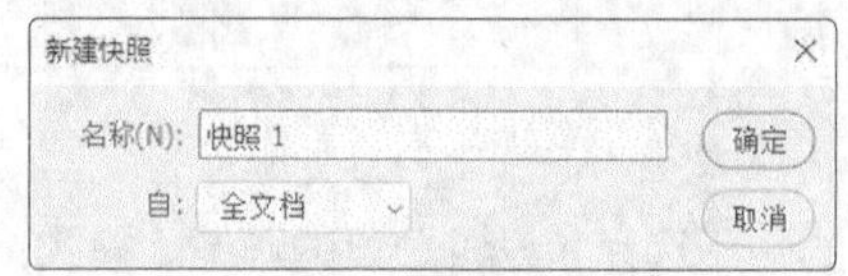

图4-24

（2）单击“图层”面板下方的“创建新图层”按钮，生成新的图层并将其命名为“黑色块”。将前景色设为黑色，按Alt+Delete组合键，用前景色填充图层。在“图层”面板上方，将“不透明度”选项设为80%，如图4-25所示。效果如图4-26所示。

图4-25

图4-26

（3）单击“图层”面板下方的“创建新图层”按钮，生成新的图层并将其命名为“油画”。选择历史记录艺术画笔工具，在属性栏中单击画笔选项右侧的下拉按钮，在弹出的面板中，将“大小”选项设为15像素，“不透明度”选项设为85%。在图像窗口中拖曳绘制，直到笔刷铺满整个图像窗口，效果如图4-27所示。

（4）选择“图像>调整>色相/饱和度”命令，在弹出的对话框中进行设置，如图4-28所示。单击“确定”按钮，效果如图4-29所示。

图4-27

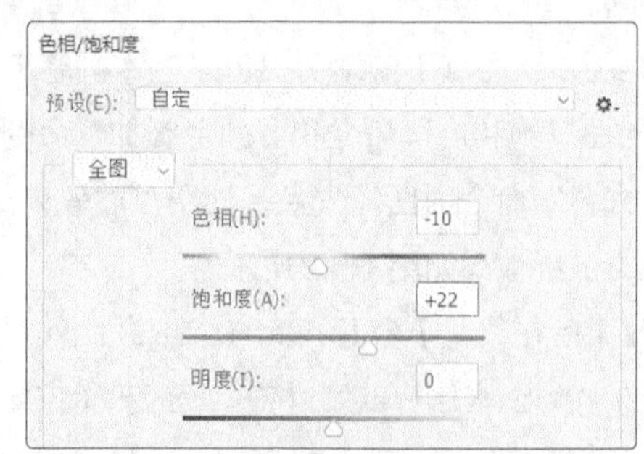

图4-28

（5）将“油画”图层拖曳到“图层”面板下方的“创建新图层”按钮上进行复制，生成新的图层并将其命名为“浮雕”。选择“图像>调整>去色”命令，为图像去色，效果如图4-30所示。

图4-29

图4-30

（6）在“图层”面板上方，将“浮雕”图层的混合模式设为“叠加”，如图4-31所示。图像效果如图4-32所示。

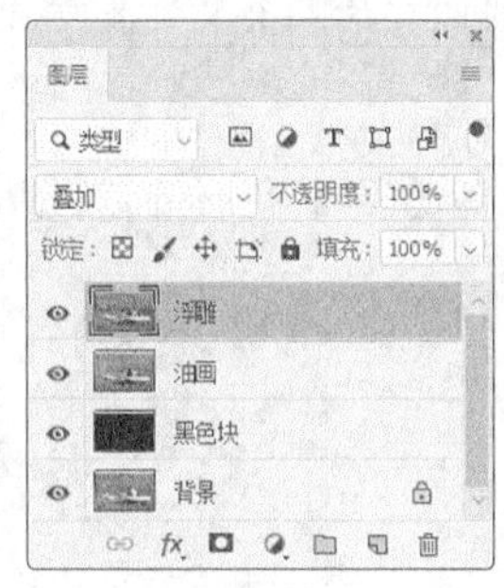

图4-31

图4-32

（7）选择“滤镜>风格化>浮雕效果”命令，在弹出的对话框中进行设置，如图4-33所示。单击“确定”按钮，效果如图4-34所示。

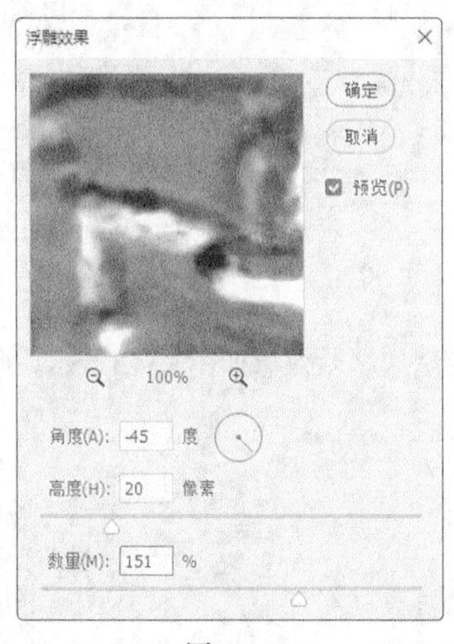

图4-33

图4-34

（8）单击“图层”面板下方的“添加图层样式”按钮fx，在弹出的菜单中选择“颜色叠加”命令。打开“图层样式”对话框，将叠加颜色设为浅蓝色（R:222，G:248，B:255），其他选项的设置如图4-35所示。单击“确定”按钮，效果如图4-36所示。至此，浮雕画制作完成。

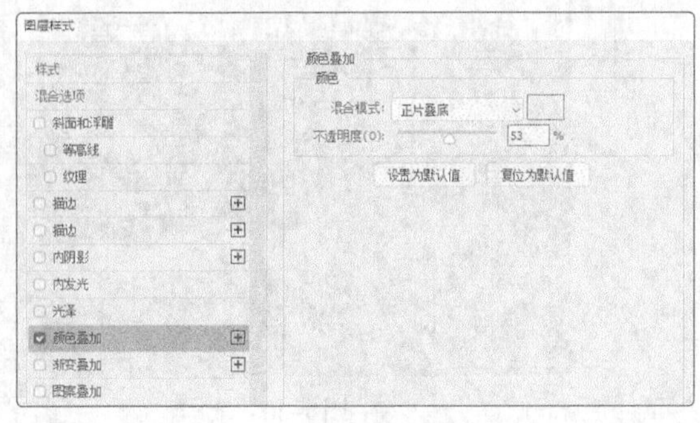

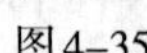
图4-35

图4-36

4.2.2 历史记录画笔工具

历史记录画笔工具是与“历史记录”面板结合起来使用的，主要用于将图像的部分区域恢复到某一历史状态，以制作出特殊的图像效果。

打开一张图片，如图4-37所示，为图片添加滤镜效果，如图4-38所示。此时的“历史记录”面板如图4-39所示。

图4-37

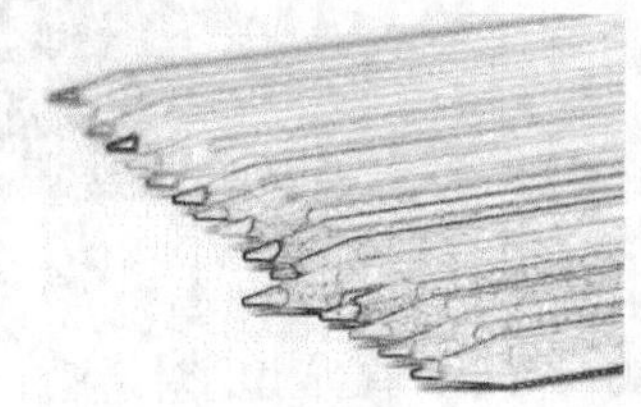
图4-38

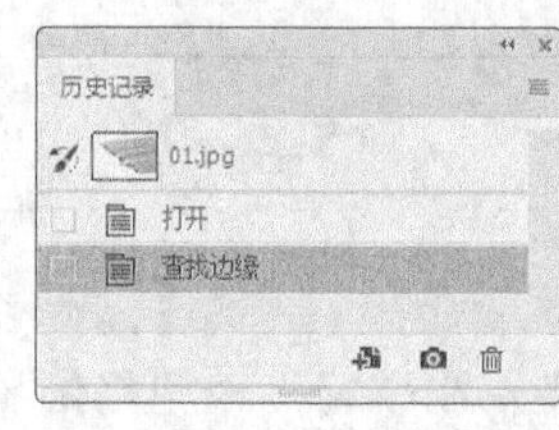

图4-39

选择椭圆选框工具，在其属性栏中将“羽化”选项设为50像素，在图像上绘制一个椭圆形选区，如图4-40所示。选择历史记录画笔工具，在“历史记录”面板中单击“打开”步骤左侧的方框，将其设置为历史记录画笔的源，该方框中显示出图标，如图4-41所示。

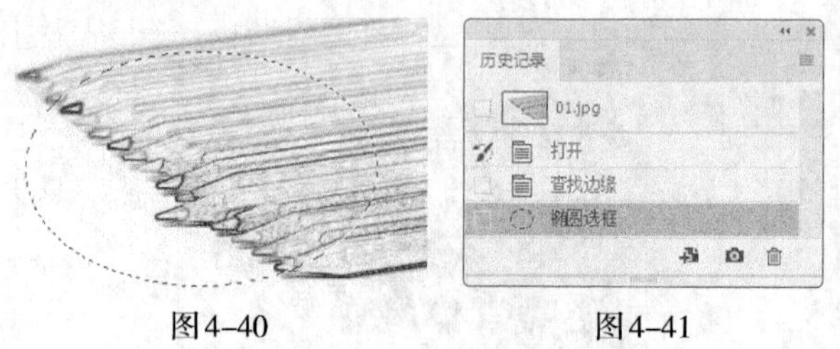

图4-40　　图4-41

使用历史记录画笔工具在选区中涂抹，如图4-42所示。取消选区后效果如图4-43所示。此时的“历史记录”面板如图4-44所示。

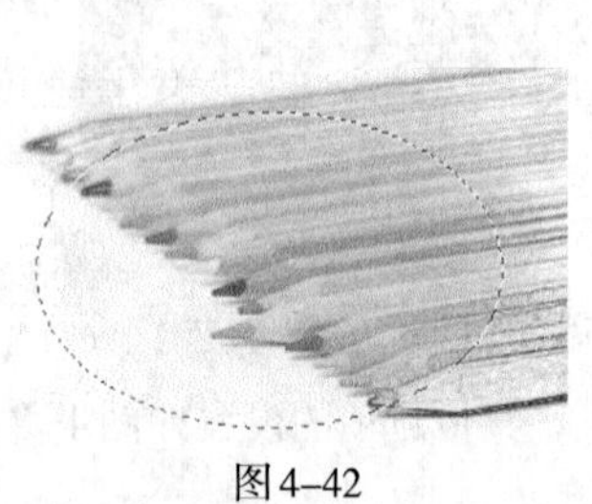
图4-42

图4-43

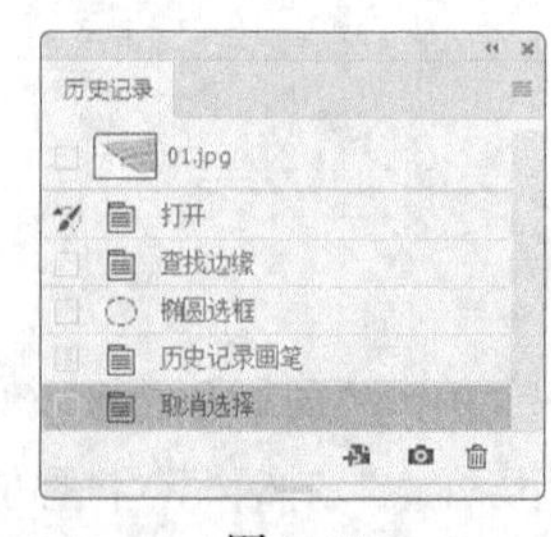

图4-44

4.2.3 历史记录艺术画笔工具

历史记录艺术画笔工具的用法和历史记录画笔工具的用法基本相同。区别在于使用历史记录艺术画笔绘图时可以产生艺术效果。选择历史记录艺术画笔工具，其属性栏如图4-45所示。

图4-45

样式：用于选择一种艺术笔触。区域：用于设置画笔绘制时所覆盖的像素范围。容差：用于设置画笔绘制的间隔时间。

原图效果如图4-46所示。用颜色填充图像，效果如图4-47所示。此时的“历史记录”面板如图4-48所示。

图4-46

图4-47

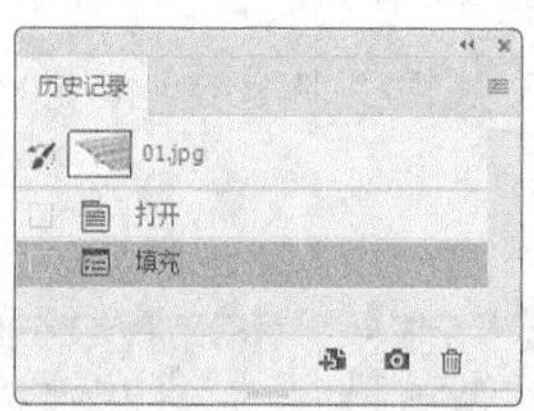

图4-48

在“历史记录”面板中单击“打开”步骤左侧的方框，将其设置为历史记录画笔的源，该方框中显示出图标，如图4-49所示。选择历史记录艺术画笔工具，在属性栏中进行设置，如图4-50所示。

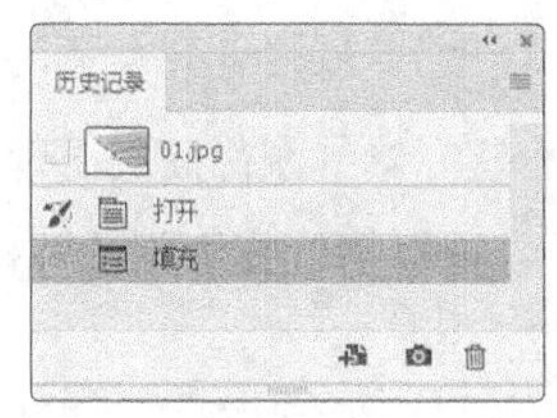

图4-49

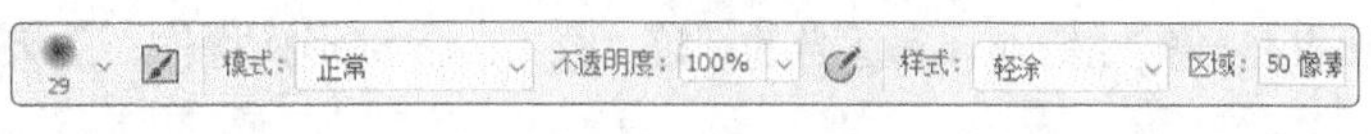

图4-50

使用历史记录艺术画笔工具在图像上涂抹，效果如图4-51所示。此时的“历史记录”面板如图4-52所示。

图4-51

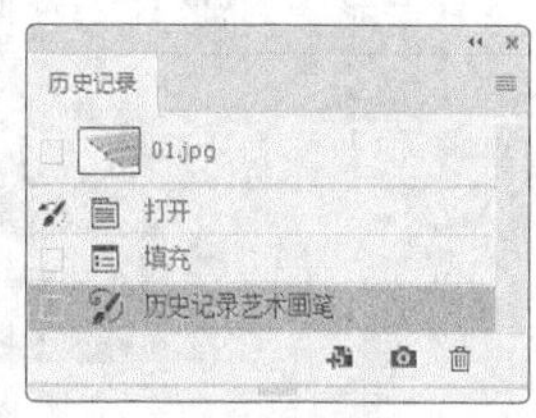

图4-52

4.3 油漆桶工具、吸管工具和渐变工具

使用油漆桶工具可以改变图像的颜色，使用吸管工具可以吸取需要的颜色，使用渐变工具可以制作颜色渐变的效果。

4.3.1 课堂案例——制作摄影类公众号封面

【案例学习目标】使用渐变工具和移动工具制作公众号封面。

【案例知识要点】使用渐变工具制作彩虹，使用橡皮擦工具和调整不透明度制作渐隐效果，使用混合模式改变彩虹的颜色，最终效果如图4-53所示。

图4-53

【效果所在位置】资源/Ch04/效果/制作摄影类公众号封面.psd。

（1）按Ctrl+O组合键，打开“资源>Ch04>素材>制作摄影类公众号封面”中的01文件，如图4-54所示。单击“图层”面板下方的“创建新图层”按钮，生成新的图层并将其命名为“彩虹”。选择渐变工具，在属性栏中单击“渐变”图标右侧的下拉按钮，在弹出的面板中选中“圆形彩虹”渐变，如图4-55所示。

图4-54

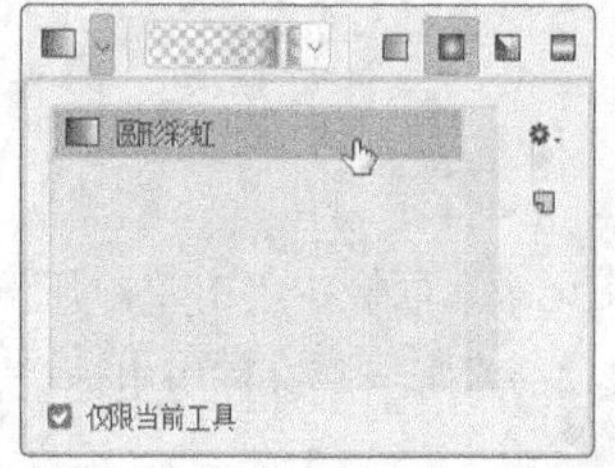

图4-55

（2）在图像窗口中由中心向下拖曳，效果如图4-56所示。按Ctrl+T组合键，彩虹图像周围出现变换框，适当调整控制手柄使图像变形，将鼠标指针放在变换框的控制手柄外侧，鼠标指针变为旋转图标，拖曳鼠标将彩虹图像旋转到适当的角度，按Enter键确认操作，效果如图4-57所示。

图4-56

图4-57

（3）选择橡皮擦工具，在属性栏中单击画笔选项右侧的下拉按钮，在弹出的面板中选择需要的画笔形状和大小，设置如图4-58所示。在图像窗口中拖曳鼠标擦除不需要的部分，效果如图4-59所示。

（4）在“图层”面板上方，将“彩虹”图层的混合模式设为“滤色”，“不透明度”选项设为60%，如图4-60所示。按Enter键确认操作，效果如图4-61所示。

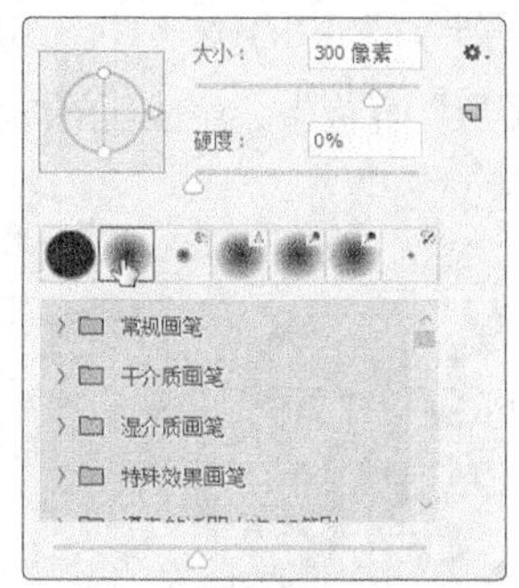

图4-58

图4-59

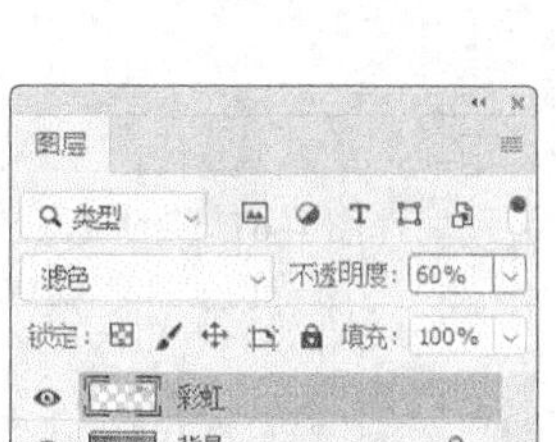

图4-60

图4-61

（5）单击“图层”面板下方的“创建新图层”按钮，生成新的图层并将其命名为“画笔”。将前景色设为白色。按Alt+Delete组合键，用前景色填充图层。在“图层”面板上方，将“画笔”图层的混合模式设为“溶解”，“不透明度”选项设为30%，如图4-62所示。按Enter键确认操作，效果如图4-63所示。

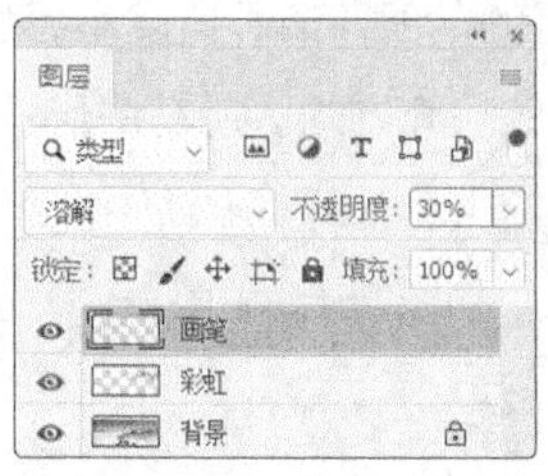

图4-62

图4-63

（6）选择橡皮擦工具，在属性栏中单击画笔选项右侧的下拉按钮，在弹出的面板中选择需要的画笔形状和大小，设置如图4-64所示。在图像窗口中拖曳鼠标擦除不需要的部分，效果如图4-65所示。

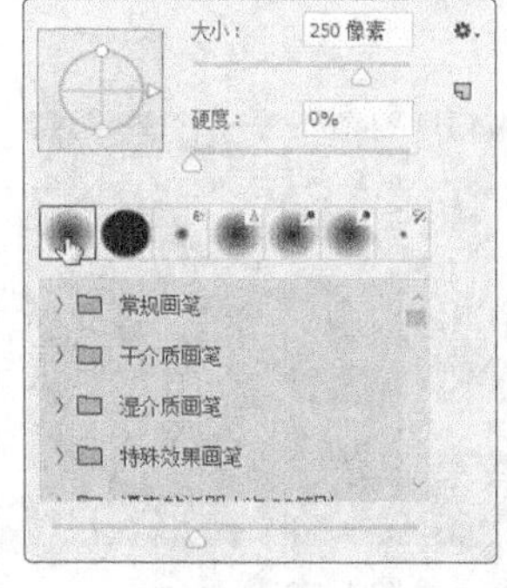

图4-64

图4-65

（7）按Ctrl+O组合键，打开“资源>Ch04>素材>制作摄影类公众号封面”中的02文件。选择移动工具，将02图片拖曳到01图像窗口中的适当位置，如图4-66所示。“图层”面板中会生成新的图层，将其命名为“文字”，如图4-67所示。至此，摄影类公众号封面首图制作完成。

图4-66

图4-67

4.3.2　油漆桶工具

选择油漆桶工具，或反复按Shift+G组合键，其属性栏如图4-68所示。

图4-68

前景：在该下拉列表中可以选择填充的是前景色还是图案。：用于选择定义好的图案。模式：用于选择填充模式。不透明度：用于设定不透明度。容差：用于设定色差的范围，该数值越小，容差越小，填充的区域也越小。消除锯齿：用于消除边缘的锯齿。连续的：用于设定填充方式。所有图层：用于选择是否对所有可见图层进行填充。

选择油漆桶工具，在其属性栏中为“容差”选项设置不同的数值，如图4-69和图4-70所示。用油漆桶工具在图像中填充颜色，填充效果如图4-71和图4-72所示。

图4-69

图4-70

图4-71

图4-72

在油漆桶工具属性栏中选择预设图案，如图4-73所示。使用油漆桶工具在图像中填充图案，效果如图4-74所示。

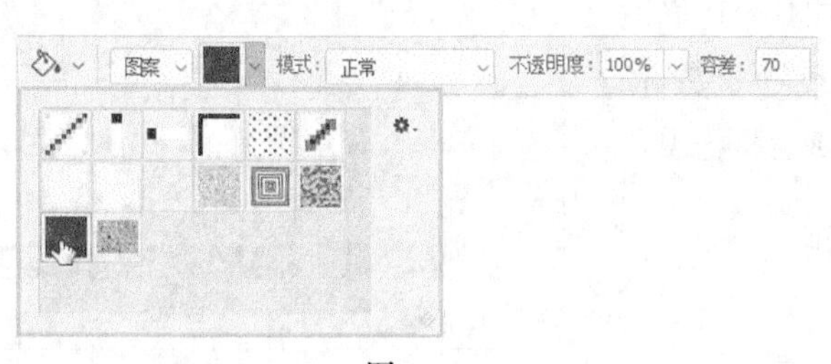

图4-73

图4-74

4.3.3 吸管工具

选择吸管工具，或反复按Shift+I组合键，其属性栏如图4-75所示。

选择吸管工具，在图像中需要吸取颜色的位置单击，当前的前景色将变为吸管吸取到的颜色，在“信息”面板中将观察到吸取的颜色信息，效果如图4-76所示。

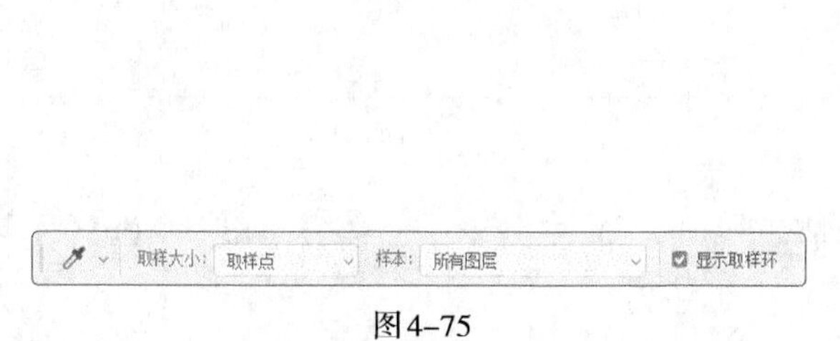

图4-75

图4-76

4.3.4 渐变工具

选择渐变工具，或反复按Shift+G组合键，其属性栏如图4-77所示。

图4-77

渐变工具包括线性渐变工具、径向渐变工具、角度渐变工具、对称渐变工具、菱形渐变工具。

：用于选择和编辑渐变色。：用于选择渐变工具的类型。模式：用于选择填充模式。不透明度：用于设定不透明度。反向：用于倒转渐变色的方向。仿色：用于使渐变效果更平滑。透明区域：用于切换渐变透明度。

如果自定义渐变形式和色彩，可单击“点按可编辑渐变”按钮，在弹出的“渐变编辑器”对话框中进行设置，如图4-78所示。

在“渐变编辑器”对话框中，在颜色编辑框下方的适当位置单击，可以增加色标，如图4-79所示。颜色也可以调整，在对话框下方的“颜色”选项中选择颜色，或双击刚建立的色标，打开“拾色器”对话框，如图4-80所示，在其中选择适合的颜色，单击“确定”按钮，颜色即可改变。颜色的位置也可以调整，在“位置”选项的数值框中输入数值或直接拖曳色标，即可调整颜色的位置。

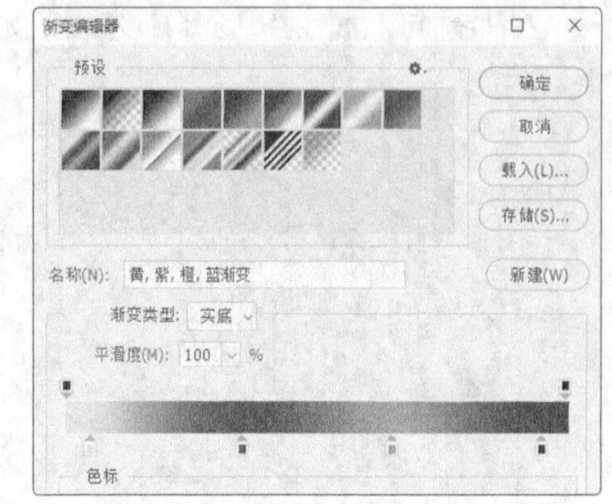

图4-78

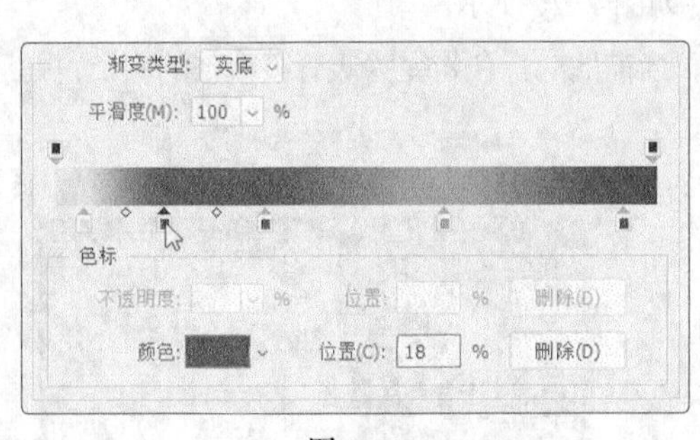

图4-79

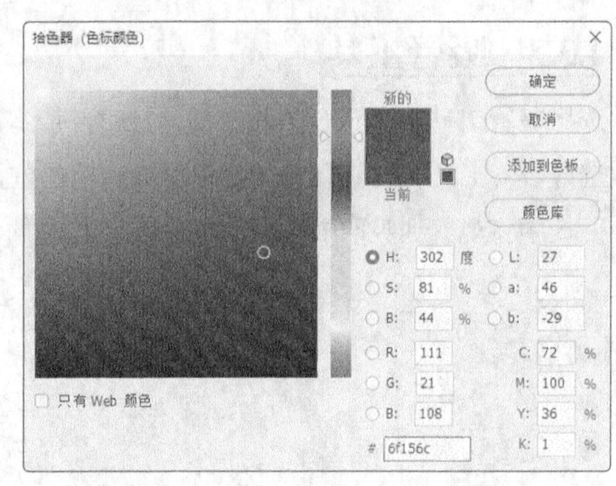

图4-80

任意选择一个色标，如图4-81所示，单击对话框下方的“删除”按钮 删除(D) ，或按Delete键，即可将其删除，如图4-82所示。

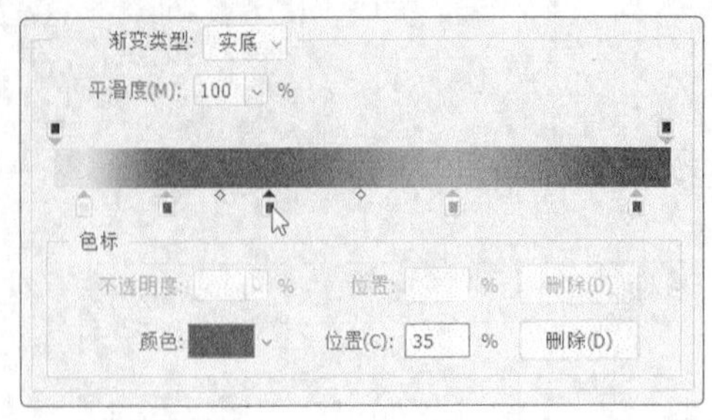

图4-81

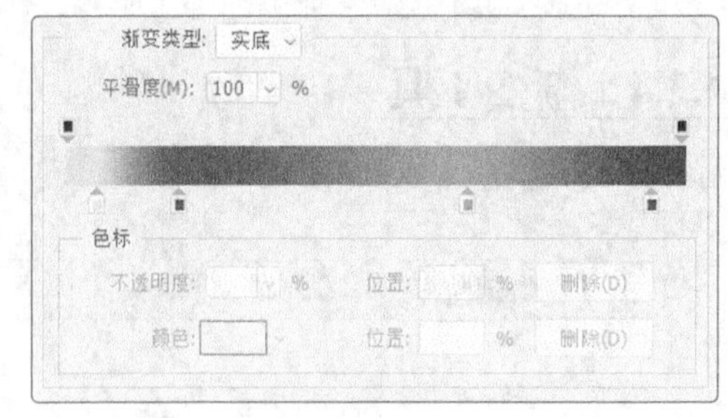

图4-82

在对话框中单击颜色编辑框左上方的黑色色标，如图4-83所示。调整“不透明度”选项的数值，可以使开始时的颜色到结束时的颜色显示为过渡式的半透明效果，如图4-84所示。

在对话框中单击颜色编辑框的上方新出现的色标，如图4-85所示，调整“不透明度”选项的数值，可以使新色标两侧的颜色出现过渡式的半透明效果，如图4-86所示。如果想删除新的色标，单击对话框下方的“删除”按钮 删除(D) ，或按Delete键。

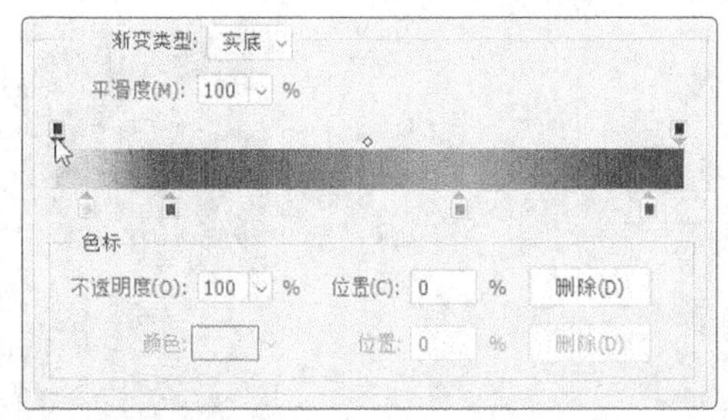

图4-83

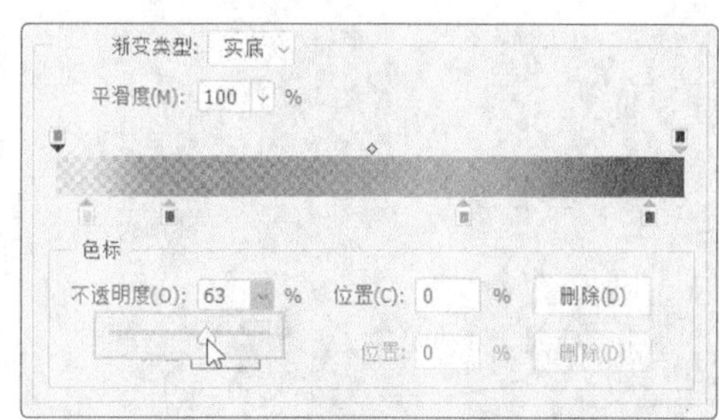

图4-84

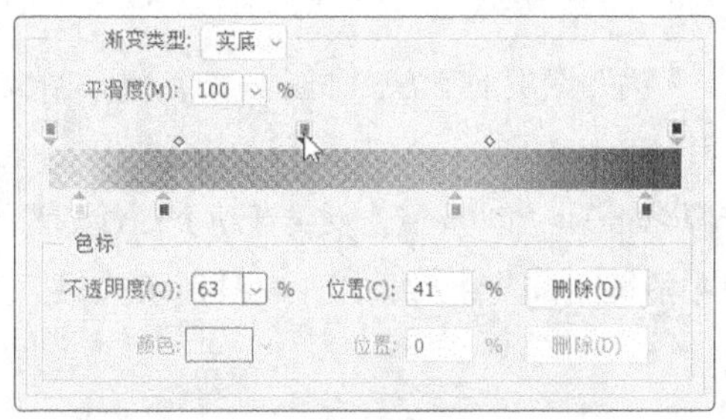

图4-85

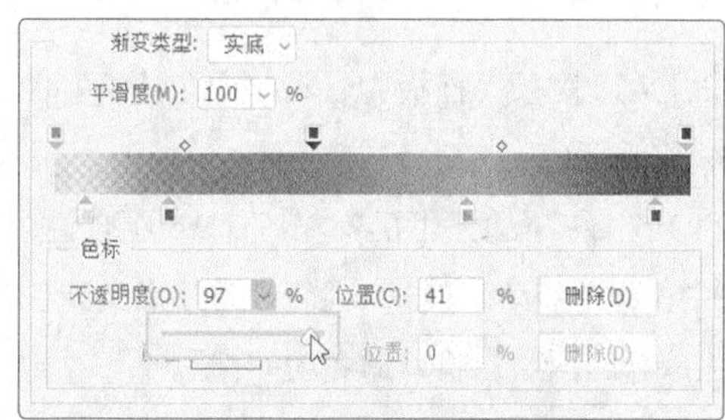

图4-86

4.4 “填充”命令、“定义图案”命令和“描边”命令

使用“填充”命令和“定义图案”命令可以为图像添加颜色和已定义的图案，使用“描边”命令可以为选区描边。

4.4.1　课堂案例——制作女装活动页H5首页

【案例学习目标】使用“描边”命令为选区添加描边。

【案例知识要点】使用矩形选框工具和“描边”命令制作白色边框，使用“载入选区”命令和“描边”命令为梨描边，使用移动工具复制图形并添加文字信息，最终效果如图4-87所示。

图4-87

【效果所在位置】资源/Ch04/效果/制作女装活动页H5首页.psd。

（1）按Ctrl+O组合键，打开“资源>Ch04>素材>制作女装活动页H5首页”中的01、02文件。选择移动工具，将02图片拖曳到01图像窗口中的适当位置，效果如图4-88所示。“图层”面板中会生成新的图层，将其命名为“人物”。选择矩形选框工具，在图像窗口中拖曳鼠标绘制矩形选区，如图4-89所示。

（2）单击“图层”面板下方的“创建新图层”按钮，生成新的图层并将其命名为“白色边框”。选择“编辑>描边”命令，弹出“描边”对话框，将描边颜色设为白色，其他选项的设置如图4-90所示，单击“确定”按钮，为选区描边。按Ctrl+D组合键，取消选区，效果如图4-91所示。

图4-88

图4-89

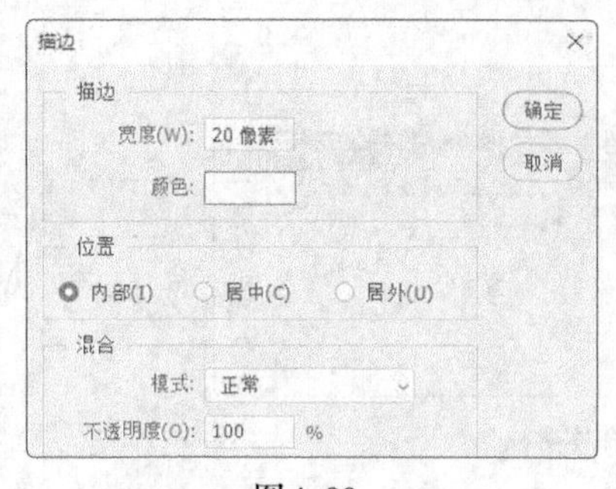

图4-90

图4-91

（3）在“图层”面板中，将“白色边框”图层拖曳到“人物”图层的下方，如图4-92所示。图像效果如图4-93所示。

（4）选择“人物”图层。按Ctrl+O组合键，打开“资源>Ch04>素材>制作女装活动页H5首页”中的03文件。选择移动工具，将03图片拖曳到01图像窗口中的适当位置，效果如图4-94所示。“图层”面板中生成新的图层，将其命名为“梨”。

图4-92

图4-93

图4-94

（5）按住Ctrl键的同时，单击“梨”图层的缩览图，图像周围生成选区，如图4-95所示。选择“编辑>描边”命令，弹出“描边”对话框，将描边颜色设为白色，其他选项的设置如图4-96所示。单击“确定”按钮，为选区描边。按Ctrl+D组合键，取消选区，效果如图4-97所示。

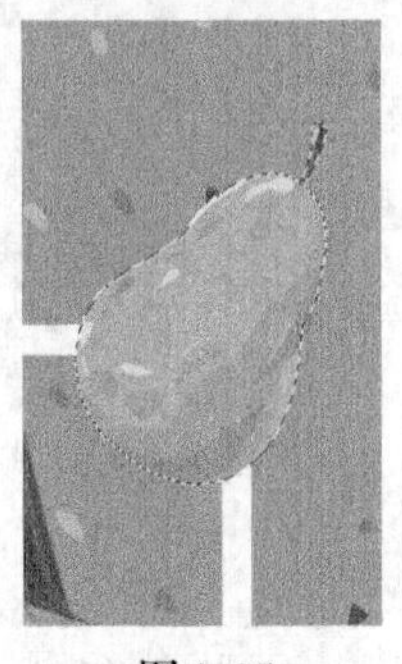

图4-95

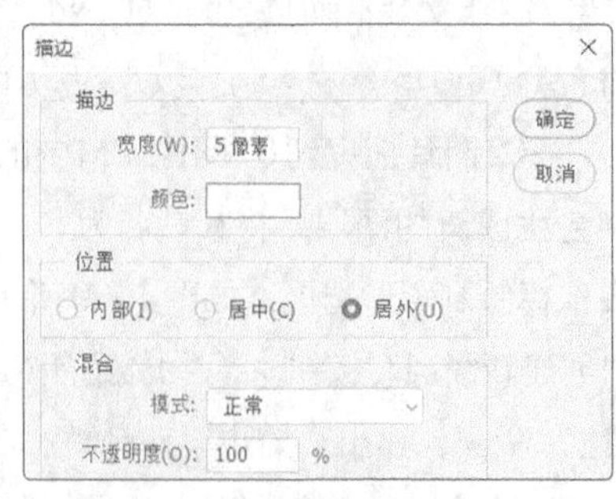

图4-96

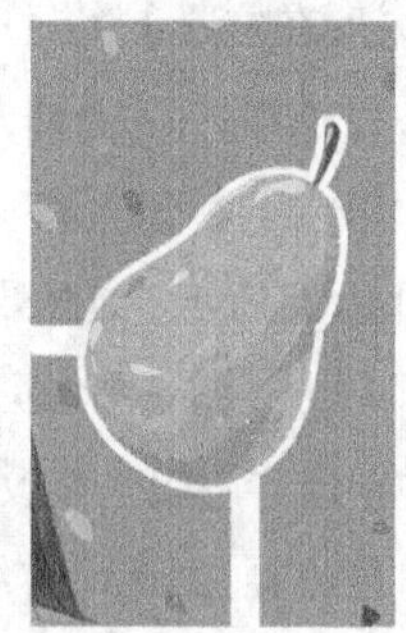

图4-97

（6）按Ctrl+T组合键，图像周围出现变换框，在属性栏中单击“保持长宽比”按钮，其他选项的设置如图4-98所示。将图像拖曳到适当的位置，按Enter键确认操作，效果如图4-99所示。

图4-98

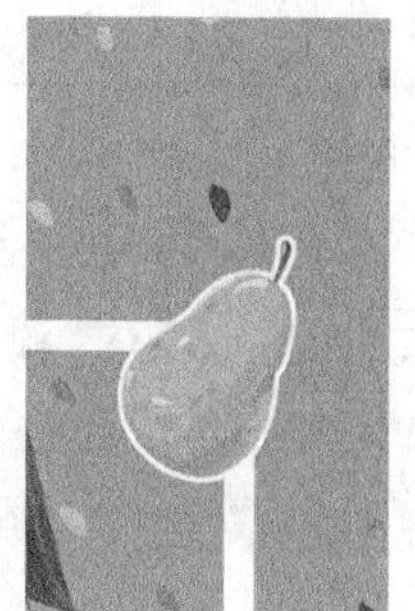

图4-99

（7）单击“图层”面板下方的“添加图层样式”按钮fx，在弹出的菜单中选择“投影”命令，在弹出的对话框中进行设置，如图4-100所示。单击“确定”按钮，效果如图4-101所示。

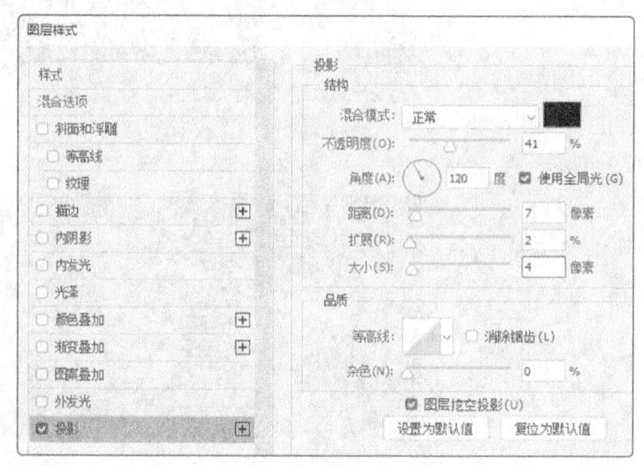

图4-100

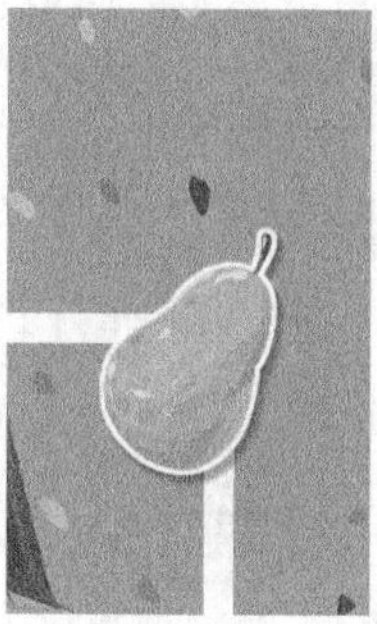

图4-101

（8）选择移动工具，按住Alt键的同时，拖曳“梨”图层将其复制，“图层”面板中会自动生成新图层。重复多次操作，将复制后的图像放到适当的位置，并分别调整它们的大小，制作出图4-102所示的效果。将“梨·拷贝3”图层拖曳到“白色边框”图层的下方，如图4-103所示。效果如图4-104所示。

（9）选择最上方的图层。按Ctrl+O组合键，打开“资源>Ch04>素材>制作女装活动页H5首页”中的04文件。选择移动工具，将04图片拖曳到01图像窗口中的适当位置，效果如图4-105所示。“图层”面板中会生成新的图层，将其命名为“文字”。至此，女装活动页H5首页制作完成。

图4-102

图4-103

图4-104

图4-105

4.4.2 “填充”命令

选择“编辑>填充”命令，弹出“填充”对话框，如图4-106所示。

内容：用于选择填充方式，包括使用前景色、背景色、颜色、内容识别、图案、历史记录、黑色、50%灰色和白色进行填充。模式：用于设置填充模式。不透明度：用于调整不透明度。

在图像中绘制选区，如图4-107所示。选择“编辑>填充”命令，弹出“填充”对话框，设置如图4-108所示。单击“确定”按钮，填充的效果如图4-109所示。

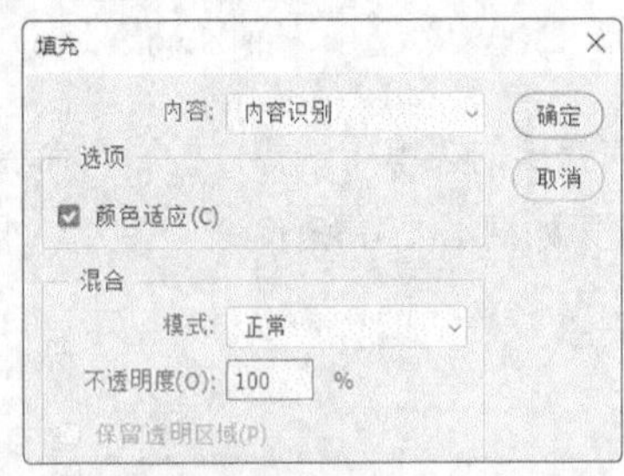

图4-106

图4-107

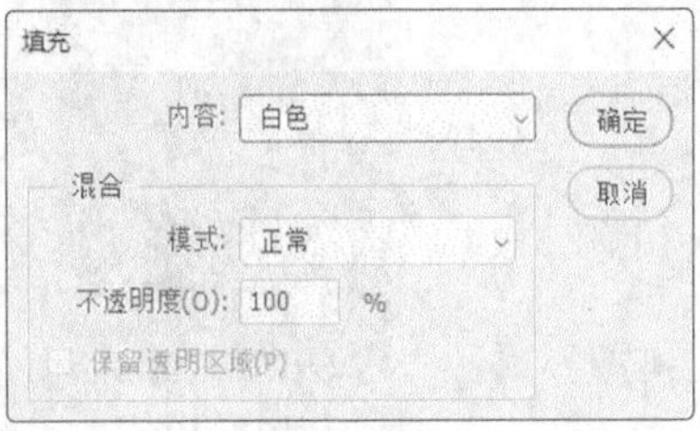

图4-108

图4-109

提示

按Alt+Backspace组合键，将使用前景色填充选区或图层。按Ctrl+Backspace组合键，将使用背景色填充选区或图层。按Delete键将删除选区中的图像，露出背景色或下面的图像。

4.4.3 “定义图案”命令

打开一张图片，在图像窗口中绘制出选区，如图4-110所示。选择“编辑>定义图案”命令，弹出“图案名称”对话框，如图4-111所示。单击“确定”按钮，定义一个图案。按Ctrl+D组合键，取消选区。

图4-110

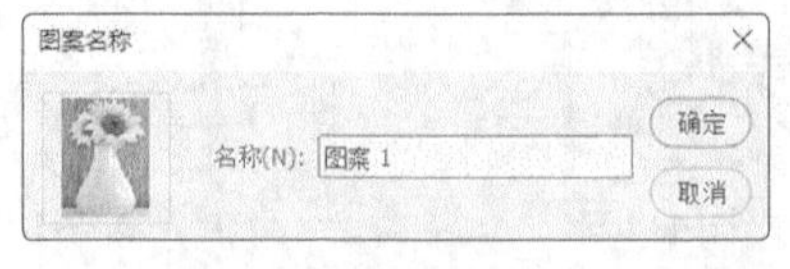

图4-111

选择“编辑>填充”命令，弹出“填充”对话框，在“自定图案”选择框中选择新定义的图案，如图4-112所示。单击“确定”按钮，图案填充的效果如图4-113所示。

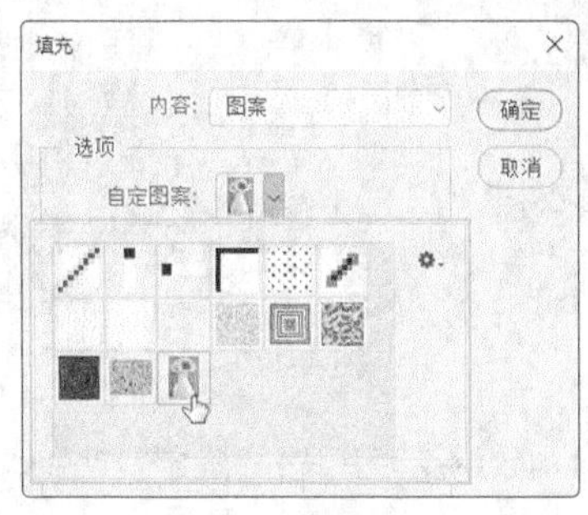

图4-112

图4-113

在“填充”对话框中的“模式”选项中选择不同的填充模式，如图4-114所示。单击“确定”按钮，填充的效果如图4-115所示。

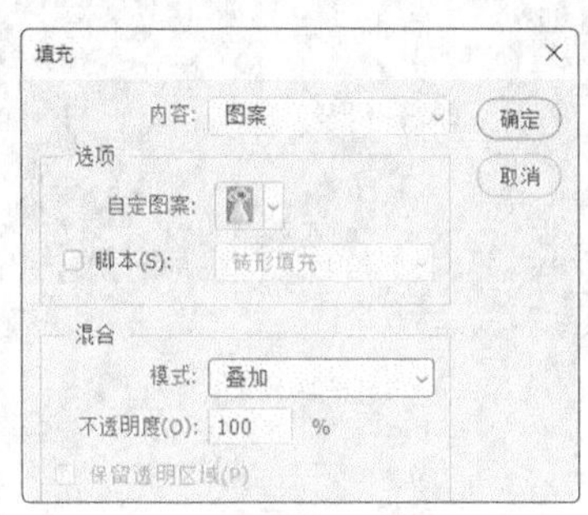

图4-114

图4-115

4.4.4 “描边”命令

选择“编辑>描边”命令，弹出“描边”对话框，如图4-116所示。

描边：用于设定边线的宽度和边线的颜色。位置：用于设定所描边线相对于区域边缘的位置，包括内部、居中和居外3个选项。混合：用于设置描边模式和不透明度。

选中要描边的图像，生成选区，效果如图4-117所示。选择“编辑>描边”命令，弹出“描边”对话框，设置如图4-118所示，单击“确定”按钮。按Ctrl+D组合键，取消选区，效果如图4-119所示。

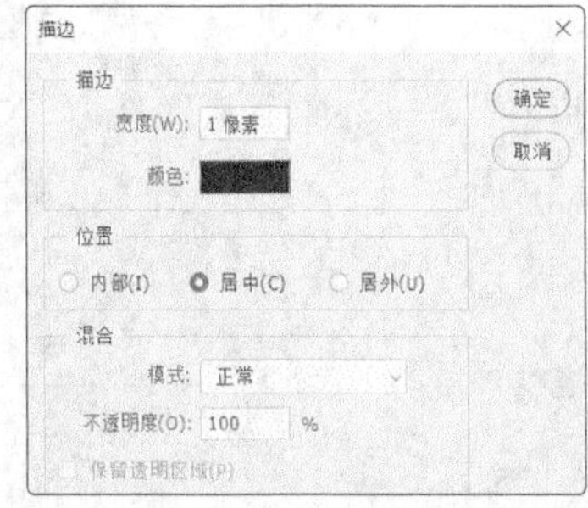

图4-116

图4-117

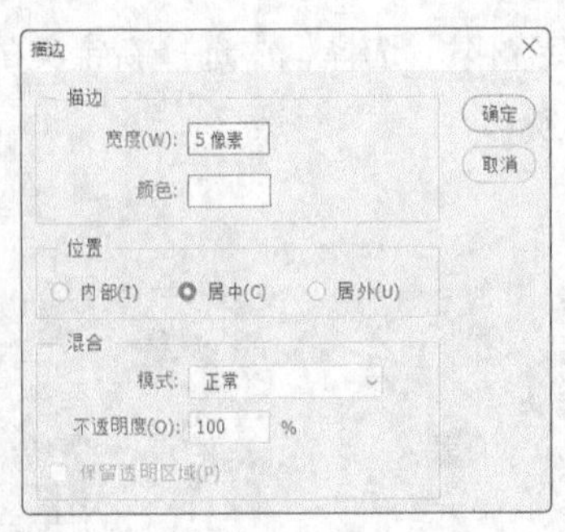

图4-118

图4-119

在“描边”对话框中，将“模式”选项设置为“叠加”，如图4-120所示，单击“确定”按钮。按Ctrl+D组合键，取消选区，效果如图4-121所示。

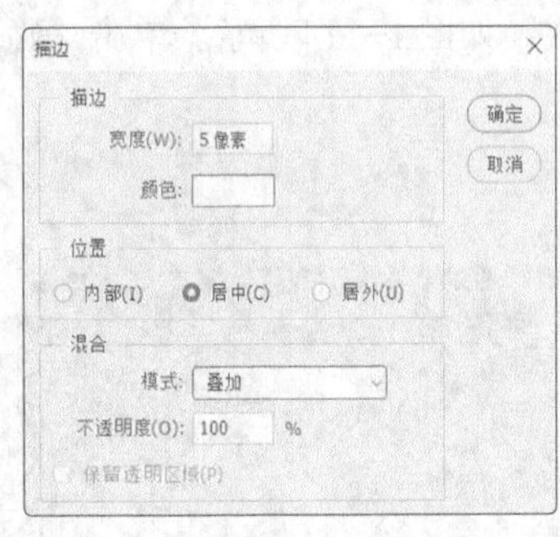

图4-120

图4-121

课堂练习——绘制时尚装饰画

【练习知识要点】使用移动工具调整图像的位置和角度，使用画笔工具、钢笔工具绘制装饰图形，最终效果如图4-122所示。

【效果所在位置】资源/Ch04/效果/绘制时尚装饰画.psd。

图4-122

课后习题——制作应用商店类UI图标

【习题知识要点】使用“路径”面板、渐变工具和“填充”命令制作应用商店类UI图标，最终效果如图4-123所示。

【效果所在位置】资源/Ch04/效果/制作应用商店类UI图标.psd。

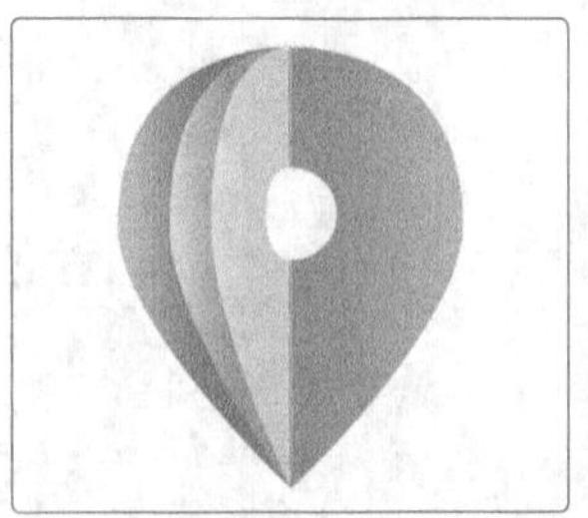

图4-123

第5章

修饰图像

本章介绍

本章主要介绍Photoshop CC 2019中修饰图像的方法与技巧。通过对本章的学习，读者能够掌握修饰图像的基本方法与操作技巧，并且可以使用相关工具快速地仿制图像、修复污点、消除红眼和把有缺陷的图像修复完善。

课堂学习目标

- 掌握修复与修补工具的运用方法
- 掌握修饰工具的使用技巧
- 掌握橡皮擦工具的使用技巧

5.1 修补工具与修复工具

修复与修补工具用于对图像的细微部分进行修整，是处理图像时不可缺少的工具。

5.1.1 课堂案例——清除照片中的涂鸦

【案例学习目标】使用修复画笔工具修饰图片。

【案例知识要点】使用修复画笔工具清除照片中的涂鸦，最终效果如图5-1所示。

【效果所在位置】资源/Ch05/效果/清除照片中的涂鸦.psd。

（1）按Ctrl+O组合键，打开“资源>Ch05>素材>清除照片中的涂鸦”中的01文件，如图5-2所示。将“背景”图层拖曳到“图层”面板下方的“创建新图层”按钮上进行复制，生成新的图层“背景 拷贝”，如图5-3所示。

图5-1

图5-2

图5-3

（2）选择修复画笔工具，在属性栏中单击画笔选项右侧的下拉按钮，在弹出的面板中进行设置，如图5-4所示。按住Alt键，鼠标指针变为圆形十字图标⊕，如图5-5所示，单击以确定取样点。在适当的位置拖曳复制出取样点的图像，效果如图5-6所示。使用相同的方法，分别清除其他涂鸦，制作出图5-7所示的效果。至此，完成照片中涂鸦的清除。

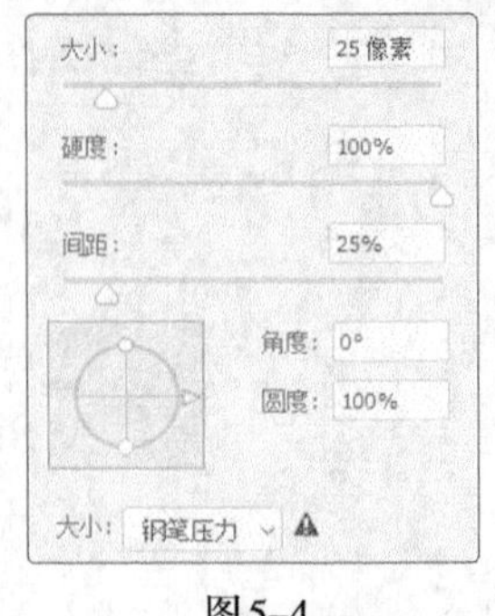

图5-4

图5-5

图5-6

图5-7

5.1.2 修补工具

选择修补工具，或反复按Shift+J组合键，其属性栏如图5-8所示。

图5-8

新选区▣：去除旧选区，绘制新选区。添加到选区▣：在原有选区的基础上增加新的选区。从选区减去▣：在原有选区的基础上减去选区。与选区交叉▣：选择新旧选区重叠的部分。

使用修补工具。选择修补工具▣，圈选图像中的产品，如图5-9所示。在属性栏中单击“源”按钮，将选区拖曳到适当的位置，如图5-10所示。释放鼠标左键，选区中的产品被新位置的图像所修补，如图5-11所示。按Ctrl+D组合键，取消选区，效果如图5-12所示。

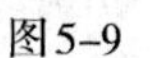

图5-9

图5-10

图5-11

图5-12

选择修补工具▣，圈选图5-13所示的区域。在属性栏中单击“目标”按钮，将选区拖曳到需要修补的图像区域，如图5-14所示。此时圈选的图像修补了产品图像，如图5-15所示。按Ctrl+D组合键，取消选区，效果如图5-16所示。

图5-13

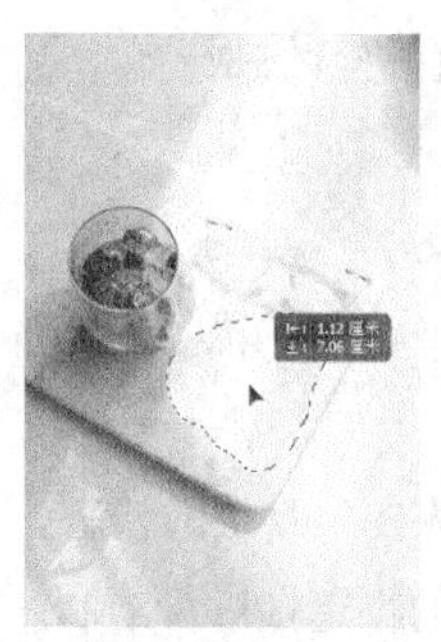

图5-14

图5-15

图5-16

5.1.3 修复画笔工具

选择修复画笔工具▣，或反复按Shift+J组合键，其属性栏如图5-17所示。

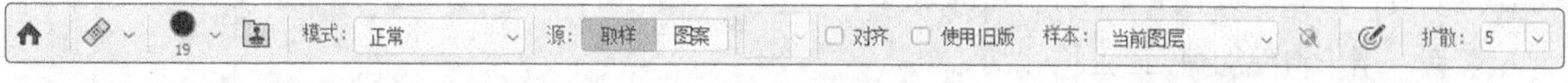

图5-17

模式：用于选择复制像素或填充图案与底图的混合模式。源：用于设置修复区域的源。单击“取样”按钮后，按住Alt键，鼠标指针变为圆形十字图标，单击取样点，释放鼠标左键，在图像中要修复的位置拖曳鼠标复制出取样点的图像；单击“图案”按钮后，在右侧的选项中选择图案或自定义图案来填充图像。对齐：勾选此复选框，下一次的复制位置会和上次的位置完全重合，图像不会因为重新复制而出现错位。样本：用于选择样本的取样图层。▣：用于在修复时忽略调整层。扩散：调整扩散的程度。

设置修复画笔：单击画笔选项右侧的下拉按钮▯，在弹出的面板中可以设置修复画笔的大小、硬度、间距、角度、圆度和压力大小，如图5-18所示。

使用修复画笔工具：修复画笔工具可以将取样点的像素非常自然地复制到图像的破损位置，并保持图像的亮度、饱和度和纹理等属性不变。使用修复画笔工具修复照片的过程如图5-19、图5-20和图5-21所示。

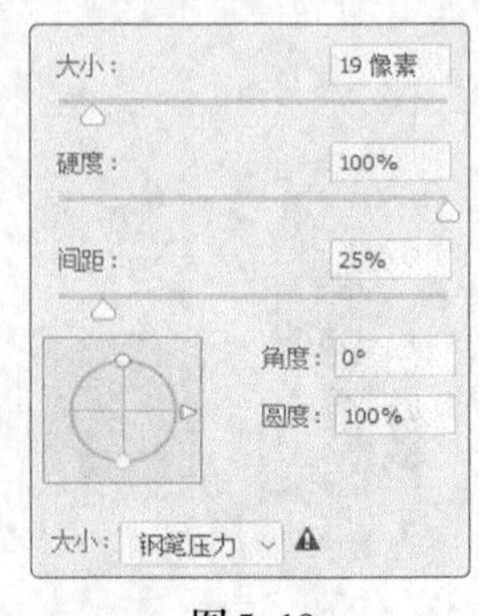

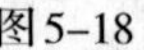

图5-18

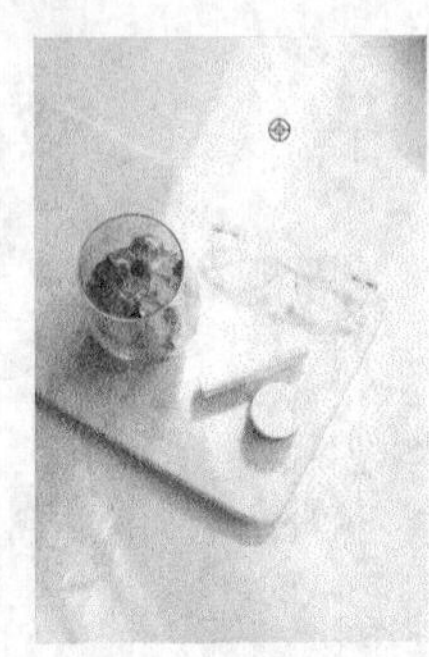

图5-19

图5-20

图5-21

使用“仿制源”面板：单击属性栏中的“切换仿制源面板”按钮▣，打开“仿制源”面板，如图5-22所示。

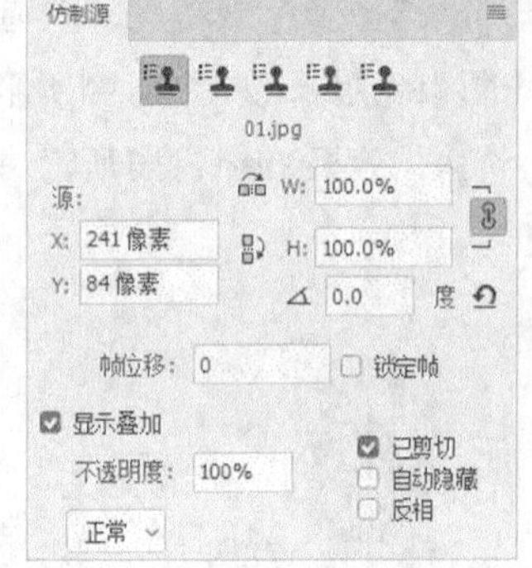

图5-22

仿制源：激活按钮后，按住Alt键的同时使用修复画笔工具在图像中单击，可设置取样点；单击下一个仿制源按钮，还可以继续取样。

源：指定x轴和y轴像素的位移距离，可以在精确位置进行仿制。

W/H：可以缩放仿制的源。

旋转：在数值框中输入旋转角度，可以旋转仿制的源。

翻转：单击“水平翻转”按钮▣或“垂直翻转”按钮▣，可以水平或垂直翻转仿制源。

“复位变换”按钮▣：将W、H、角度值和翻转方向恢复到默认的状态。

帧位移：输入帧数，可以使用与初始取样的帧相关的特定帧进行绘制。输入正值时，要使用的帧在初始取样的帧之后；输入负值时，要使用的帧在初始取样的帧之前。

锁定帧：勾选此复选框，则总是使用与初始取样相同的帧进行绘制。

显示叠加：勾选此复选框并设置了叠加方式后，在使用修复工具时，可以更好地查看叠加效果以及下面的图像。

不透明度：用于设置叠加图像的不透明度。

已剪切：用于将叠加剪切到画笔大小。

自动隐藏：用于在描边时隐藏叠加。

反相：用于反相叠加颜色。

5.1.4　图案图章工具

选择图案图章工具，或反复按Shift+S组合键，其属性栏如图5-23所示。

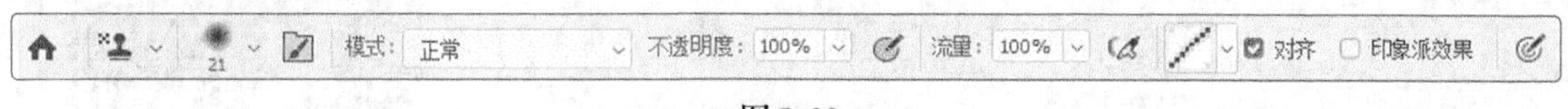

图5-23

选择图案图章工具，在要定义为图案的图像上绘制选区，如图5-24所示。选择“编辑>定义图案”命令，弹出“图案名称”对话框，如图5-25所示，单击“确定”按钮，定义选区中的图像为图案。

图5-24

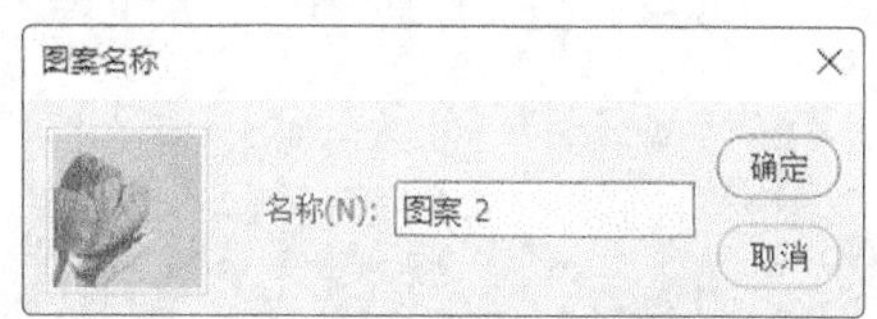

图5-25

选择图案图章工具，在属性栏中选择已定义的图案，如图5-26所示。按Ctrl+D组合键，取消选区。在合适的位置拖曳鼠标复制出定义好的图案，效果如图5-27所示。

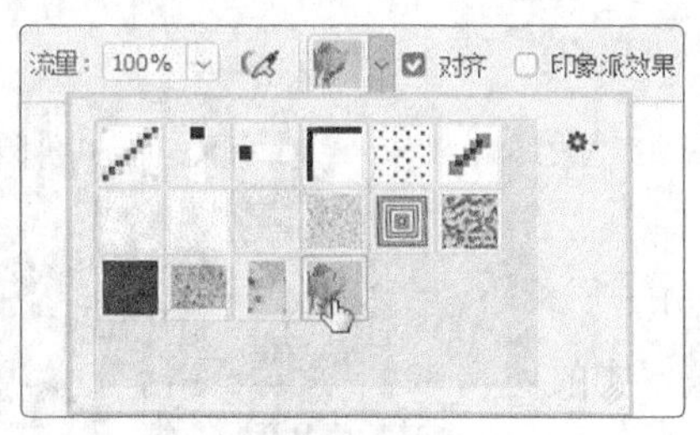

图5-26

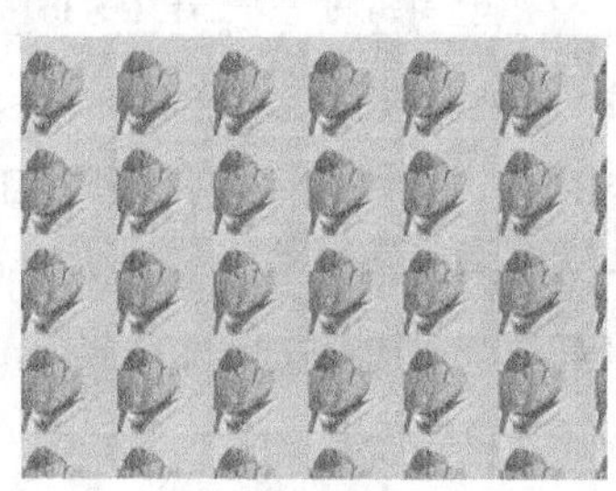

图5-27

5.1.5　颜色替换工具

使用颜色替换工具能够替换图像中的特定颜色。颜色替换工具不适用于“位图”“索引”“多通道”颜色模式的图像。

选择颜色替换工具，其属性栏如图5-28所示。

图5-28

原始图像的效果如图5-29所示。调出“颜色”面板和“色板”面板，在“颜色”面板中设置前景色，如图5-30所示；在“色板”面板中单击“创建前景色的新色板”按钮，将设置的前景色存放在面板中，如图5-31所示。

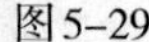

图5-29

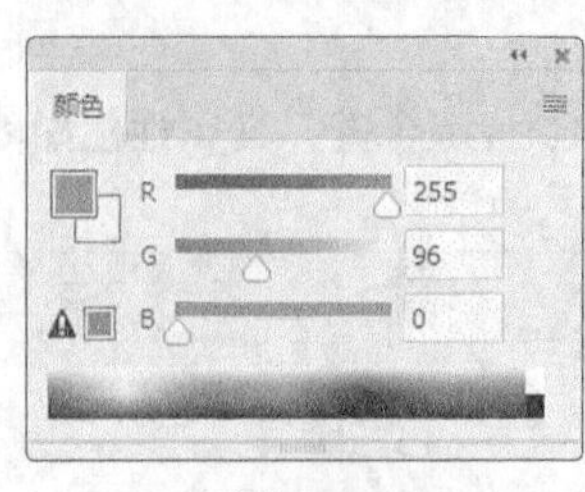

图5-30

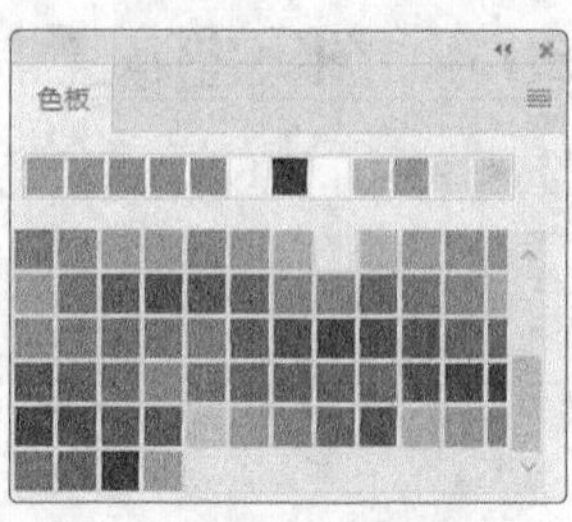

图5-31

选择颜色替换工具，在属性栏中进行设置，如图5-32所示。在图像中需要上色的区域涂抹，效果如图5-33所示。

图5-32

图5-33

5.1.6 课堂案例——清除商品上的灰尘

【案例学习目标】使用污点修复画笔工具修复商品照片。

【案例知识要点】使用污点修复画笔工具去除商品上的灰尘，最终效果如图5-34所示。

图5-34

【效果所在位置】资源/Ch05/效果/清除商品上的灰尘.psd。

（1）按Ctrl+O组合键，打开“资源>Ch05>素材>清除商品上的灰尘”中的01文件。

（2）选择污点修复画笔工具，在发饰的灰尘处单击，如图5-35所示，灰尘被去除，如图5-36所示。使用相同的方法去除其他灰尘，制作出图5-37所示的效果。至此，完成商品上灰尘的清除。

图5-35

图5-36

图5-37

5.1.7　仿制图章工具

选择仿制图章工具，或反复按Shift+S组合键，其属性栏如图5-38所示。

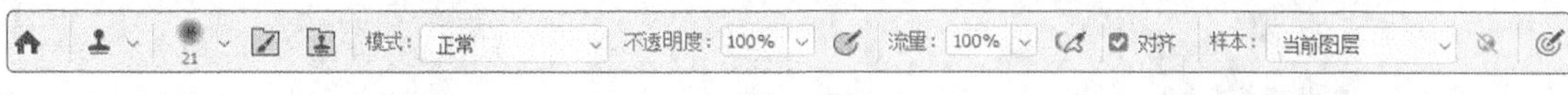

图5-38

画笔：用于选择画笔的形状。模式：用于选择混合模式。不透明度：用于设定不透明度。流量：用于设定扩散的速度。对齐：用于控制是否在复制时使用对齐功能。

使用仿制图章工具：选择仿制图章工具，将鼠标指针放置在图像中需要复制的位置，按住Alt键，鼠标指针变为圆形十字图标，如图5-39所示。单击以确定取样点，释放鼠标左键，在适当的位置拖曳鼠标复制出取样点的图像，效果如图5-40所示。

图5-39

图5-40

5.1.8　红眼工具

选择红眼工具，或反复按Shift+J组合键，其属性栏如图5-41所示。

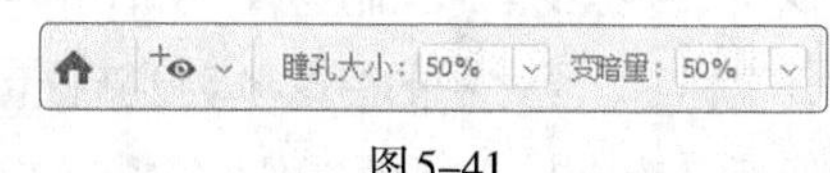

图5-41

瞳孔大小：用于设置瞳孔的大小。变暗量：用于设置瞳孔的暗度。

5.1.9　污点修复画笔工具

使用污点修复画笔工具时不需要指定样本点，将自动从需要修复区域的周围取样。

选择污点修复画笔工具，或反复按Shift+J组合键，其属性栏如图5-42所示。

图5-42

原始图像如图5-43所示。选择污点修复画笔工具，在属性栏中进行设置，如图5-44所示。在需要修复的污点图像上拖曳鼠标，如图5-45所示。释放鼠标，污点被去除，效果如图5-46所示。

图5-44

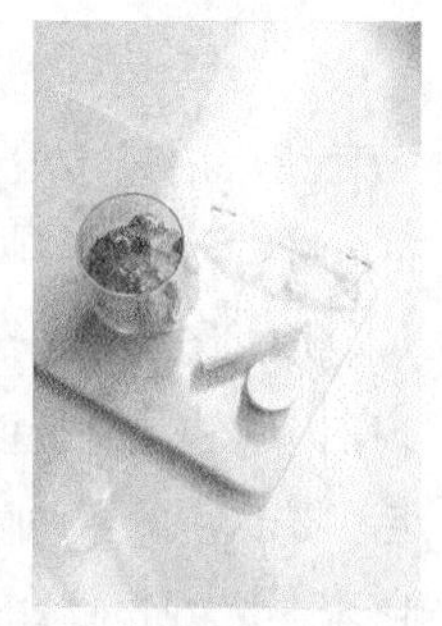

图5-43

图5-45

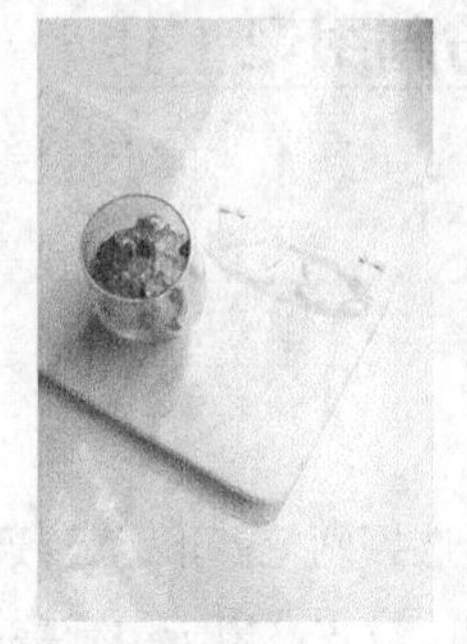
图5-46

5.1.10 内容感知移动工具

使用内容感知移动工具可以将选中的对象移动或扩展到图像的其他区域并对其进行重组和混合，从而产生出色的视觉效果。

选择内容感知移动工具，或反复按Shift+J组合键，其属性栏如图5-47所示。

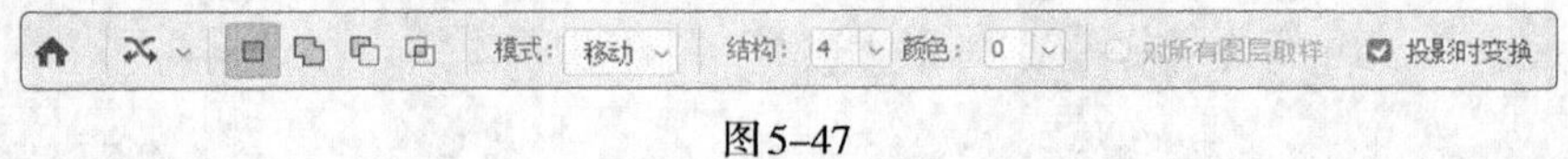

图5-47

模式：用于选择混合模式。结构：用于设置区域保留的严格程度。颜色：用于调整源颜色的可修改程度。投影时变换：勾选此复选框，可以在混合时变换图像。

原始图像如图5-48所示。选择内容感知移动工具，在属性栏中将“模式”选项设为“移动”，在图像窗口中拖曳鼠标绘制选区，如图5-49所示。将鼠标指针放置在选区中，向上方拖曳，如图5-50所示。松开鼠标后，选区中的图像移动到新位置，同时出现变换框，如图5-51所示。拖曳鼠标旋转图像，如图5-52所示。按Enter键确认操作，原位置根据周围的图像自动修复，取消选区后，效果如图5-53所示。

图5-48

图5-49

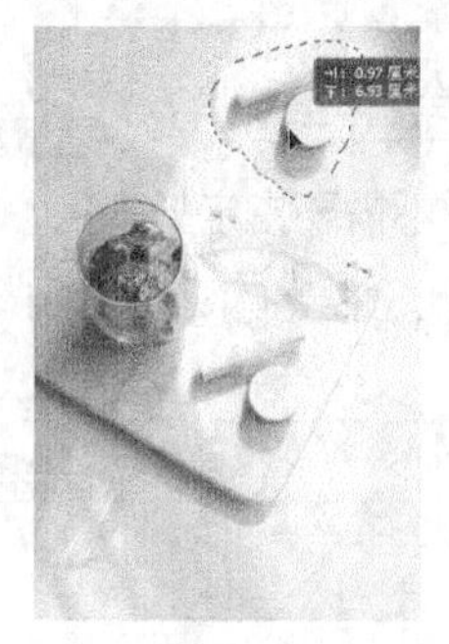
图5-50

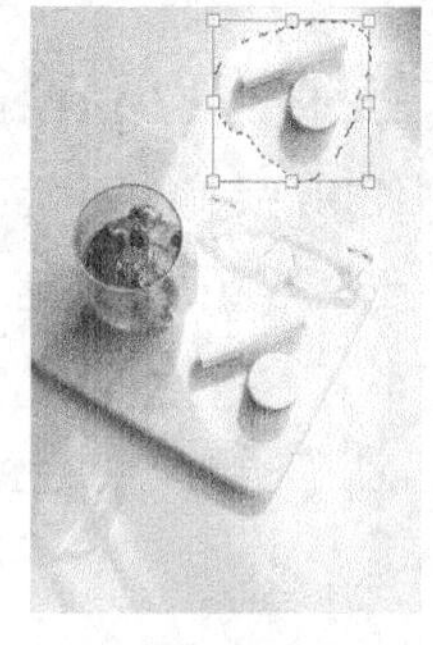
图5-51

原始图像如图5-54所示。选择内容感知移动工具，在属性栏中将“模式”选项设为“扩展”，在图像窗口中拖曳绘制选区，如图5-55所示。将鼠标指针放置在选区中，向上方拖曳，如图5-56所示。松开鼠标后，选区中的图像复制并移动到新位置，同时出现变换框，如图5-57所示。拖曳鼠标旋转图像，如图5-58所示。按Enter键确认操作，取消选区后，如图5-59所示。

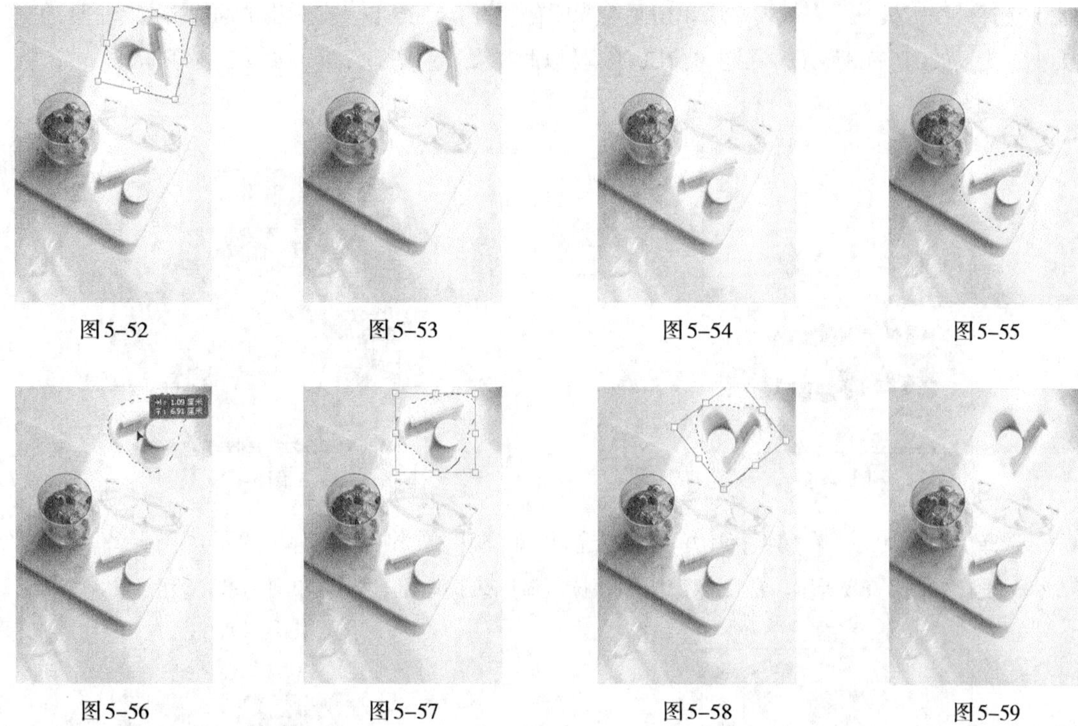

图5-52　图5-53　图5-54　图5-55

图5-56　图5-57　图5-58　图5-59

5.2 修饰工具

修饰工具用于对图像进行修饰，使图像产生不同的变化。

5.2.1　课堂案例——为餐具添加表情

【案例学习目标】使用合成工具为餐具添加表情。

【案例知识要点】使用减淡工具、加深工具和模糊工具为餐具添加表情，最终效果如图5-60所示。

【效果所在位置】资源/Ch05/效果/为餐具添加表情.psd。

（1）按Ctrl+O组合键，打开“资源>Ch05>素材>为餐具添加表情”中的01、02文件。选择移动工具，将02图片拖曳到01图像窗口中的适当位置，效果如图5-61所示。“图层”面板中会生成新的图层，将其命名为“表情”，如图5-62所示。

图5-60

图5-61

图5-62

（2）选择减淡工具，在属性栏中单击画笔选项右侧的下拉按钮，在弹出的面板中选择需要的画笔形状和大小，设置如图5-63所示。在图像窗口中涂抹以调亮表情的亮部，效果如图5-64所示。

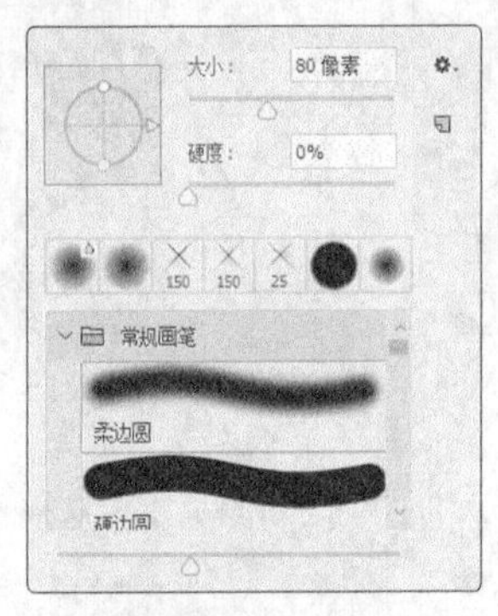

图5-63

图5-64

（3）选择加深工具，在属性栏中单击画笔选项右侧的下拉按钮，在弹出的面板中选择需要的画笔形状和大小，设置如图5-65所示。在图像窗口中涂抹以调暗表情暗部，效果如图5-66所示。

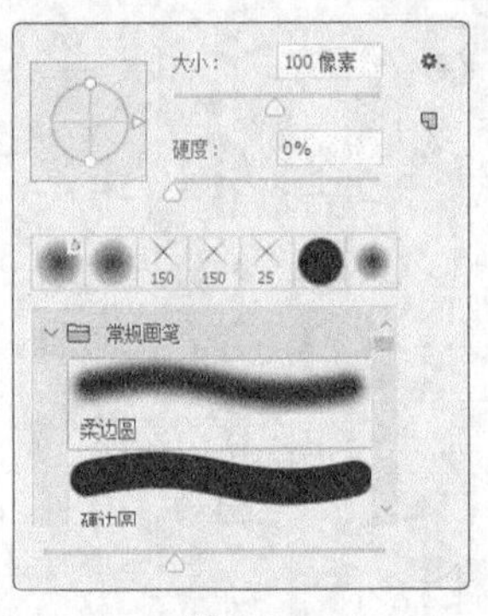

图5-65

图5-66

（4）选择模糊工具，在属性栏中单击画笔选项右侧的下拉按钮，在弹出的面板中选择需要的画笔形状和大小，设置如图5-67所示。在图像窗口中的表情边缘拖曳鼠标，模糊图像，效果如图5-68所示。至此，完成为餐具添加表情的操作。

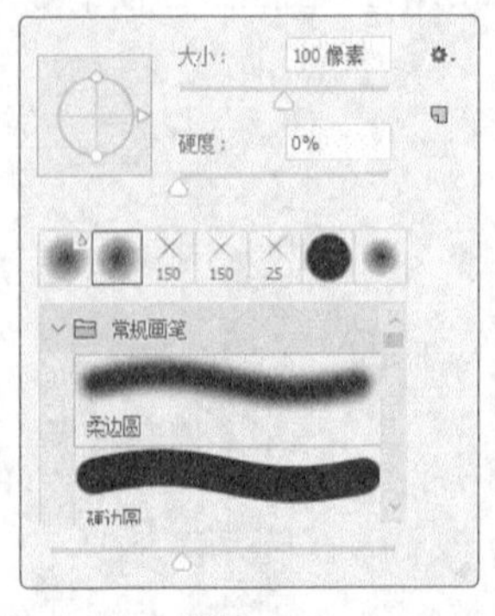

图5-67

图5-68

5.2.2 模糊工具

选择模糊工具，其属性栏如图5-69所示。

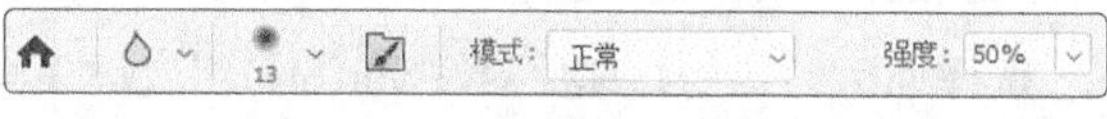

图5-69

画笔：用于选择画笔的形状。模式：用于设定混合模式。强度：用于设定压力的大小。对所有图层取样：用于控制模糊工具是否对所有可见图层起作用。

选择模糊工具，在属性栏中进行设置，如图5-70所示。在图像中拖曳鼠标使图像产生模糊效果。原图像和模糊后的图像效果如图5-71和图5-72所示。

图5-70

图5-71

图5-72

5.2.3 锐化工具

选择锐化工具，其属性栏如图5-73所示。

图5-73

选择锐化工具，在属性栏中进行设置，如图5-74所示。在图像窗口中拖曳鼠标使图像产生锐化效果。原图像和锐化后的图像效果如图5-75和图5-76所示。

图5-74

图5-75

图5-76

5.2.4 加深工具

选择加深工具，或反复按Shift+O组合键，其属性栏如图5-77所示。

图5-77

选择加深工具，在属性栏中进行设置，如图5-78所示。在图像窗口中拖曳鼠标使图像产生颜色加深的效果。原图像和颜色加深后的图像效果如图5-79和图5-80所示。

图5-78

图5-79

图5-80

5.2.5 减淡工具

选择减淡工具，或反复按Shift+O组合键，其属性栏如图5-81所示。

图5-81

画笔：用于选择画笔的形状。范围：用于设定图像中要提高亮度的区域。曝光度：用于设定曝光强度。

选择减淡工具，在属性栏中进行设置，如图5-82所示。在图像窗口中拖曳鼠标使图像产生颜色减淡的效果。原图像和颜色减淡后的图像效果如图5-83和图5-84所示。

图5-82

图5-83

图5-84

5.2.6 海绵工具

选择海绵工具，或反复按Shift+O组合键，其属性栏如图5-85所示。

图5-85

画笔：用于选择画笔的形状。模式：用于设定绘画模式。流量：用于设定扩散的速度。

选择海绵工具，在属性栏中进行设置，如图5-86所示。在图像窗口中拖曳鼠标使图像的颜色增加饱和度。原图像和调整后的图像效果如图5-87和图5-88所示。

图5-86

图5-87

图5-88

5.2.7　涂抹工具

选择涂抹工具，其属性栏如图5-89所示。其属性栏中的内容与模糊工具属性栏中的内容相似，多出的“手指绘画”复选框用于设定是否以前景色进行涂抹。

图5-89

选择涂抹工具，在属性栏中进行设置，如图5-90所示。在图像窗口中拖曳鼠标使图像产生涂抹效果。原图像和涂抹后的图像效果如图5-91和图5-92所示。

图5-90

图5-91

图5-92

5.3 橡皮擦工具

擦除工具包括橡皮擦工具、背景橡皮擦工具和魔术橡皮擦工具，使用擦除工具可以擦除指定图像的颜色，还可以擦除颜色相近区域的图像。

5.3.1 课堂案例——制作头戴式耳机海报

【案例学习目标】使用擦除工具擦除多余的图像。

【案例知识要点】使用渐变工具制作背景，使用移动工具调整素材位置，使用橡皮擦工具擦除不需要的文字，最终效果如图5-93所示。

【效果所在位置】资源/Ch05/效果/制作头戴式耳机海报.psd。

图5-93

（1）按Ctrl+N组合键，弹出“新建文档”对话框，设置“宽度”选项为1920像素，“高度”选项为900像素，“分辨率”选项为72像素/英寸，“颜色模式”选项为RGB，“背景内容”选项为白色，如图5-94所示，单击“创建”按钮，新建一个文档。

（2）选择渐变工具，单击属性栏中的“点按可编辑渐变”按钮，弹出“渐变编辑器”对话框。在“位置”选项中分别输入0、28、74、100，并分别设置这4个位置点颜色的RGB值为0（R:164，G:28，B:78）、28（R:54，G:15，B:55）、74（R:41，G:49，B:149）、100（R:12，G:36，B:112），如图5-95所示。单击“确定”按钮。在图像窗口中由左至右拖曳鼠标以填充渐变色。

图5-94

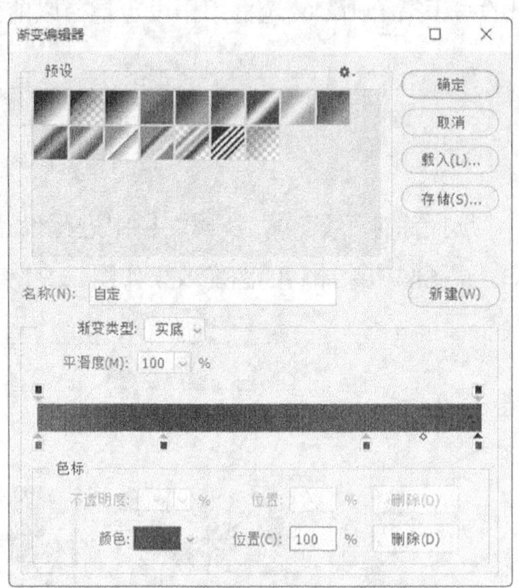

图5-95

（3）按Ctrl+O组合键，打开“资源>Ch05>素材>制作头戴式耳机海报”中的01文件。选择移动工具，将01图片拖曳到新建的图像窗口中的适当位置。“图层”面板中会生成新的图层，将其命名为“音效”，将图层的混合模式设为“叠加”，如图5-96所示。效果如图5-97所示。

图5-96

图5-97

（4）按Ctrl+O组合键，打开“资源>Ch05>素材>制作头戴式耳机海报”中的02文件。选择移动工具，将02图片拖曳到新建的图像窗口中的适当位置，如图5-98所示。“图层”面板中会生成新的图层，将其命名为“耳机”。

（5）选择横排文字工具，在图像窗口中输入需要的文字并选取文字，按Ctrl+T组合键，打开“字符”面板，设置如图5-99所示。按Enter键确认操作，效果如图5-100所示。“图层”面板中将生成新的文字图层。

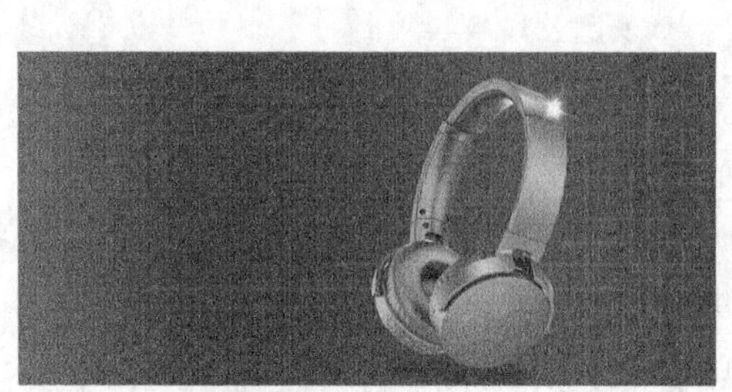
图5-98

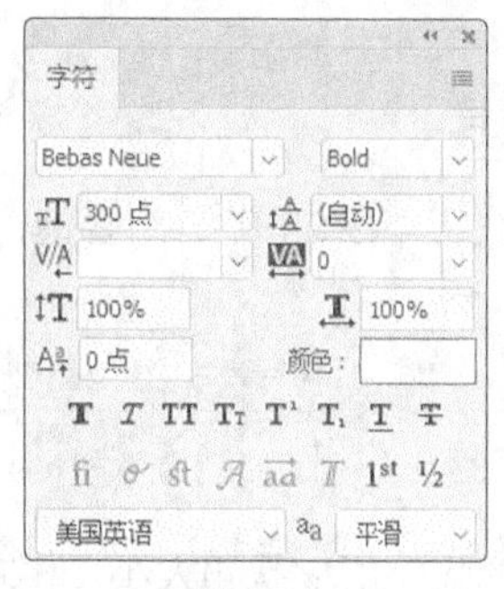

图5-99

图5-100

（6）按Ctrl+T组合键，文字周围出现控制手柄，按住Ctrl键的同时，拖曳左上角的控制手柄到适当的位置，如图5-101所示，按Enter键确认操作。在“图层”面板中的“MUSIC”图层上单击鼠标右键，在弹出的菜单中选择“栅格化文字”命令，将文字图层转换为图像图层，如图5-102所示。按住Ctrl键的同时，单击“耳机”图层的缩览图，图像周围生成选区，如图5-103所示。

图5-101

图5-102

图5-103

（7）选择橡皮擦工具，在属性栏中单击画笔选项右侧的下拉按钮，在弹出的面板中选择需要的画笔形状和大小，设置如图5-104所示。在图像窗口中拖曳鼠标擦除不需要的部分，效果如图5-105所示。

按Ctrl+D组合键，取消选区。

（8）按Ctrl+O组合键，打开“资源>Ch05>素材>制作头戴式耳机海报”中的03文件。选择移动工具，将03图片拖曳到新建的图像窗口中的适当位置，如图5-106所示。“图层”面板中会生成新的图层，将其命名为“文字”。至此，头戴式耳机海报制作完成。

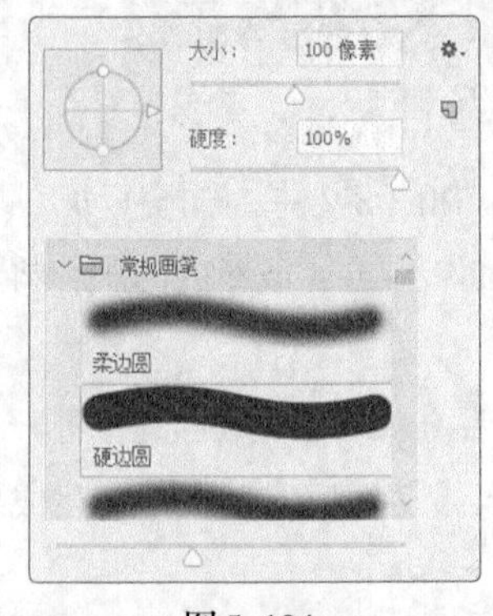

图5-104

图5-105

图5-106

5.3.2 橡皮擦工具

选择橡皮擦工具，或反复按Shift+E组合键，其属性栏如图5-107所示。

图5-107

画笔预设：用于选择橡皮擦的形状和大小。模式：用于选择橡皮擦的笔触。不透明度：用于设定不透明度。流量：用于设定扩散的速度。抹到历史记录：以“历史记录”面板中的图像状态来擦除图像。

选择橡皮擦工具，在图像中拖曳即可擦除图像。当擦除的图层为“背景”图层或锁定了透明区域的图层时，被擦除的位置显示为背景色，效果如图5-108所示。当擦除的图层为普通图层时，被擦除的位置为透明状态，效果如图5-109所示。

图5-108

图5-109

5.3.3 背景橡皮擦工具

选择背景橡皮擦工具，或反复按Shift+E组合键，其属性栏如图5-110所示。

图5-110

画笔预设：用于选择背景橡皮擦的形状和大小。限制：用于选择擦除界限。容差：用于设定容差值。保护前景色：用于保护前景色不被擦除。

选择背景橡皮擦工具，在属性栏中进行设置，如图5-111所示。在图像窗口中擦除图像，擦除前后的图像对比效果如图5-112和图5-113所示。

图5-111

图5-112

图5-113

5.3.4　魔术橡皮擦工具

选择魔术橡皮擦工具，或反复按Shift+E组合键，其属性栏如图5-114所示。

容差：用于设定容差值，容差值的大小决定魔术橡皮擦工具擦除图像的面积。消除锯齿：用于消除锯齿。连续：作用于当前图层。对所有图层取样：作用于所有图层。不透明度：用于设定不透明度。

选择魔术橡皮擦工具，属性栏中的选项保持默认位置，在图像窗口中擦除图像，效果如图5-115所示。

图5-114

图5-115

课堂练习——修复模糊图像

【练习知识要点】使用锐化工具对桌子图片进行修复，最终效果如图5-116所示。

【效果所在位置】资源/Ch05/效果/修复模糊图像.psd。

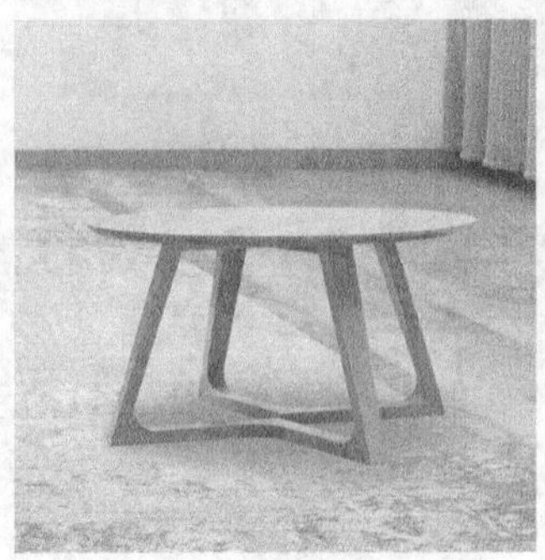

图5-116

课后习题——修复化妆品

【习题知识要点】使用仿制图章工具对化妆品图片进行修复，最终效果如图5-117所示。

图5-117

【效果所在位置】资源/Ch05/效果/修复化妆品.psd。

第6章

编辑图像

本章介绍

本章将主要介绍Photoshop CC 2019中编辑图像的基础方法，包括使用图像编辑工具、调整图像的尺寸、移动或复制图像、裁剪图像和变换图像等。通过对本章的学习，读者能够掌握图像的编辑方法和应用技巧，并且可以使用相应的命令对图像进行适当的编辑与调整。

课堂学习目标

- 掌握图像编辑工具的使用方法
- 掌握图像的移动、复制和删除技巧
- 熟练掌握图像的裁切和变换的使用方法

6.1 图像编辑工具

使用图像编辑工具对图像进行编辑和整理，可以提高用户处理图像的效率。

6.1.1 课堂案例——制作展示画

【案例学习目标】使用注释工具制作出需要的效果。

【案例知识要点】使用“曲线”命令和“色相/饱和度”命令为图像调色，使用椭圆工具和“内阴影”命令制作蒙版，使用注释工具为展示画添加注释，最终效果如图6-1所示。

【效果所在位置】资源/Ch06/效果/制作展示画.psd。

图6-1

（1）按Ctrl+O组合键，打开“资源>Ch06>素材>制作展示画”中的01文件，如图6-2所示。将“背景”图层拖曳到“图层”面板下方的“创建新图层”按钮上进行复制，生成新的图层“背景 拷贝”。

（2）单击“图层”面板下方的“创建新的填充或调整图层”按钮，在弹出的菜单中选择“曲线”命令。“图层”面板中生成“曲线1”图层，同时弹出“属性”面板，在曲线上单击添加控制点，将“输入”选项设为101，“输出”选项设为119，如图6-3所示。在曲线上再次单击添加控制点，将“输入”选项设为75，“输出”选项设为86，如图6-4所示。按Enter键确认操作。

图6-2

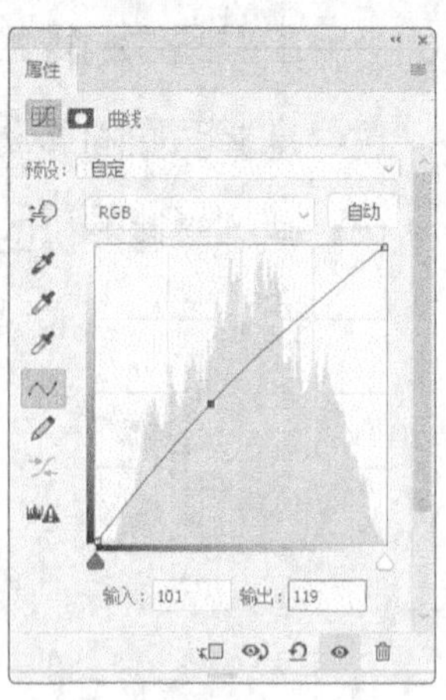

图6-3

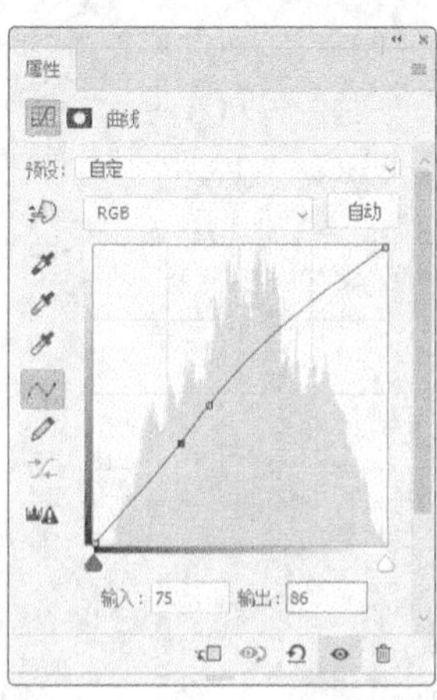

图6-4

（3）选择椭圆工具，将属性栏中的“选择工具模式”选项设为“形状”、“填充”设为白色。按住Shift键的同时，在图像窗口中绘制圆形，如图6-5所示。单击“图层”面板下方的“添加图层样式”按钮，在弹出的菜单中选择“内阴影”命令，打开“图层样式”对话框，将阴影颜色设为黑色，其他选项的设置如图6-6所示，单击“确定”按钮。

图6-5

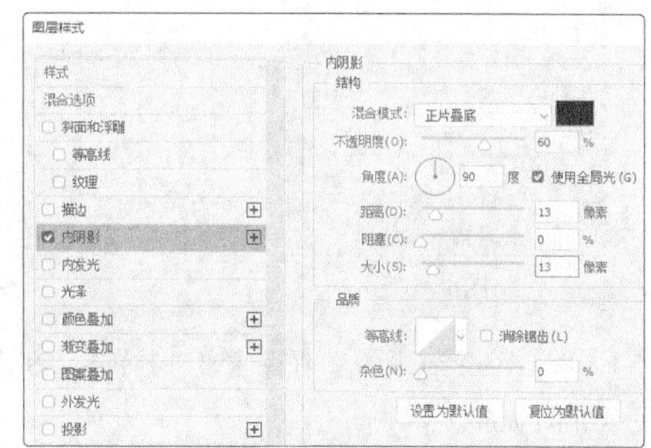

图6-6

（4）按Ctrl+O组合键，打开“资源>Ch06>素材>制作展示画”中的02文件。选择移动工具，将02图片拖曳到01图像窗口中的适当位置。“图层”面板中会生成新的图层，将其命名为“画”，按Alt+Ctrl+G组合键，创建剪贴蒙版，“图层”面板如图6-7所示，图像效果如图6-8所示。

（5）单击“图层”面板下方的“创建新的填充或调整图层”按钮，在弹出的菜单中选择“色相/饱和度”命令。“图层”面板中生成“色相/饱和度 1”图层，在弹出的“属性”面板中进行设置，如图6-9所示。按Enter键确认操作。

图6-7

图6-8

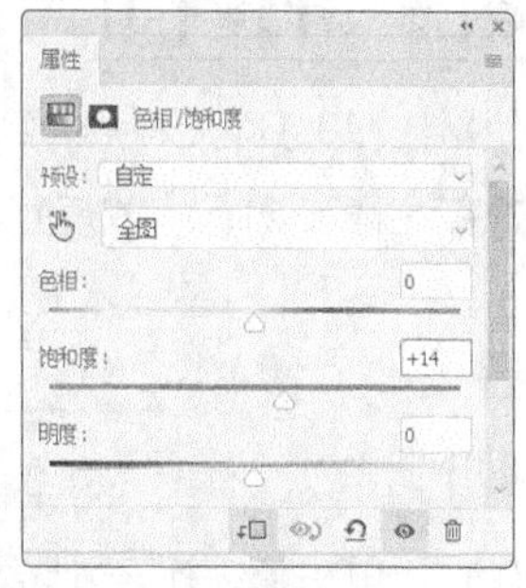

图6-9

（6）单击“图层”面板下方的“创建新的填充或调整图层”按钮，在弹出的菜单中选择“曲线”命令。“图层”面板中生成“曲线2”图层，同时弹出“属性”面板，在曲线上单击以添加控制点，将“输入”选项设为63，“输出”选项设为65，如图6-10所示。在曲线上再次单击以添加控制点，将“输入”选项设为193，“输出”选项设为221，如图6-11所示。按Enter键确认操作，效果如图6-12所示。

（7）按Ctrl+O组合键，打开“资源>Ch06>素材>制作展示画”中的03文件。选择移动工具，将03图片拖曳到01图像窗口中的适当位置，如图6-13所示。“图层”面板中会生成新的图层，将其命名为“植物”。

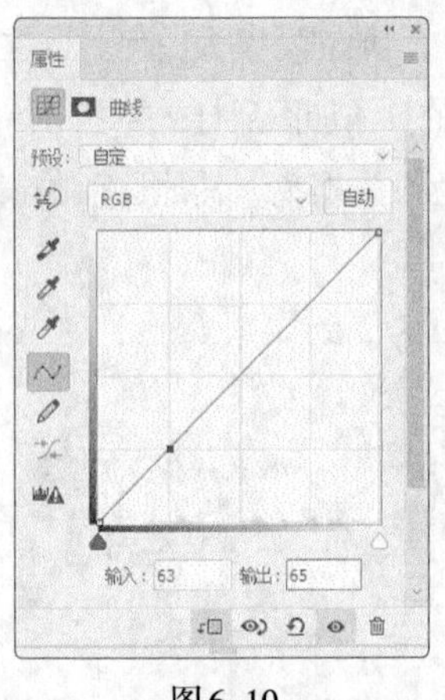

图6-10

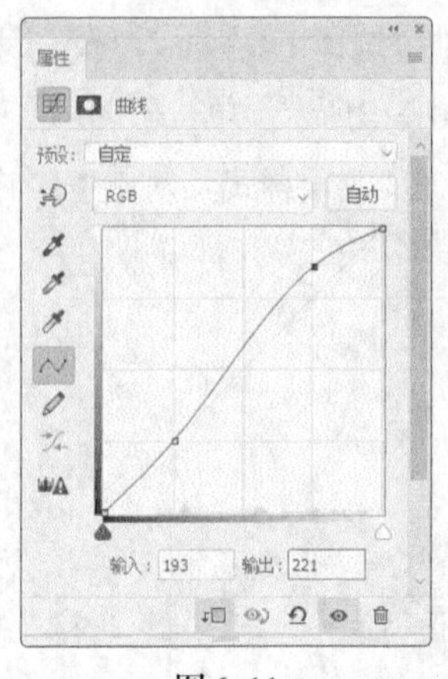

图6-11

图6-12

（8）选择注释工具，在图像窗口中单击，在弹出的“注释”面板中输入文字，如图6-14所示。至此，展示画制作完成。

图6-13

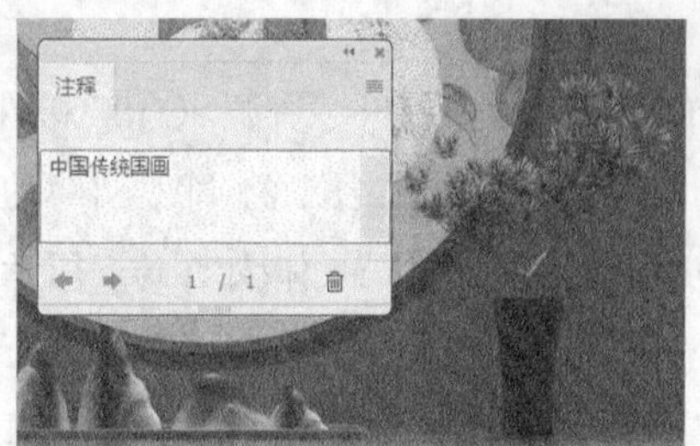

图6-14

6.1.2 注释工具

使用注释工具可以为图像添加文字注释。

选择注释工具，或反复按Shift+I组合键，其属性栏如图6-15所示。

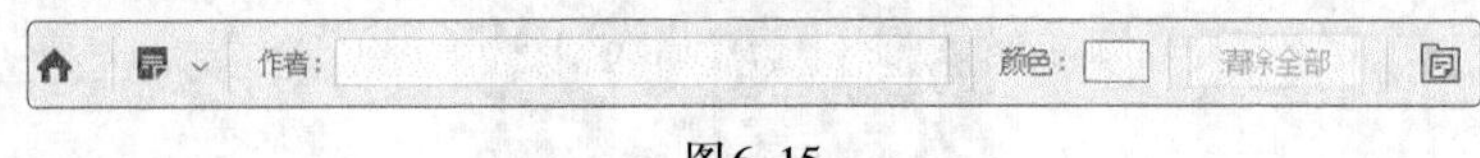

图6-15

作者：用于输入作者姓名。颜色：用于设置注释窗口的颜色。清除全部：用于清除所有注释。“显示或隐藏注释面板”按钮：用于打开“注释”面板，编辑注释文字。

6.1.3 标尺工具

选择标尺工具，或反复按Shift+I组合键，其属性栏如图6-16所示。

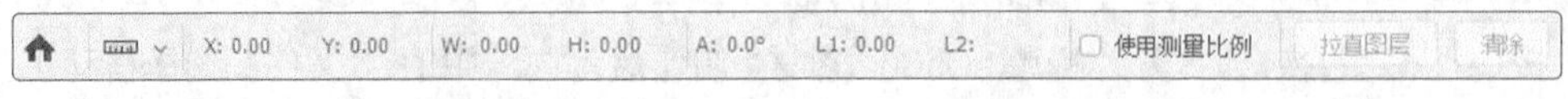

图6-16

X/Y：起始位置的坐标。W/H：在x轴和y轴上移动的水平距离和垂直距离。A：偏离坐标轴的角度。L1：两点间的距离。L2：绘制角度时另一条测量线的长度。使用测量比例：使用测量比例计算标尺工具数据。拉直图层：拉直图层使标尺位于水平方向。清除：用于清除测量线。

6.2 图像的移动、复制和删除

在Photoshop CC 2019中，可以非常便捷地移动、复制和删除图像。

6.2.1 课堂案例——制作音量调节器

【案例学习目标】使用移动工具移动、复制图像。

【案例知识要点】使用移动工具和“复制”命令制作装饰图形，使用橡皮擦工具擦除不需要的图像，最终效果如图6-17所示。

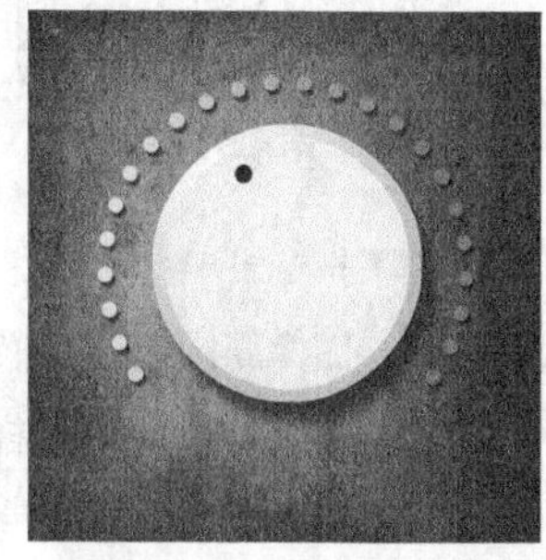
图6-17

【效果所在位置】资源/Ch06/效果/制作音量调节器.psd。

（1）按Ctrl+O组合键，打开“资源>Ch06>素材>制作音量调节器”中的01文件，如图6-18所示。

（2）单击“图层”面板下方的“创建新图层”按钮，生成新的图层并将其命名为“圆”，如图6-19所示。选择椭圆选框工具，按住Shift键的同时，在图像窗口中绘制一个圆形选区，如图6-20所示。

图6-18

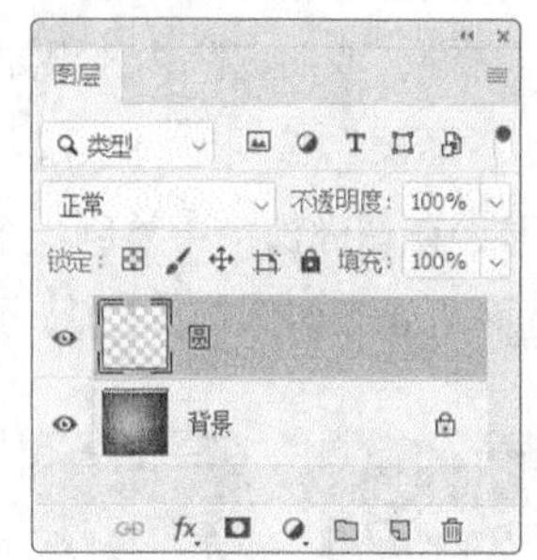

图6-19

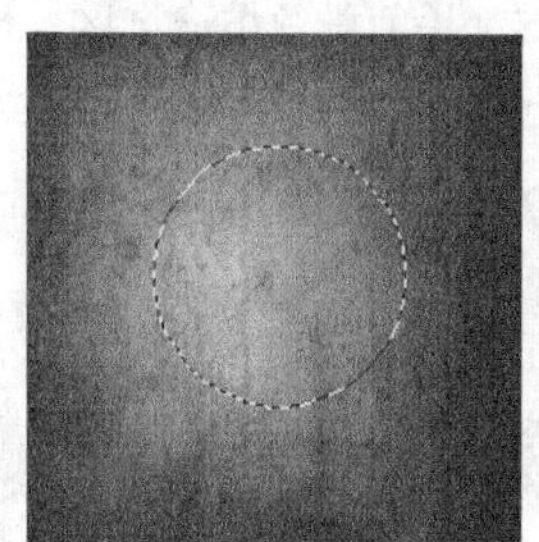
图6-20

（3）选择渐变工具，单击属性栏中的“点按可编辑渐变”按钮，弹出“渐变编辑器”对话框，将渐变色设为从灰色（R:196，G:196，B:196）到白色，如图6-21所示，单击“确定”按钮。单击属性栏中的“径向渐变”按钮，在选区中从右下角至左上角拖曳鼠标，填充渐变色，效果如图6-22所示。按Ctrl+D组合键，取消选区。

（4）单击“图层”面板下方的“添加图层样式”按钮，在弹出的菜单中选择“投影”命令，打开“图层样式”对话框，设置如图6-23所示。单击“确定”按钮，效果如图6-24所示。

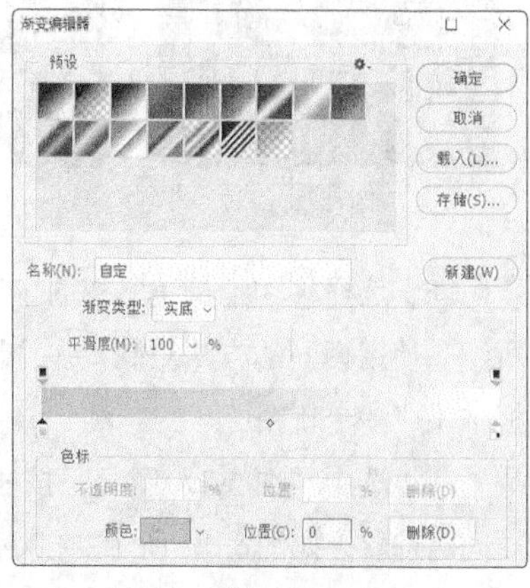

图6-21

图6-22

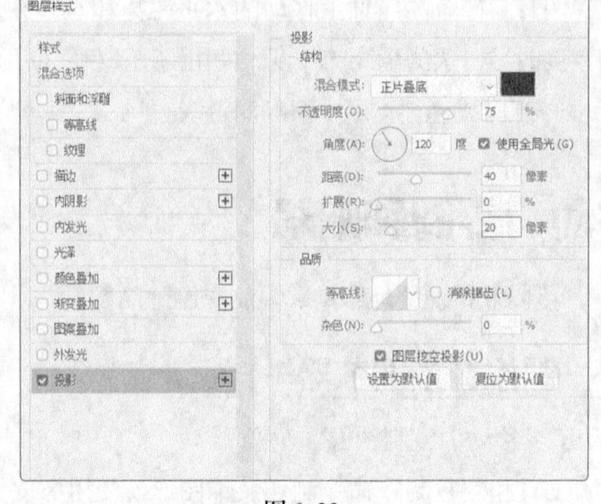

图6-23

图6-24

（5）按Ctrl+J组合键，复制“圆”图层，“图层”面板中生成新的图层，将其命名为“圆2”。按Ctrl+T组合键，图像周围出现变换框，按住Alt键的同时，拖曳右上角的控制手柄，使图像等比例缩小，按Enter键确认操作，并删除图层样式。将前景色设为灰白色（R:240，G:240，B:240）。按住Ctrl键的同时，单击“圆2”图层的缩览图，图像周围生成选区，如图6-25所示。按Alt+Delete组合键，用前景色填充选区。按Ctrl+D组合键，取消选区，效果如图6-26所示。

（6）单击“图层”面板下方的“创建新图层”按钮，生成新的图层并将其命名为“圆3”。将前景色设为黑色。选择椭圆选框工具，按住Shift键的同时，在图像窗口中绘制一个圆形选区。按Alt+Delete组合键，用前景色填充选区。按Ctrl+D组合键，取消选区，效果如图6-27所示。

（7）单击“图层”面板下方的“创建新图层”按钮，生成新的图层“图层1”。将前景色设为白色。选择椭圆选框工具，按住Shift键的同时，在图像窗口中绘制一个圆形选区。按Alt+Delete组合键，用前景色填充选区。按Ctrl+D组合键，取消选区，效果如图6-28所示。

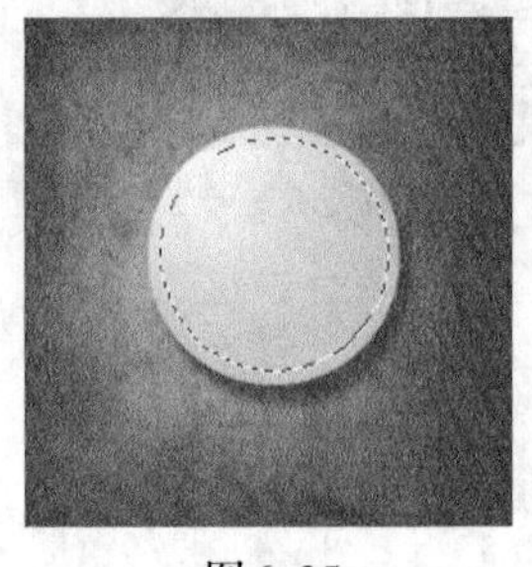

图6-25

图6-26

图6-27

图6-28

（8）选择移动工具，按住Alt键的同时，拖曳圆形到适当的位置，复制出一个圆形，效果如图6-29所示。使用相同的方法复制出多个圆形，并将其分别拖曳到适当的位置，效果如图6-30所示。“图层”面板中生成多个新图层。

（9）选中“图层1”图层，按住Shift键的同时，单击“图层1 拷贝23”图层，将两个图层间的所有图层同时选取，如图6-31所示。按Ctrl+E组合键，合并图层并将其命名为“点”，如图6-32所示。

图6-29

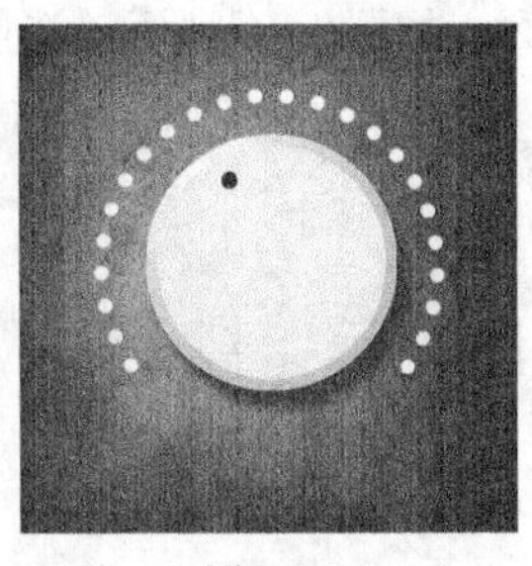
图6-30

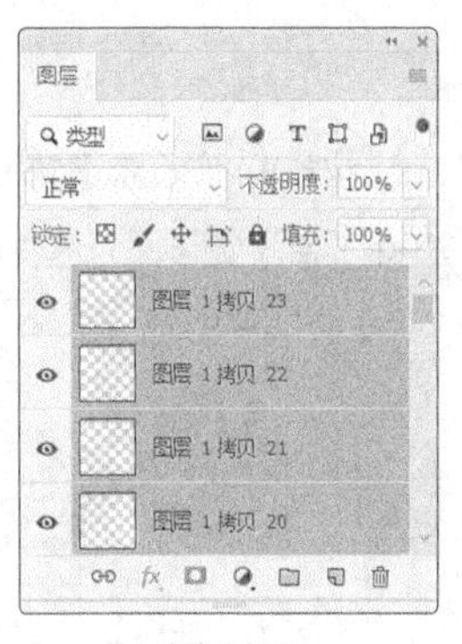
图6-31

图6-32

（10）单击“图层”面板下方的“添加图层样式”按钮，在弹出的菜单中选择“渐变叠加”命令，打开“图层样式”对话框，单击“点按可编辑渐变”按钮，打开“渐变编辑器”对话框，将渐变色设为从红色（R:230，G:0，B:18）到黄色（R:255，G:241，B:0），如图6-33所示。单击“确定”按钮，返回到“图层样式”对话框，其他选项的设置如图6-34所示。

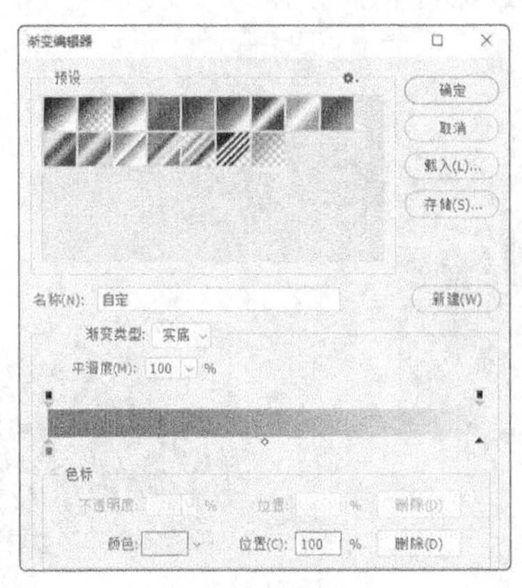
图6-33

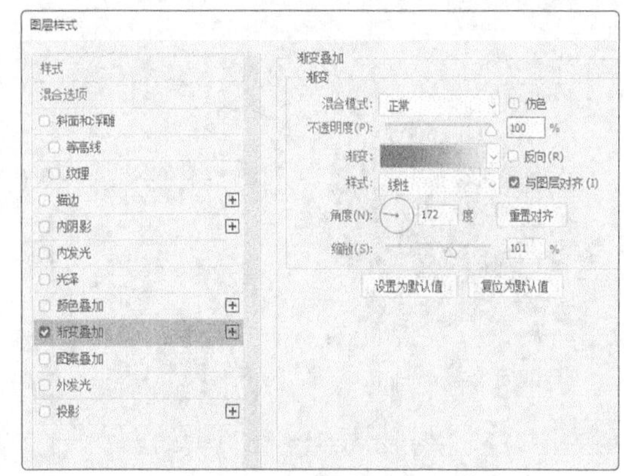
图6-34

（11）选择“外发光”选项，切换到相应的选项卡，设置如图6-35所示。选择“投影”选项，切换到相应的选项卡，设置如图6-36所示。单击“确定”按钮，效果如图6-37所示。至此，音量调节器制作完成。

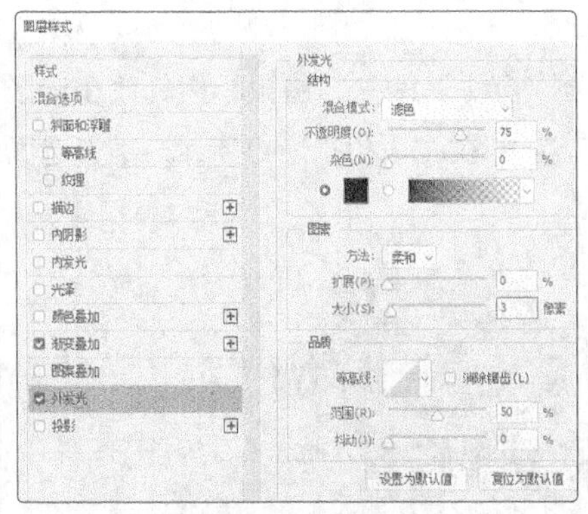
图6-35

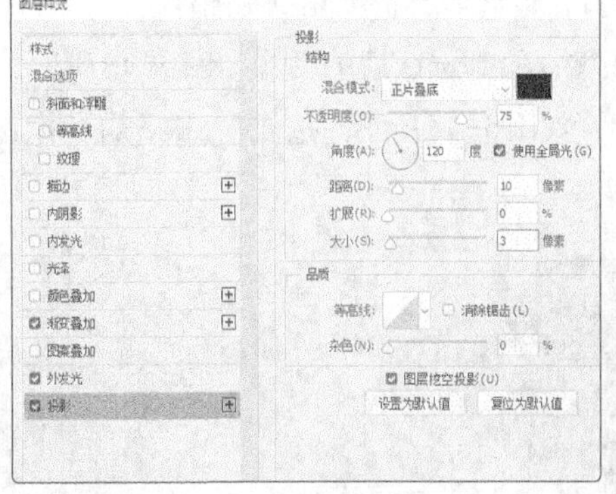
图6-36

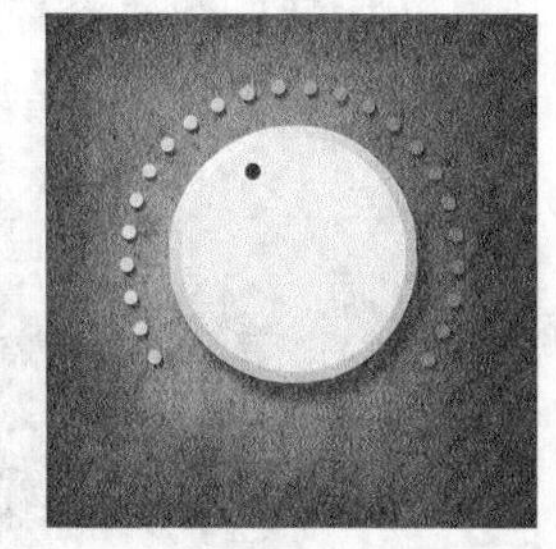
图6-37

6.2.2 图像的移动

在同一文件中移动图像：打开素材文件，绘制选区，如图6-38所示；选择移动工具，在属性栏中勾选“自动选择”复选框，并将“自动选择”选项设为“图层”，如图6-39所示，选中心形图案所在的图层，将心形图案向右拖曳，效果如图6-40所示。

图6-38　　图6-39　　图6-40

在不同文件中移动图像：打开一张甜品图片，将甜品图片拖曳到饮品图片中，鼠标指针变为图标，如图6-41所示，释放鼠标，甜品图片即被移动到饮品图片中，效果如图6-42所示。

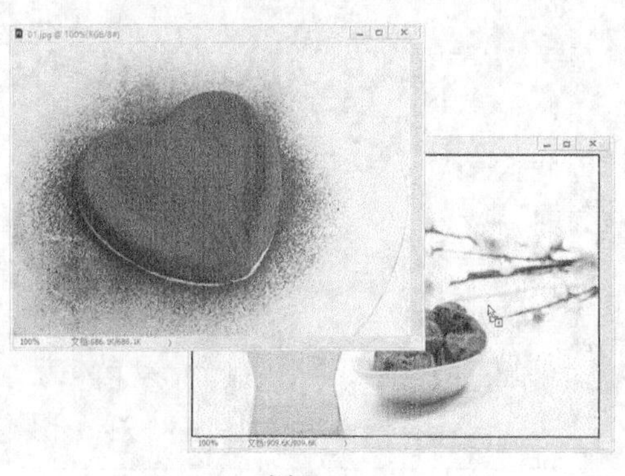

图6-41

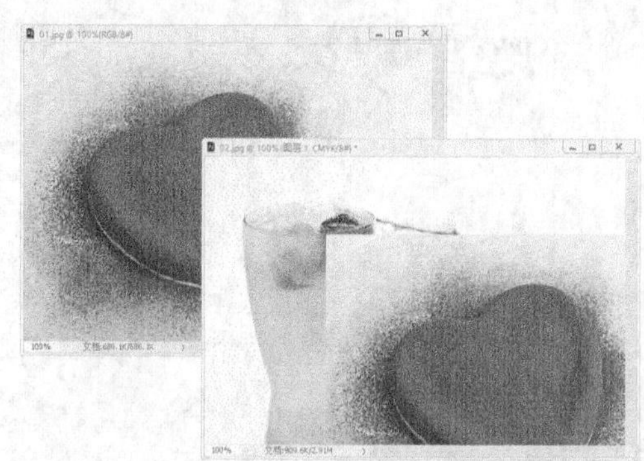

图6-42

6.2.3 图像的复制

要想在操作过程中随时按需要复制图像，就必须掌握复制图像的方法。在复制图像前，要选择将要复制的图像区域，如果未选择图像区域，将不能复制图像。

使用移动工具复制图像：绘制选区后的图像如图6-43所示，选择移动工具，将鼠标指针放在选区中，鼠标指针变为图标，如图6-44所示。按住Alt键，鼠标指针变为图标，如图6-45所示。拖曳选区

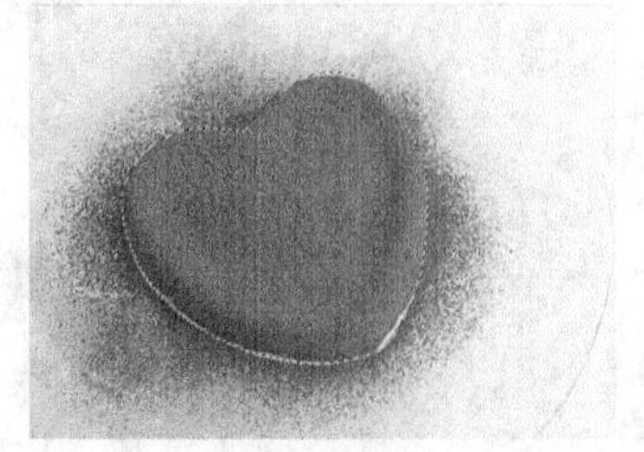

图6-43

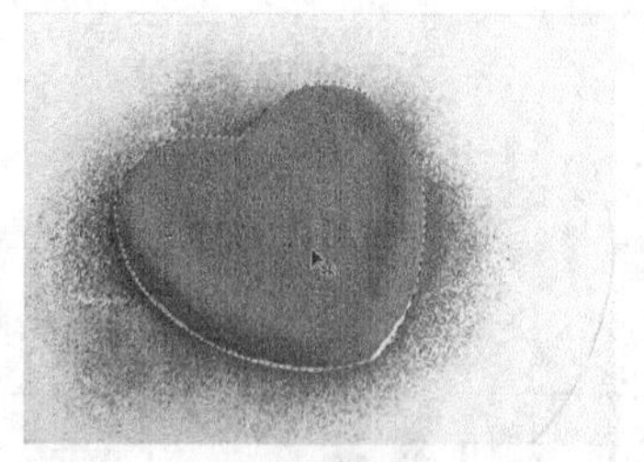

图6-44

中的图像到适当的位置，释放鼠标和Alt键，完成图像的复制，效果如图6-46所示。

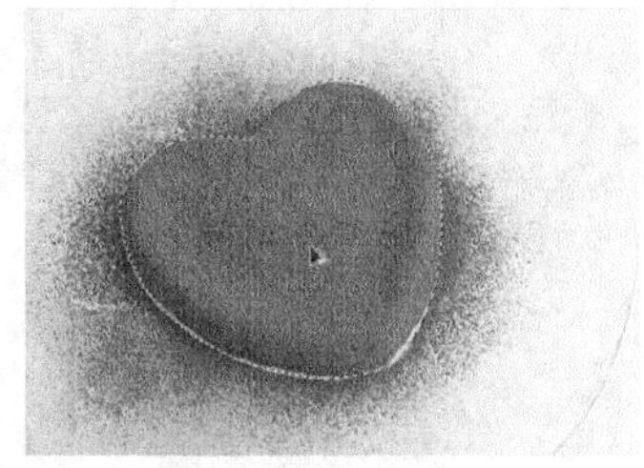
图6-45

图6-46

使用菜单命令复制图像：绘制选区后的图像如图6-47所示，选择“编辑>拷贝”命令或按Ctrl+C组合键，将选区中的图像复制，这时图像看起来没有变化，但系统已将该图像复制到剪贴板中了。

选择“编辑>粘贴”命令或按Ctrl+V组合键，将剪贴板中的图像粘贴在新图层中，复制图像的图层在原图像的图层上方，如图6-48所示。选择移动工具，可以移动复制出的图像，效果如图6-49所示。

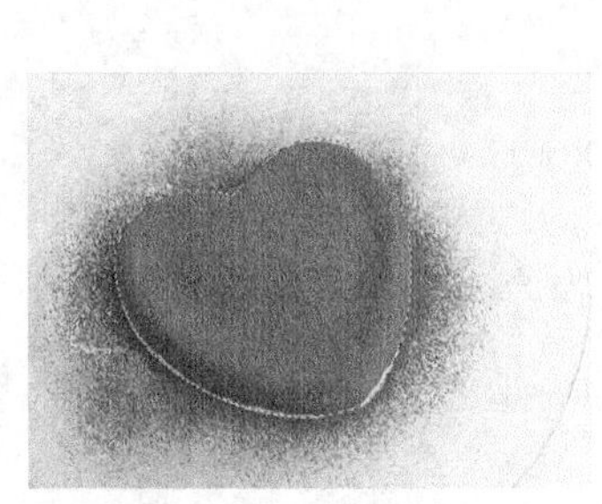
图6-47

图6-48

图6-49

使用快捷键复制图像：绘制选区后的图像如图6-50所示，按住Alt键，鼠标指针变为图标，如图6-51所示。拖曳选区中的图像到适当的位置，释放鼠标，完成图像的复制，效果如图6-52所示。

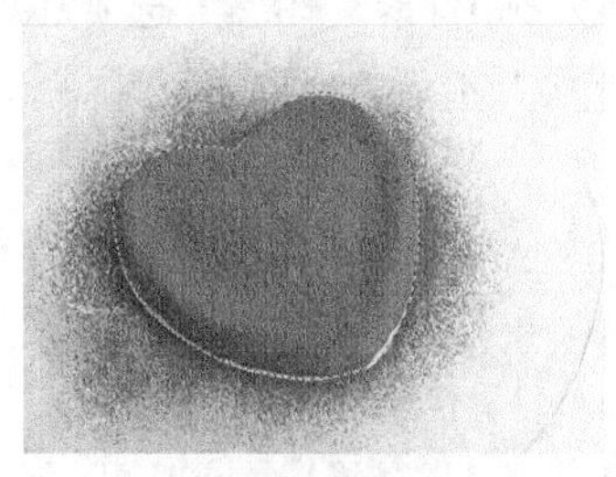
图6-50

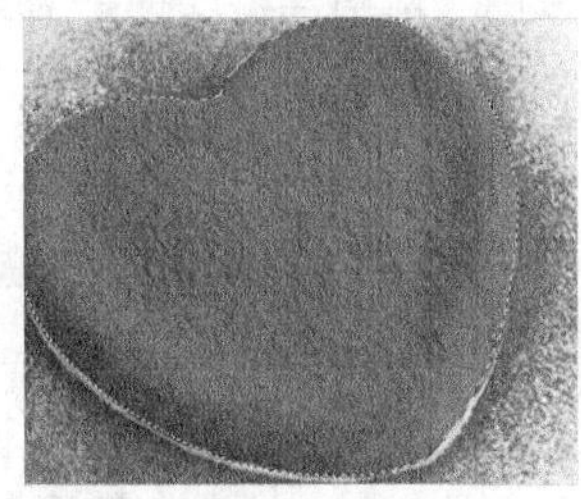
图6-51

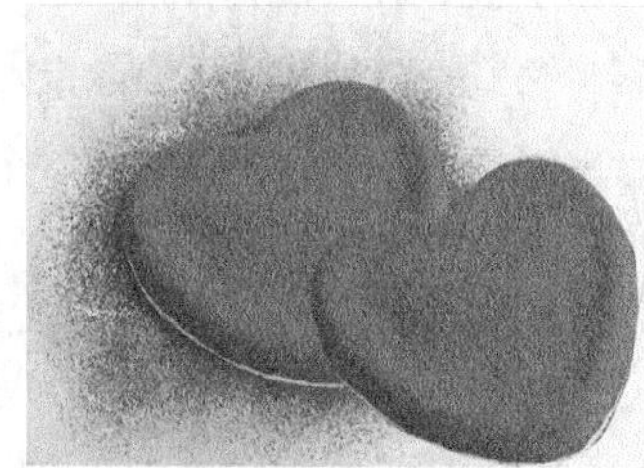
图6-52

6.2.4　图像的删除

在删除图像前，需要选择要删除的图像区域，如果未选择图像区域，将不能删除图像。

使用菜单命令删除图像：在需要删除的图像上绘制选区，如图6-53所示，选择“编辑>清除”命令，将选区中的图像删除，按Ctrl+D组合键，取消选区，效果如图6-54所示。

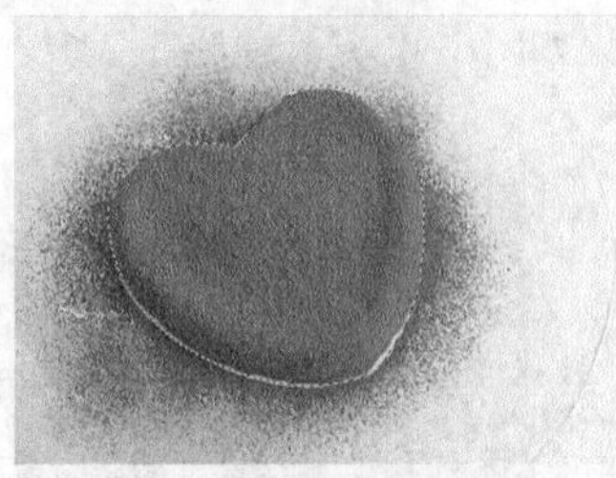
图6-53

图6-54

提示

删除后的图像区域由背景色填充。如果被删除图像的图层下方还有图层，那么删除后的图像区域将显示下面一层的图像。

使用快捷键删除图像：在需要删除的图像上绘制选区，按Delete键或Backspace键，可以将选区中的图像删除；按Alt+Delete组合键或Alt+Backspace组合键，也可以将选区中的图像删除，删除后的图像区域由前景色填充。

6.3 图像的裁切和变换

裁切和变换图像可以制作出丰富、多变的图像效果。

6.3.1 课堂案例——为产品添加标识

【案例学习目标】使用合成工具添加标识。

【案例知识要点】使用自定形状工具、“转换为智能对象”命令和“变换”命令添加标识，使用“投影”命令制作标识的投影，最终效果如图6-55所示。

【效果所在位置】资源/Ch06/效果/为产品添加标识.psd。

（1）按Ctrl+N组合键，打开“新建文档”对话框，设置“宽度”选项为800像素、“高度”选项为800像素、“分辨率”选项为72像素/英寸，“颜色模式”选项为RGB、“背景内容”选项为白色，如图6-56所示。单击“创建”按钮，新建一个文档。

图6-55

图6-56

（2）按Ctrl+O组合键，打开“资源>Ch06>素材>为产品添加标识”中的01文件。选择移动工具，将01图片拖曳到新建的图像窗口中的适当位置并调整其大小，效果如图6-57所示。“图层”面板中会生成新的图层，将其命名为“产品”。

（3）选择自定形状工具，单击属性栏中的“形状”选项右侧的下拉按钮，在弹出的面板中选择需要的图形，如图6-58所示。在属性栏的“选择工具模式”下拉列表中选择“形状”选项，在图像窗口中的适当位置绘制图形。“图层”面板中会生成新的形状图层，将其命名为“标识”，如图6-59所示。效果如图6-60所示。

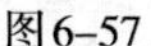

图6-57

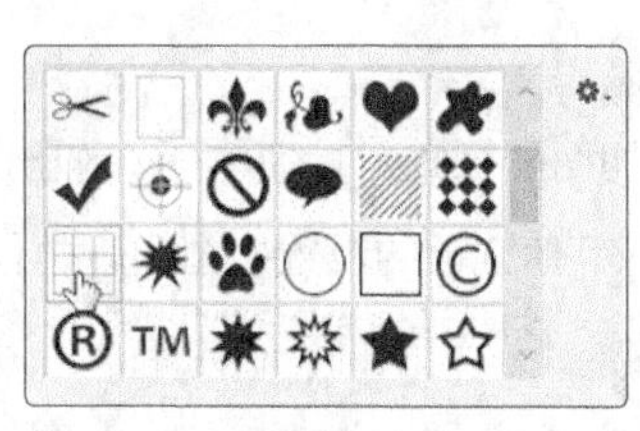

图6-58

图6-59

（4）在“图层”面板中的“标识”图层上单击鼠标右键，在弹出的菜单中选择“转换为智能对象”命令，将形状图层转换为智能对象图层，如图6-61所示。按Ctrl+T组合键，图像周围出现变换框，在变换框中单击鼠标右键，在弹出的菜单中选择“变形”命令，拖曳控制手柄调整形状，按Enter键确认操作，效果如图6-62所示。

图6-60

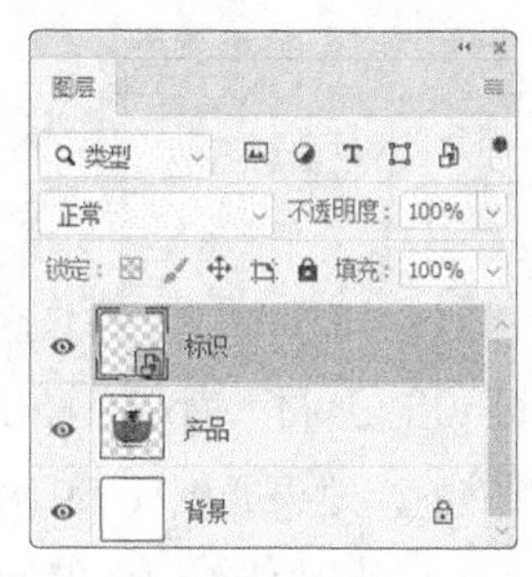

图6-61

图6-62

（5）双击“标识”图层的缩览图，将智能对象在新窗口中打开，如图6-63所示。按Ctrl+O组合键，打开“资源>Ch06>素材>为产品添加标识”中的02文件。选择移动工具，将02图片拖曳到标识图像窗口中的适当位置并调整其大小，效果如图6-64所示。

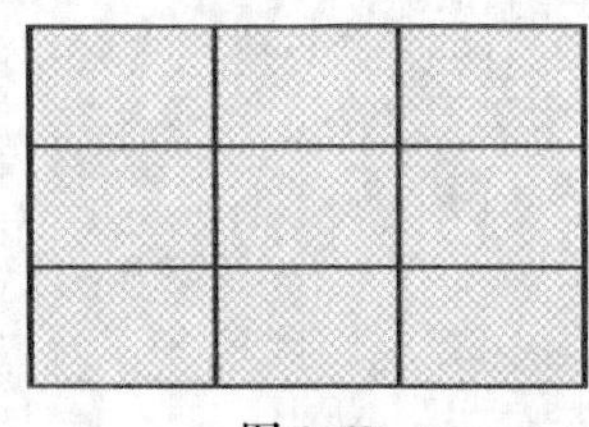

图6-63

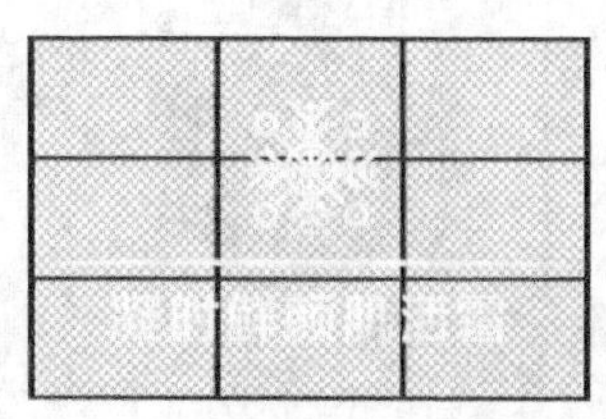

图6-64

（6）单击“标识”图层左侧的眼睛图标，隐藏该图层，如图6-65所示。按Ctrl+S组合键，存储图像，并关闭文件。返回新建的图像窗口中，效果如图6-66所示。

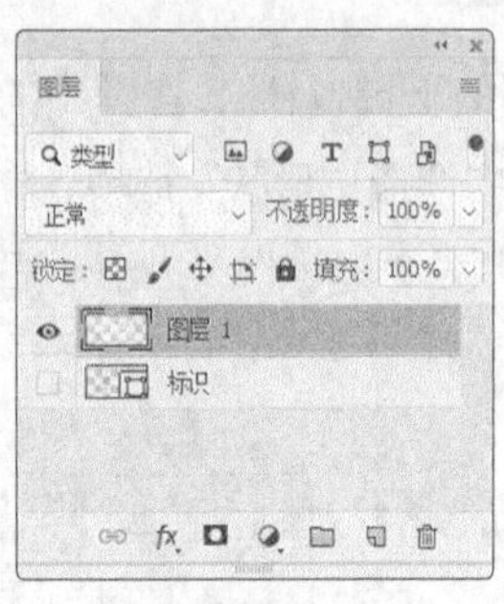

图6-65

图6-66

（7）单击“图层”面板下方的“添加图层样式”按钮，在弹出的菜单中选择“投影”命令，打开“图层样式”对话框，将投影颜色设为黑色，其他选项的设置如图6-67所示。单击“确定”按钮，效果如图6-68所示。

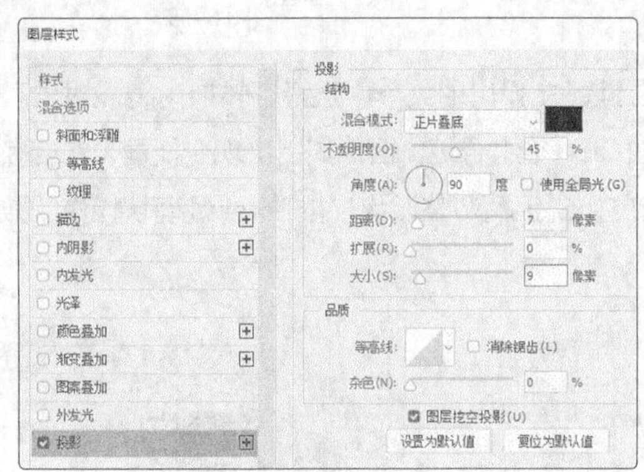

图6-67

图6-68

（8）按Ctrl+O组合键，打开“资源>Ch06>素材>为产品添加标识”中的03文件。选择移动工具，将03图片拖曳到新建的图像窗口中的适当位置，效果如图6-69所示。“图层”面板中会生成新的图层，将其命名为“边框”，如图6-70所示。至此，完成为产品添加标识的操作。

图6-69

图6-70

6.3.2　图像的裁切

如果图像中含有大面积的纯色区域或透明区域，可以使用“裁切”命令进行操作。原始图像效果如图6-71所示。选择“图像>裁切”命令，打开“裁切”对话框，在对话框中进行设置，如图6-72所示。单击“确定”按钮，效果如图6-73所示。

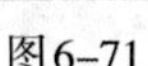
图6-71

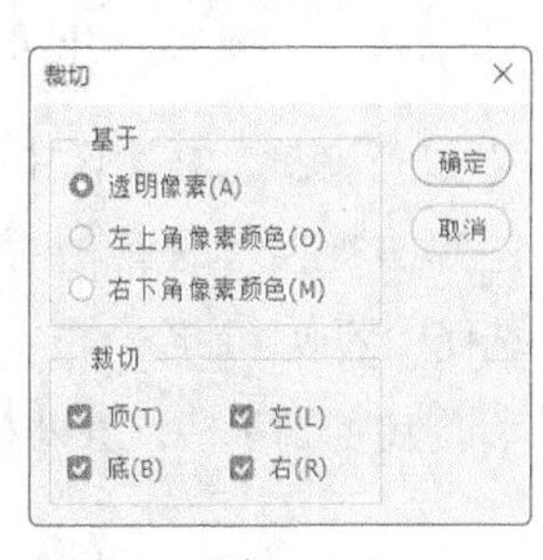

图6-72

图6-73

透明像素：如果当前图像的多余区域是透明的，则选择此选项。左上角像素颜色：根据图像左上角的像素颜色来确定裁切的颜色范围。右下角像素颜色：根据图像右下角的像素颜色来确定裁切的颜色范围。裁切：用于设置裁切的区域范围。

6.3.3　图像的旋转

图像的旋转将对整个图像起作用。选择“图像>图像旋转”命令，打开的子菜单如图6-74所示。

使用不同的旋转命令后，图像的旋转效果如图6-75所示。

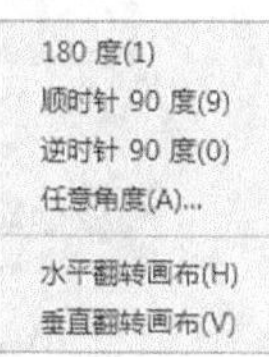

图6-74

原始图像

180度

顺时针90度

逆时针90度

水平翻转画布

垂直翻转画布

图6-75

选择“任意角度”命令，打开“旋转画布”对话框，在对话框中进行设置，如图6-76所示。单击“确定”按钮，图像的旋转效果如图6-77所示。

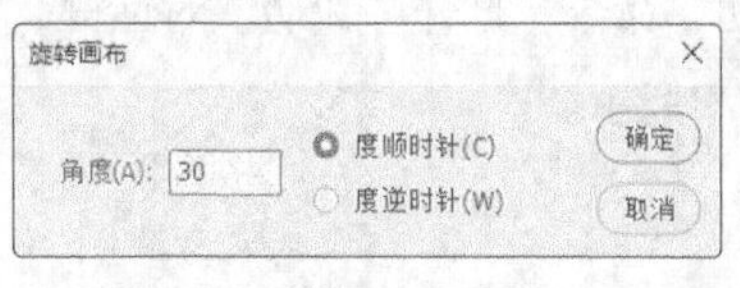

图6-76

图6-77

6.3.4 图像的变换

使用菜单命令变换图像：在操作过程中可以根据设计和制作需要在图像中创建选区并进行变换。在图像中绘制选区后，选择“编辑>自由变换/变换”命令，可以对选区中的图像进行各种变换。“变换”的子菜单如图6-78所示。

在图像中绘制选区，如图6-79所示。选择“缩放”命令，拖曳控制手柄，可以对选区中的图像进行自由缩放，如图6-80所示。选择“旋转”命令，拖曳控制手柄，可以对选区中的图像进行自由旋转，如图6-81所示。

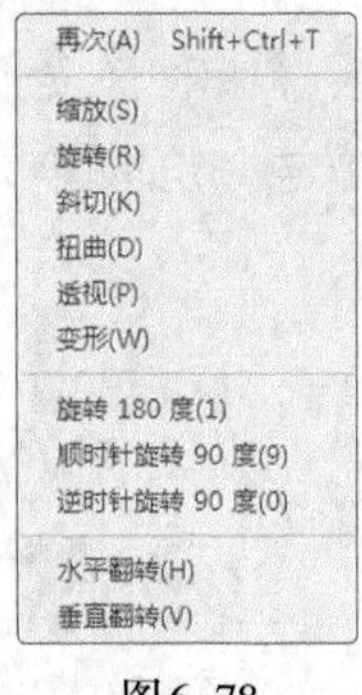

图6-78

图6-79

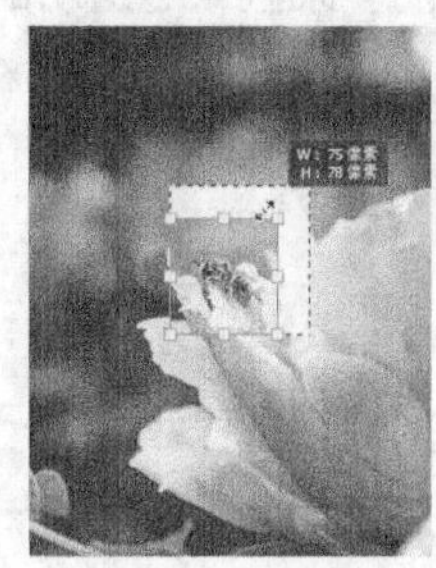

图6-80

图6-81

选择“斜切”命令，拖曳控制手柄，可以对选区中的图像进行斜切调整，如图6-82所示。选择“扭曲”命令，拖曳控制手柄，可以对选区中的图像进行扭曲调整，如图6-83所示。选择“透视”命令，拖曳控制手柄，可以对选区中的图像进行透视调整，如图6-84所示。选择“变形”命令，拖曳控制手柄，可以对选区中的图像进行变形调整，如图6-85所示。

图6-82

图6-83

图6-84

图6-85

选择“旋转180度”命令，可以将选区中的图像旋转180°，如图6-86所示。选择“顺时针旋转90度”命令，可以将选区中的图像顺时针旋转90°，如图6-87所示。选择“逆时针旋转90度”命令，可以将选区中的图像逆时针旋转90°，如图6-88所示。选择“水平翻转”命令，可以将选区中的图像水平翻转，如

图6-89所示。选择“垂直翻转”命令，可以将选区中的图像垂直翻转，如图6-90所示。

图6-86

图6-87

图6-88

图6-89

图6-90

使用快捷键变换选区：在图像中绘制选区，按Ctrl+T组合键，选区周围出现控制手柄，拖曳控制手柄，可以对选区中的图像进行自由缩放。按住Shift键的同时，拖曳控制手柄，可以等比例缩放选区中的图像。

如果在变换选区后仍要保留原图像的内容，则按Ctrl+Alt+T组合键，选区周围出现控制手柄，向选区外拖曳选区中的图像，就能复制出新的图像，并且原图像将被保留，效果如图6-91所示。

按Ctrl+T组合键，选区周围出现控制手柄，将鼠标指针放在控制手柄外侧，当鼠标指针变为↰图标时，拖曳控制手柄即可旋转图像，效果如图6-92所示。如果在旋转图像之前改变旋转中心的位置，旋转图像的效果将随之改变，如图6-93所示。

图6-91

图6-92

图6-93

按住Ctrl键的同时，拖曳变换框4个角的控制手柄，可以使图像任意变形，效果如图6-94所示。按住Alt键的同时，拖曳变换框4个角的控制手柄，可以使图像对称变形，效果如图6-95所示。

按住Ctrl+Shift组合键，拖曳变换框中间的4个控制手柄，可以使图像斜切变形，效果如图6-96所示。按住Ctrl+Shift+Alt组合键，拖曳变换框4个角的控制手柄，可以使图像透视变形，效果如图6-97所示。按住Shift+Ctrl+T组合键，可以再次应用上一次使用过的变换命令。

图6-94

图6-95

图6-96

图6-97

课堂练习——制作旅游类公众号首图

【练习知识要点】使用标尺工具调整照片角度，使用“色阶”命令和“色相/饱和度”命令调整照片颜色，使用横排文字工具添加文字信息，最终效果如图6-98所示。

【效果所在位置】资源/Ch06/效果/制作旅游类公众号首图.psd。

图6-98

课后习题——制作房地产类公众号信息图

【习题知识要点】使用裁剪工具裁剪图像，使用移动工具移动图像，最终效果如图6-99所示。

图6-99

【效果所在位置】资源/Ch06/效果/制作房地产类公众号信息图.psd。

第7章

绘制图形及路径

本章介绍

本章主要介绍路径的绘制、编辑方法以及图形的绘制技巧。通过对本章的学习，读者可以快速地绘制所需路径并对路径进行修改和编辑，还可以使用绘图工具绘制出系统自带的图形，提高图像制作的效率。

课堂学习目标

- 熟练掌握绘制图形的技巧
- 掌握绘制和编辑路径的方法

7.1 绘制图形

使用绘图工具不仅可以绘制出标准的几何图形，还可以绘制出自定义的图形，提高工作效率。

7.1.1 课堂案例——制作箱包类促销公众号封面首图

【案例学习目标】使用不同的绘图工具绘制各种图形，并使用移动和复制命令调整图形。

【案例知识要点】使用圆角矩形工具绘制箱体，使用矩形工具和椭圆工具绘制拉杆和滑轮，使用多边形工具和自定形状工具绘制装饰图形，使用路径选择工具选取和复制图形，使用直接选择工具调整锚点，最终效果如图7-1所示。

【效果所在位置】资源/Ch07/效果/制作箱包类促销公众号封面首图.psd。

图7-1

（1）按Ctrl+N组合键，弹出“新建文档”对话框，设置“宽度”为900像素，“高度”为383像素，“分辨率”为72像素/英寸，“颜色模式”为RGB，“背景内容”为白色，单击“创建”按钮，新建一个文件。

（2）按Ctrl+O组合键，打开“资源>Ch07>素材>制作箱包类促销公众号封面首图”中的01、02文件。选择移动工具，将01和02图片分别拖曳到新建的图像窗口中适当的位置，效果如图7-2所示，“图层”面板中会生成新的图层，将其命名为“底图”和“文字”。

（3）选择圆角矩形工具，将属性栏中的“选择工具模式”选项设为“形状”，“填充”颜色设为黄色（R:246，G:212，B:53），“半径”选项设为20像素，在图像窗口中拖曳鼠标绘制圆角矩形，效果如图7-3所示，“图层”面板中生成新的形状图层“圆角矩形1”。

图7-2

图7-3

（4）选择圆角矩形工具，在属性栏中将“半径”选项设为6像素，在图像窗口中拖曳鼠标绘制圆角矩形。在属性栏中将“填充”颜色设为灰色（R:122，G:120，B:133），效果如图7-4所示，“图层”面板中生成新的形状图层“圆角矩形2”。

（5）选择路径选择工具，选取新绘制的圆角矩形。按住Alt+Shift组合键的同时，水平向右拖曳圆角矩形到适当的位置，复制出一个圆角矩形，效果如图7-5所示。按Alt+Ctrl+G组合键，创建剪贴蒙版，效果如图7-6所示。

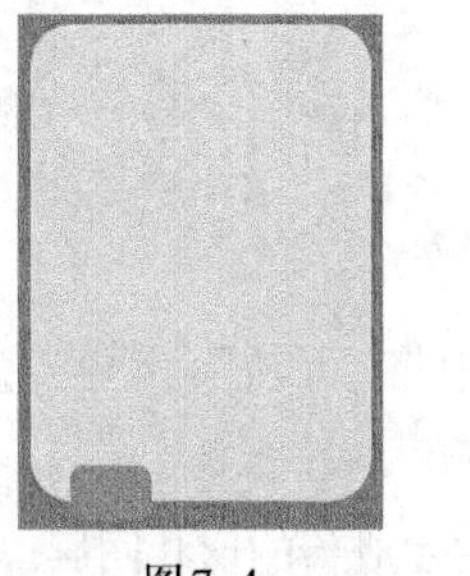
图7-4

图7-5

图7-6

（6）选择圆角矩形工具，在属性栏中将“半径”选项设置为10像素，在图像窗口中拖曳鼠标绘制圆角矩形。在属性栏中将“填充”颜色设为暗黄色（R:229，G:191，B:44），效果如图7-7所示。“图层”面板中生成新的形状图层“圆角矩形3”。

（7）选择路径选择工具，选取新绘制的圆角矩形。按住Alt+Shift组合键的同时，水平向右拖曳圆角矩形到适当的位置，复制出一个圆角矩形，效果如图7-8所示。使用相同的方法再次复制两个圆角矩形，效果如图7-9所示。

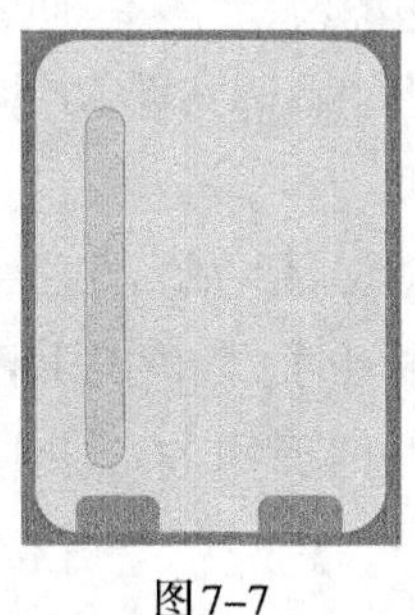
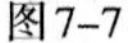
图7-7

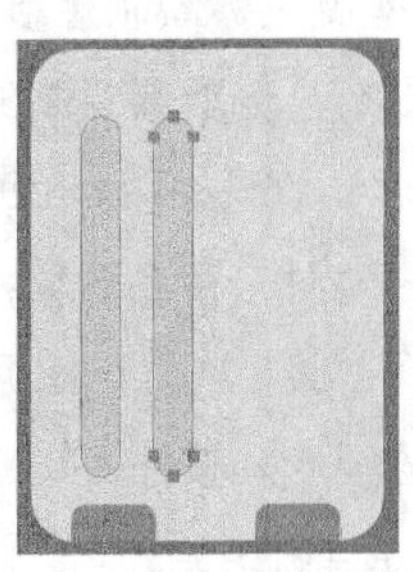
图7-8

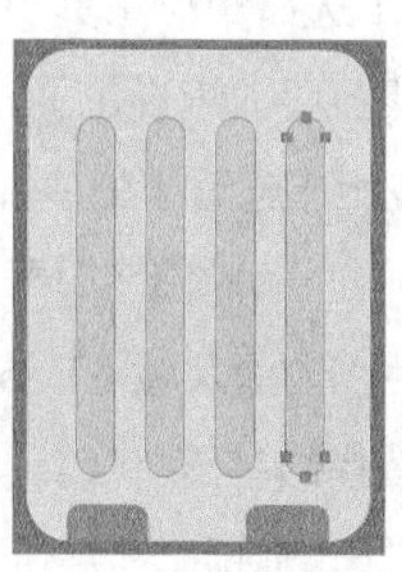
图7-9

（8）选择矩形工具，在图像窗口中拖曳鼠标绘制矩形。在属性栏中将“填充”颜色设为灰色（R:122，G:120，B:133），效果如图7-10所示。“图层”面板中生成新的形状图层“矩形1”。

（9）选择直接选择工具，选取左上角的锚点，如图7-11所示，按住Shift键的同时，水平向右拖曳锚点到适当的位置，效果如图7-12所示。使用相同的方法调整右上角的锚点，效果如图7-13所示。

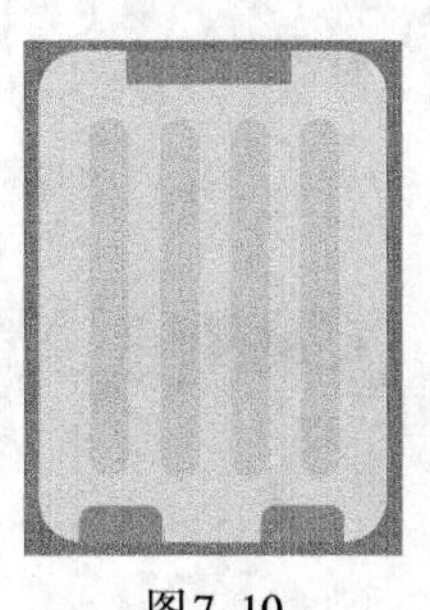

图7-10

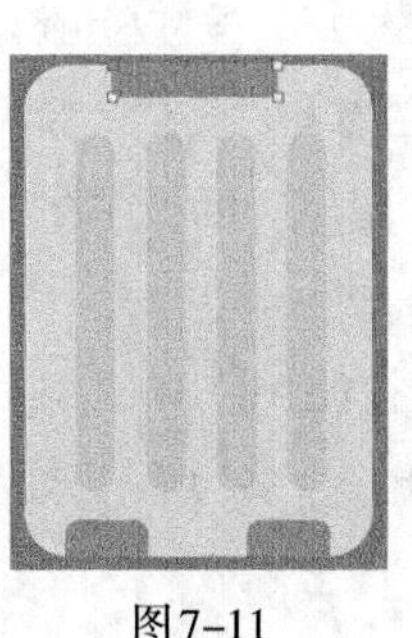

图7-11

图7-12

图7-13

（10）选择矩形工具▭，在图像窗口中拖曳鼠标绘制矩形。在属性栏中将“填充”颜色设为浅灰色（R:217，G:218，B:222），效果如图7-14所示。“图层”面板中生成新的形状图层“矩形2”。

（11）选择路径选择工具▸，选取新绘制的矩形。按住Alt+Shift组合键的同时，水平向右拖曳矩形到适当的位置，复制出一个矩形，效果如图7-15所示。

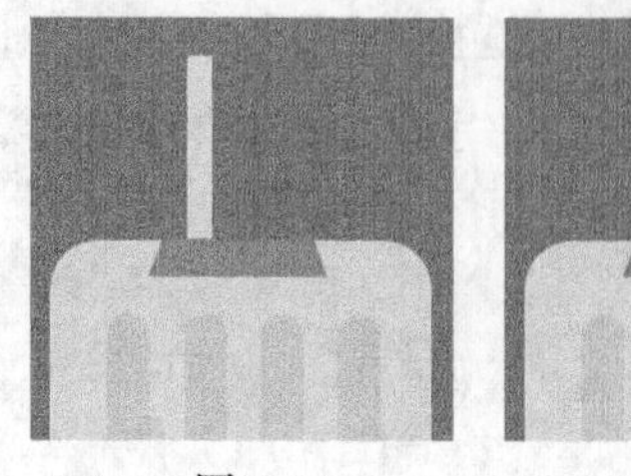
图7-14

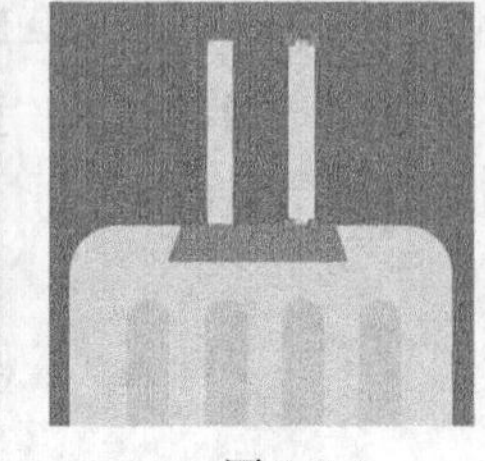
图7-15

（12）选择矩形工具▭，在图像窗口中拖曳鼠标绘制矩形。在属性栏中将“填充”颜色设为暗灰色（R:85，G:84，B:88），效果如图7-16所示。“图层”面板中生成新的形状图层“矩形3”。

（13）在图像窗口中再次绘制矩形，效果如图7-17所示。“图层”面板中生成新的形状图层“矩形4”。选择路径选择工具▸，选取新绘制的矩形。按住Alt+Shift组合键的同时，水平向右拖曳矩形到适当的位置，复制出一个矩形，效果如图7-18所示。

图7-16

图7-17

图7-18

（14）选择矩形工具▭，在图像窗口中拖曳鼠标绘制矩形，效果如图7-19所示。“图层”面板中生成新的形状图层“矩形5”。选择路径选择工具▸，选取新绘制的矩形。按住Alt+Shift组合键的同时，水平向右拖曳矩形到适当的位置，复制出一个矩形，效果如图7-20所示。

（15）选择椭圆工具◯，按住Shift键的同时，在图像窗口中拖曳鼠标绘制圆形。在属性栏中将“填充”颜色设为深灰色（R:61，G:63，B:70），效果如图7-21所示。“图层”面板中生成新的形状图层“椭圆1”。选择路径选择工具▸，选取新绘制的圆形。按住Alt+Shift组合键的同时，水平向右拖曳圆形到适当的位置，复制出一个圆形，效果如图7-22所示。

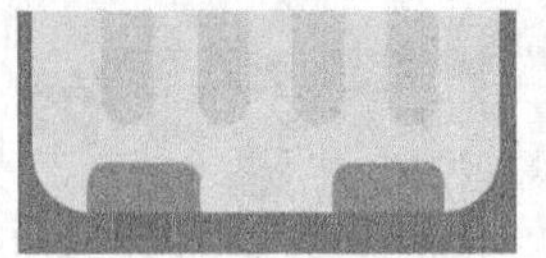
图7-19

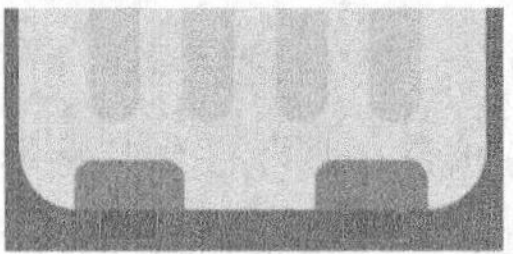
图7-20

图7-21

图7-22

（16）选择多边形工具⬡，在属性栏中将“边”选项设为6，按住Shift键的同时，在图像窗口中拖曳鼠标绘制多边形。在属性栏中将“填充”颜色设为橙色（R:227，G:93，B:62），如图7-23所示。“图层”面板中生成新的形状图层“多边形1”图层。

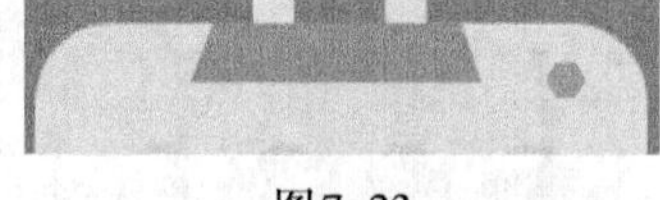
图7-23

（17）选择路径选择工具▸，选取新绘制的多边形。按住Alt+Shift组合键的同时，水平向左拖曳多边形到适当的位置，复制出一个多边形，效果如图7-24所示。

图7-24

（18）选择自定形状工具，将属性栏中的“选择工具模式”选项设为“形状”，单击“形状”选项右侧的下拉按钮，在弹出的面板中选择需要的形状，如图7-25所示。在图像窗口中拖曳鼠标绘制形状。在属性栏中将“填充”颜色设为橙色（R:227，G:93，B:62），效果如图7-26所示。

（19）选择椭圆工具，按住Shift键的同时，在图像窗口中拖曳鼠标绘制圆形。在属性栏中将“填充”颜色设为黄色（R:246，G:212，B:53），填充圆形，效果如图7-27所示。“图层”面板中生成新的形状图层“椭圆2”。

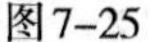

图7-25

图7-26

图7-27

（20）选择直线工具，在属性栏中将“粗细”选项设为4像素，按住Shift键的同时，在图像窗口中拖曳鼠标绘制直线段。在属性栏中将“填充”颜色设为棕色（R:182，G:167，B:145），效果如图7-28所示，“图层”面板中生成新的形状图层“形状2”。

（21）使用相同的方法再次绘制直线段，效果如图7-29所示，“图层”面板中生成新的形状图层“形状3”。至此，箱包类促销公众号封面首图制作完成，效果如图7-30所示。

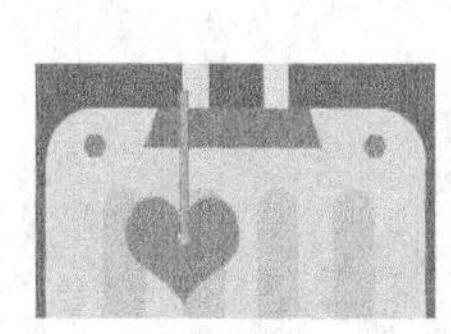

图7-28

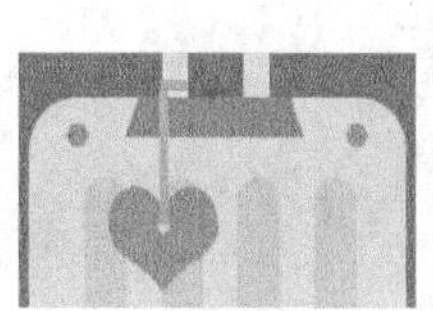

图7-29

图7-30

7.1.2　矩形工具

选择矩形工具，或反复按Shift+U组合键，其属性栏如图7-31所示。

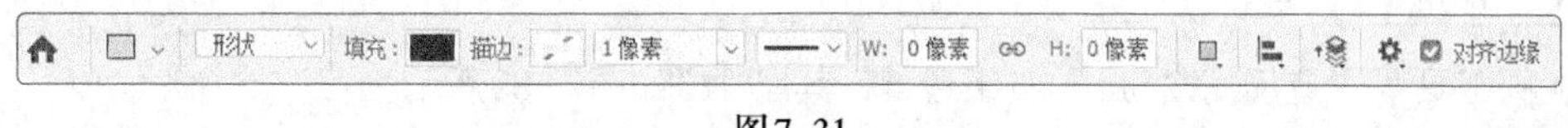

图7-31

形状：用于选择工具的模式，包括形状、路径和像素。：用于设置矩形的填充颜色、描边颜色、描边宽度和描边类型。：用于设置矩形的宽度和高度。：用于设置路径的组合方式、对齐方式和排列方式。：用于设定矩形的形状。对齐边缘：用于设定是否对齐边缘。

原始图像效果如图7-32所示。在属性栏中将“填充”颜色设为白色，在图像窗口中绘制矩形，效果如图7-33所示。“图层”面板如图7-34所示。

图7-32

图7-33

图7-34

7.1.3 圆角矩形工具

选择圆角矩形工具，或反复按Shift+U组合键，其属性栏如图7-35所示。其属性栏中的内容与矩形工具属性栏中的内容相似，多出的“半径”选项用于设定圆角矩形的平滑程度，数值越大越平滑。

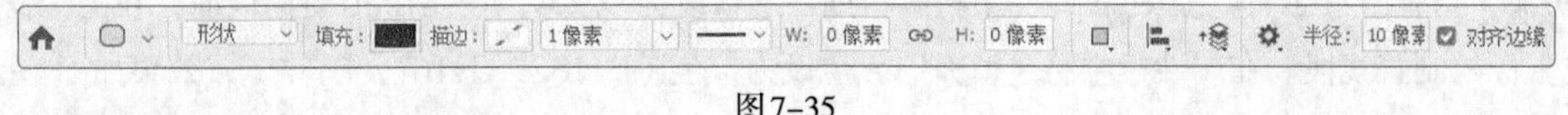

图7-35

原始图像效果如图7-36所示。在属性栏中将“填充”颜色设为白色、“半径”选项设为40像素，在图像窗口中绘制圆角矩形，效果如图7-37所示。“图层”面板如图7-38所示。

图7-36

图7-37

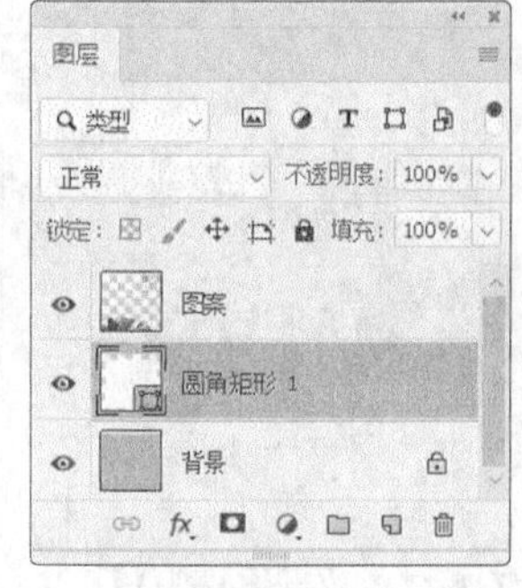

图7-38

7.1.4 椭圆工具

选择椭圆工具，或反复按Shift+U组合键，其属性栏如图7-39所示。

图7-39

原始图像效果如图7-40所示。在属性栏中将“填充”颜色设为白色，在图像窗口中绘制椭圆形，效果如图7-41所示。“图层”面板如图7-42所示。

图7-40

图7-41

图7-42

7.1.5　多边形工具

选择多边形工具，或反复按Shift+U组合键，其属性栏如图7-43所示。其属性栏中的内容与矩形工具属性栏中的内容相似，多出的“边”选项用于设定多边形的边数。

图7-43

原始图像效果如图7-44所示。在属性栏中将“填充”颜色设为白色，单击属性栏中的按钮，在弹出的面板中进行设置，如图7-45所示。在图像窗口中绘制星形，效果如图7-46所示。“图层”面板如图7-47所示。

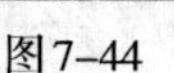
图7-44

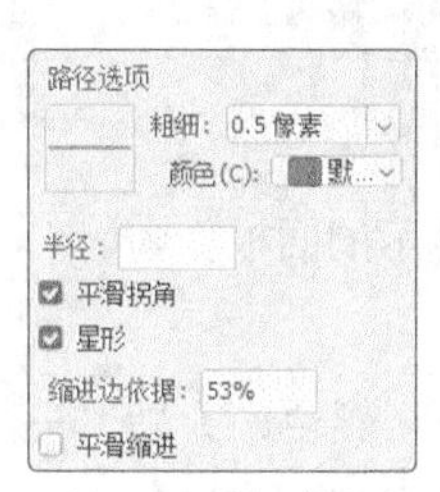

图7-45

图7-46

图7-47

7.1.6　直线工具

选择直线工具，或反复按Shift+U组合键，其属性栏如图7-48所示。其属性栏中的内容与矩形工具属性栏中的内容相似，多出的“粗细”选项用于设定直线段的宽度。

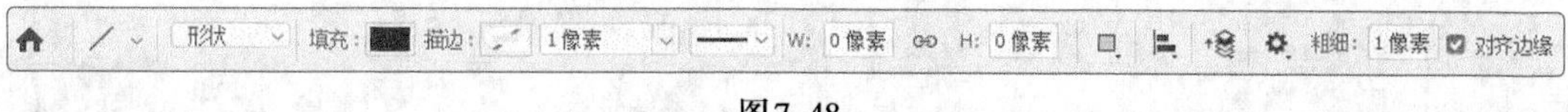

图7-48

单击属性栏中的按钮，打开图7-49所示的面板。

起点：用于选择直线段始端的箭头。终点：用于选择直线段末端的箭头。宽度：用于设定箭头宽度和直线段宽度的比值。长度：用于设定箭头长度和直线段长度的比值。凹度：用于设定箭头的凹凸形状。

原始图像效果如图7-50所示。在属性栏中将“填充”颜色设为白色，在图像窗口中绘制不同效果的直线段，效果如图7-51所示。“图层”面板如图7-52所示。

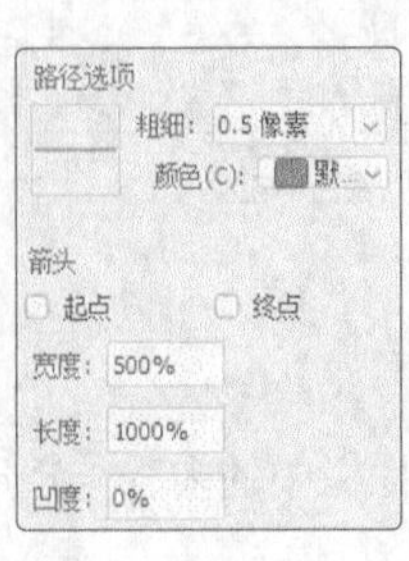

图7-49

图7-50

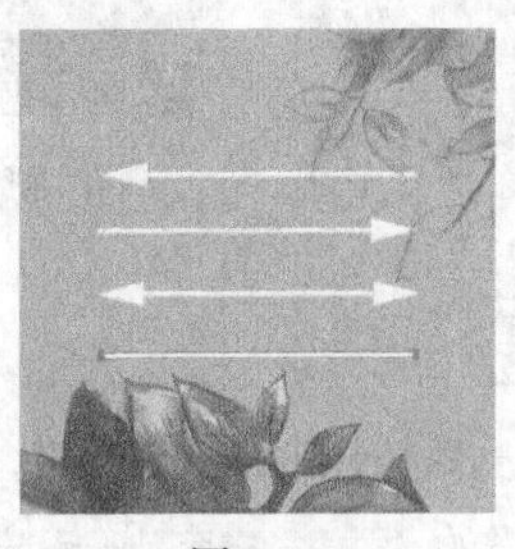
图7-51

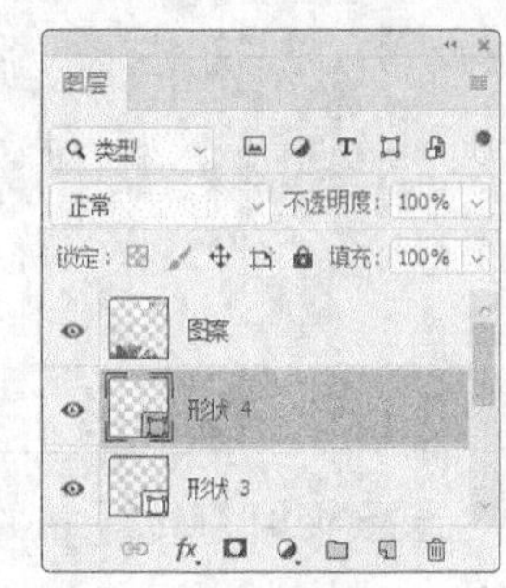

图7-52

> **技巧**
>
> 按住Shift键的同时，使用直线工具绘制图形，可以绘制水平或垂直的直线段。

7.1.7 自定形状工具

选择自定形状工具，或反复按Shift+U组合键，其属性栏如图7-53所示。其属性栏中的内容与矩形工具属性栏中的内容相似，多出的“形状”选项用于选择所需的形状。

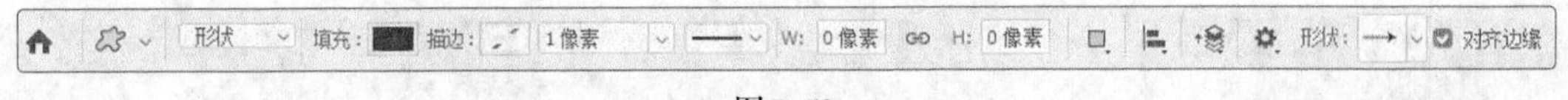

图7-53

单击“形状”选项右侧的下拉按钮，打开图7-54所示的面板，面板中存储了可供选择的各种不规则形状。

图7-54

原始图像效果如图7-55所示。在属性栏中将“填充”颜色设为白色，在图像窗口中绘制形状图形，效果如图7-56所示。“图层”面板如图7-57所示。

图7-55

图7-56

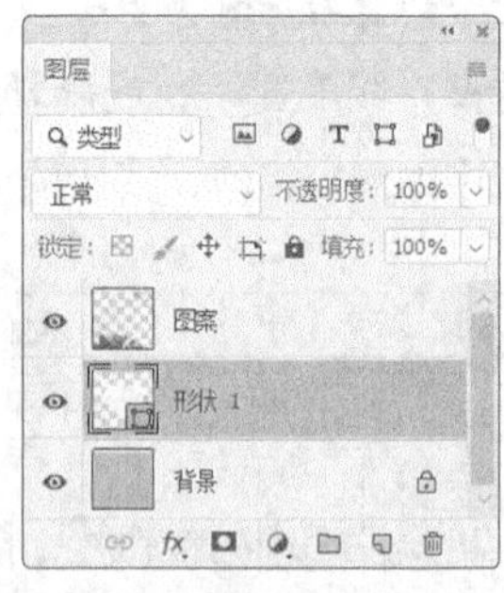

图7-57

可以使用“定义自定形状”命令来制作并定义形状。使用钢笔工具在图像窗口中绘制路径，然后填充路径，如图7-58所示。

选择“编辑>定义自定形状”命令，打开“形状名称”对话框，在“名称”文本框中输入自定形状的名称，如图7-59所示，单击“确定”按钮。“形状”选项的下拉面板中将会显示刚才定义的形状，如图7-60所示。

图7-58

图7-59

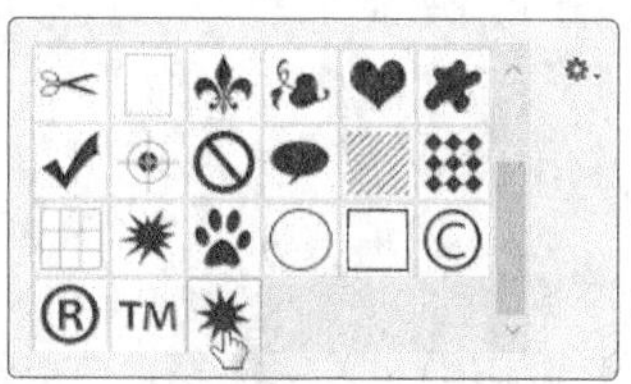

图7-60

7.1.8 “属性”面板

“属性”面板用于调整形状的大小、填充颜色、描边颜色、描边样式以及圆角半径等，也可以用于调整所选图层中的图层蒙版和矢量蒙版的不透明度和羽化范围。选择矩形工具，绘制一个矩形，如图7-61所示。选择“窗口>属性”命令，打开“属性”面板，如图7-62所示。

图7-61

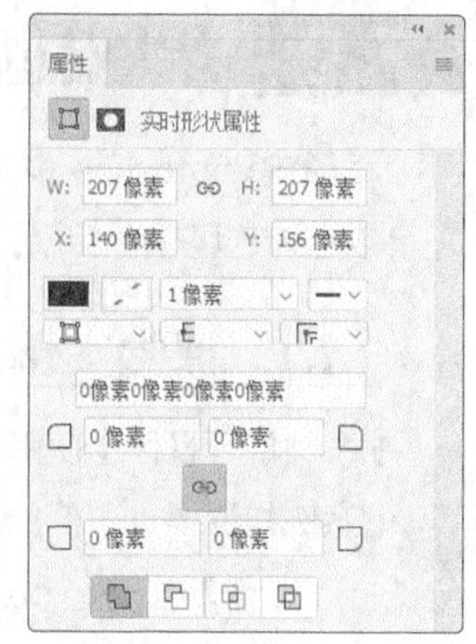

图7-62

W/H：用于设置形状的宽度和高度。：用于链接宽度和高度，使形状成比例改变。X/Y：用于设置形状的横纵坐标。：用于设置形状的填充颜色和描边颜色。：用于设置形状的描边宽度和描边类型。：用于设置描边的对齐类型、线段端点和线段合并类型。

在“角半径”数值框中输入数值，可以指定每个角效果到每个角点的扩展半径，如图7-63所示。按Enter键，效果如图7-64所示。

在“属性”面板中单击“蒙版”按钮，切换到相应的面板，如图7-65所示。：单击按钮，可以为当前图层添加图层蒙版；单击按钮则可以为当前图层添加矢量蒙版。浓度：拖曳滑块可以控制蒙版的不透明度，即蒙版的遮盖强度。羽化：拖曳滑块可以柔化蒙版的边缘。选择并遮住...：单击此按钮，可以在切换到的“属性”面板中修改蒙版边缘。颜色范围...：单击此按钮，可以打开“色彩范围”对话框，此时可以在图像中取样并调整颜色容差以修改蒙版范围。

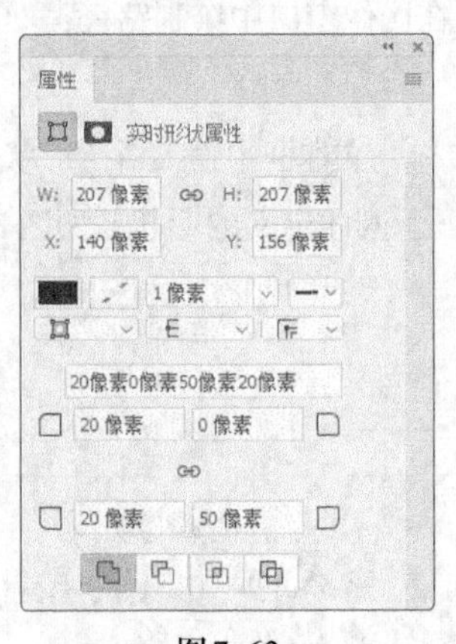

图7-63

图7-64

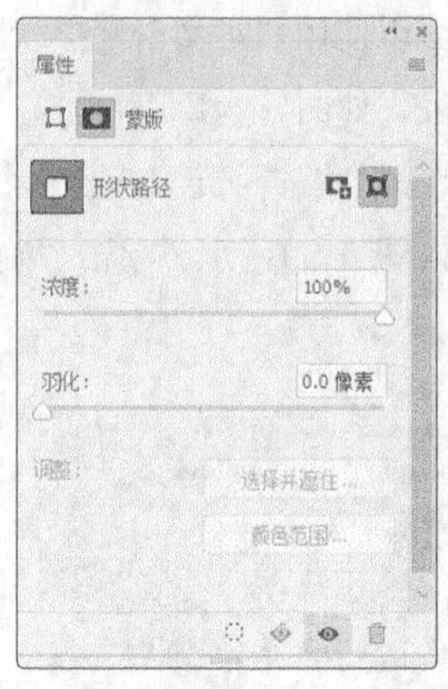

图7-65

从蒙版中载入选区：可以载入蒙版中包含的选区。应用蒙版：可以将蒙版应用到图像中，同时删除被蒙版遮盖的图像。停用/启用蒙版：可以停用或启用蒙版，停用蒙版时，蒙版缩览图上会出现一个红色的“×”。删除蒙版：可以删除当前蒙版。

7.2 绘制和编辑路径

路径对Photoshop CC 2019高手来说是一个非常得力的“助手”。使用路径可以进行复杂图像的选取，还可以存储选区以备后用，以及绘制线条平滑的优美图形。

7.2.1 课堂案例——制作箱包类App主页Banner

【案例学习目标】使用不同的绘制工具绘制并调整路径。

【案例知识要点】使用钢笔工具、添加锚点工具和转换点工具绘制路径，使用“建立工作路径”和“建立选区”命令转换路径和选区，使用移动工具添加包和文字，使用椭圆工具和“填充”命令制作投影，最终效果如图7-66所示。

【效果所在位置】资源/Ch07/效果/制作箱包类App主页Banner.psd。

图7-66

（1）按Ctrl+O组合键，打开“资源>Ch07>素材>制作箱包类App主页Banner”中的01文件，如图7-67所示。选择钢笔工具，在属性栏的“选择工具模式”下拉列表中选择“路径”选项，在图像窗口中沿着实物轮廓绘制路径，如图7-68所示。

（2）按住Ctrl键，钢笔工具转换为直接选择工具，如图7-69所示。拖曳路径中的锚点来改变路径的弧度，如图7-70所示。

图7-67

图7-68

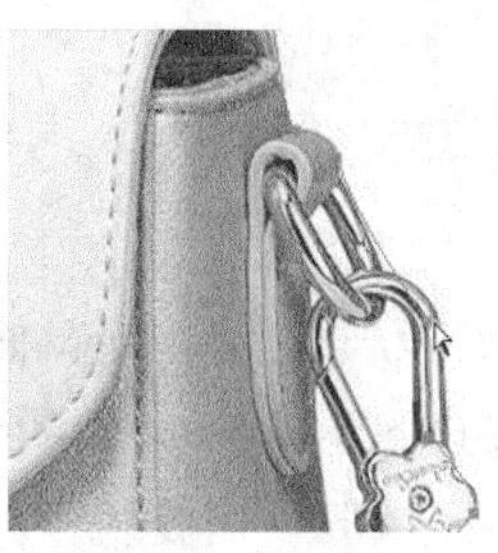
图7-69

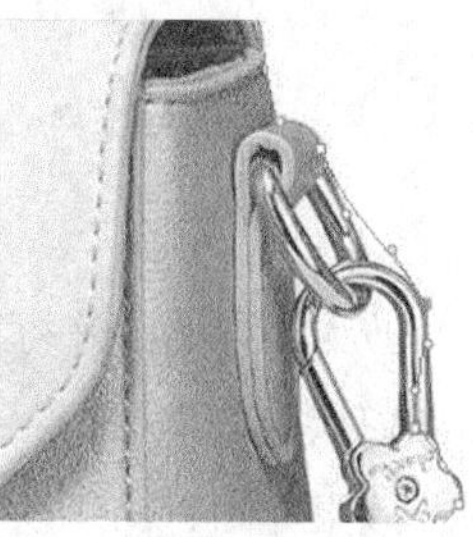
图7-70

（3）将鼠标指针移动到路径上，钢笔工具转换为添加锚点工具，如图7-71所示。在路径上单击以添加锚点，如图7-72所示。按住Ctrl键，钢笔工具转换为直接选择工具，拖曳路径中的锚点来改变路径的弧度，如图7-73所示。

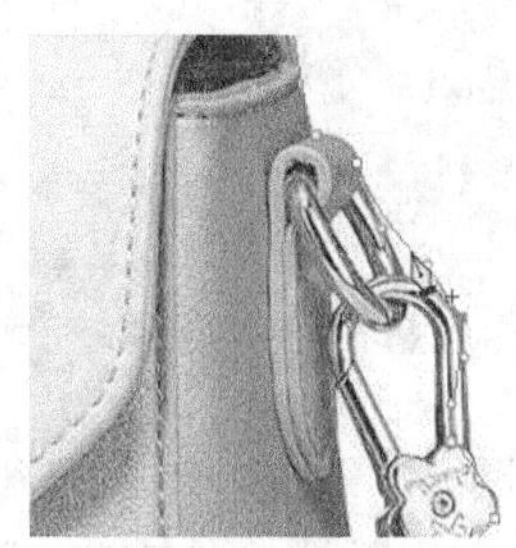
图7-71

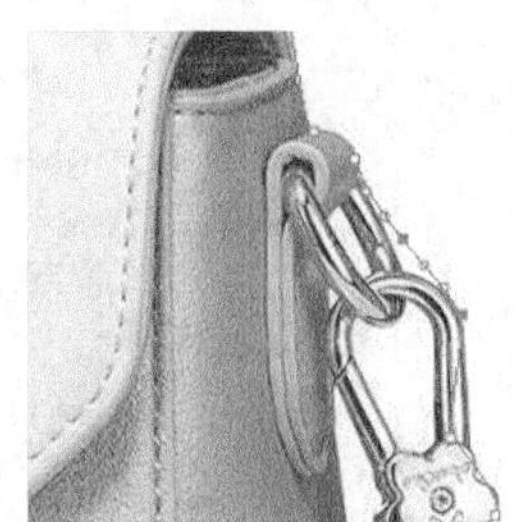
图7-72

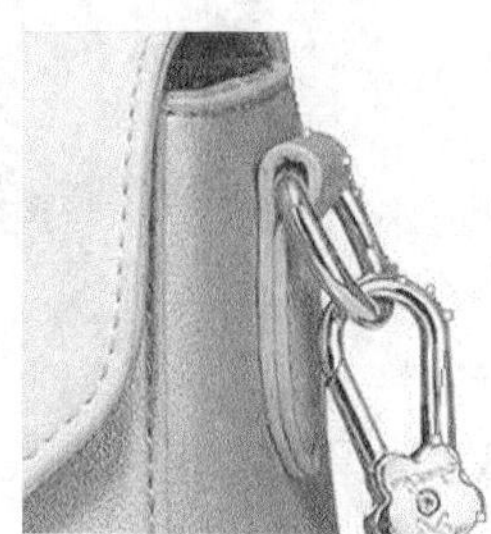
图7-73

（4）使用相同的方法调整路径，效果如图7-74所示。单击属性栏中的“路径操作”按钮，在弹出的菜单中选择“排除重叠形状”命令，在适当的位置再次绘制多个路径，如图7-75所示。按Ctrl+Enter组合键，将路径转换为选区，如图7-76所示。

图7-74

图7-75

图7-76

（5）按Ctrl+N组合键，打开“新建文档”对话框，设置“宽度”选项为750像素、“高度”选项为200像素、“分辨率”选项为72像素/英寸、“颜色模式”选项为RGB、“背景内容”选项为浅蓝色（R:232，G:239，B:248），单击“创建”按钮，新建一个文档。

（6）选择移动工具，将选区中的图像拖曳到新建的图像窗口中，如图7-77所示。“图层”面板中会生成新的图层，将其命名为“包包”。按Ctrl+T组合键，图像周围出现变换框，拖曳控制手柄以调整图像的大小和位置，按Enter键确认操作，效果如图7-78所示。

图7-77

图7-78

（7）新建图层并将其命名为“投影”。选择椭圆选框工具，在属性栏中将“羽化”选项设为5像素，在图像窗口中拖曳鼠标绘制椭圆选区。按Alt+Delete组合键，用前景色填充选区。按Ctrl+D组合键，取消选区，效果如图7-79所示。在“图层”面板中，将“投影”图层拖曳到“包包”图层的下方，效果如图7-80所示。

图7-79

图7-80

（8）选择“包包”图层。按Ctrl+O组合键，打开“资源>Ch07>素材>制作箱包类App主页Banner”中的02文件。选择移动工具，将02图片拖曳到新建的图像窗口中的适当位置，如图7-81所示。“图层”面板中会生成新的图层，将其命名为“文字”。至此，箱包类App主页Banner制作完成。

图7-81

7.2.2 钢笔工具

选择钢笔工具，或反复按Shift+P组合键，其属性栏如图7-82所示。

图7-82

按住Shift键绘制路径时，将以45°或45°的倍数绘制。按住Alt键，当钢笔工具移动到锚点上时，钢笔工具转换为转换点工具。按住Ctrl键，钢笔工具转换成直接选择工具。

建立一个新的文档，选择钢笔工具，在属性栏中的“选择工具模式”下拉列表中选择“路径”选项，则钢笔工具绘制的是路径。如果选择“形状”选项，将绘制出形状。勾选“自动添加/删除”复选框，系统可以在选取的路径上自动添加和删除锚点。

在图像中的任意位置单击创建一个锚点，将鼠标指针移动到其他位置再次单击，创建出第二个锚点，系统将在两个锚点之间自动生成一条直线路径，如图7-83所示。再将鼠标指针移动到其他位置单击，创建出第三个锚点，系统将在第二个和第三个锚点之间生成一条新的直线路径，如图7-84所示。

将鼠标指针移至第二个锚点上，转换为删除锚点工具，如图7-85所示。在锚点上单击，即可将第二个锚点删除，如图7-86所示。

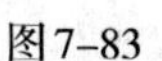
图7-83

图7-84

图7-85

图7-86

选择钢笔工具，单击以建立新的锚点，拖曳鼠标，建立曲线和曲线锚点，如图7-87所示。释放鼠标，按住Alt键的同时，单击刚建立的曲线锚点，如图7-88所示，将其转换为直线锚点，在其他位置单击建立新的锚点，即可在曲线后绘制出直线段，如图7-89所示。

图7-87

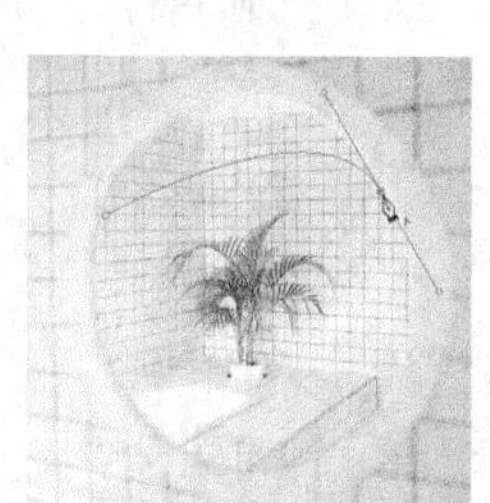

图7-88

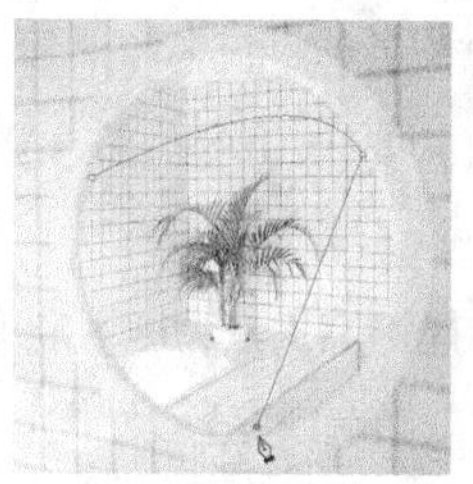

图7-89

7.2.3 自由钢笔工具

选择自由钢笔工具，其属性栏如图7-90所示。

图7-90

在图像上单击以确定最初的锚点，沿图像小心地拖曳鼠标，如图7-91所示。闭合路径后，效果如图7-92所示。如果在选择中存在误差，只需要使用其他的路径工具对路径进行修改和调整，就可以补救。

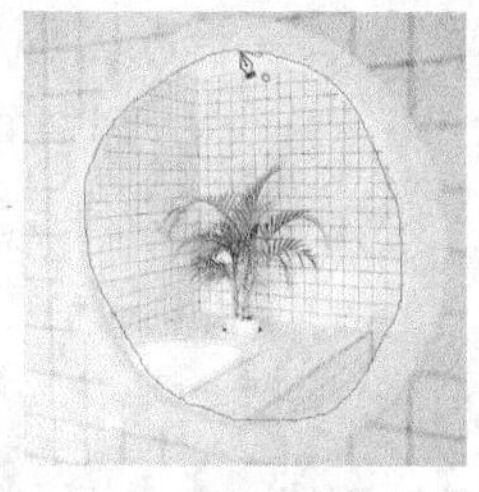

图7-91

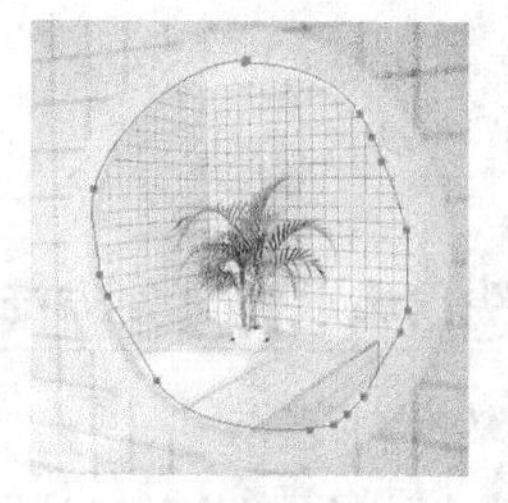

图7-92

7.2.4 添加锚点工具

选择钢笔工具，将鼠标指针移动到建立的路径上，若此处没有锚点，则钢笔工具转换为添加锚点工具，如图7-93所示。在路径上单击即可添加一个锚点。向上拖曳鼠标，建立曲线和曲线锚点，效果如图7-94所示。

图7-93

图7-94

7.2.5 删除锚点工具

删除锚点工具用于删除路径上已经存在的锚点。选择钢笔工具，将鼠标指针移动到路径的锚点上，则钢笔工具转换为删除锚点工具，如图7-95所示。单击锚点将其删除，效果如图7-96所示。

将鼠标指针移动到曲线路径的锚点上，单击锚点也可以将其删除。

图7-95

图7-96

7.2.6 转换点工具

按住Shift键，拖曳其中的一个锚点，将强迫控制手柄以45°或45°的倍数进行改变。按住Alt键，拖曳控制手柄，可以改变两个控制手柄中的一个，而不影响另一个控制手柄的位置。按住Alt键，拖曳路径中的线段，可以将路径进行复制。

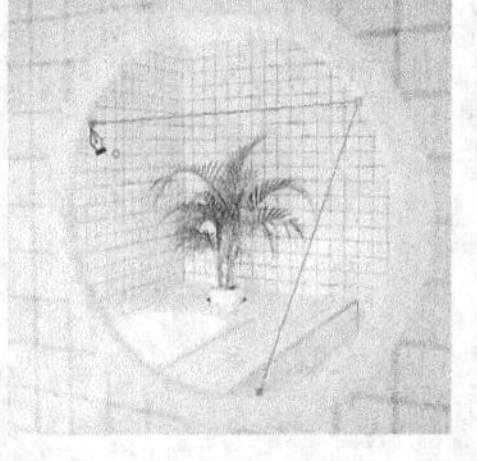
图7-97

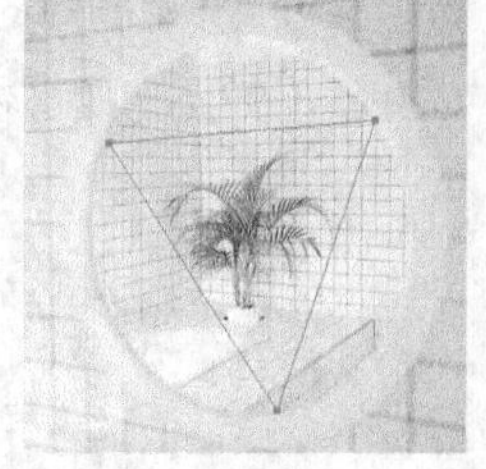
图7-98

选择钢笔工具，在图像中绘制三角形路径，当要闭合路径时鼠标指针变为图标，如图7-97所示。单击即可闭合路径，完成三角形路径的绘制，如图7-98所示。

选择转换点工具，将鼠标指针放置在三角形左上角的锚点上，如图7-99所示；单击锚点并将其向右上方拖曳形成曲线锚点，如图7-100所示。使用相同的方法将三角形的其他锚点转换为曲线锚点，如图7-101所示。

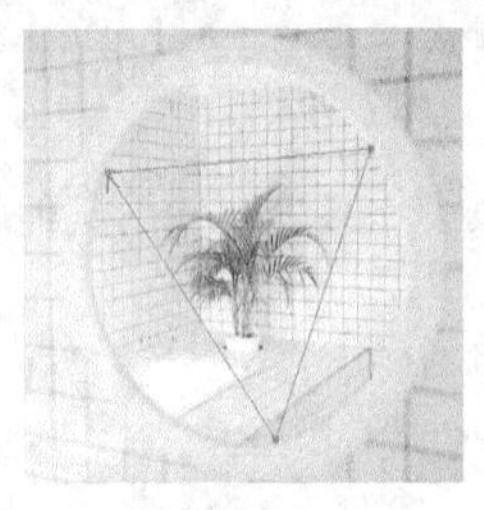
图7-99

图7-100

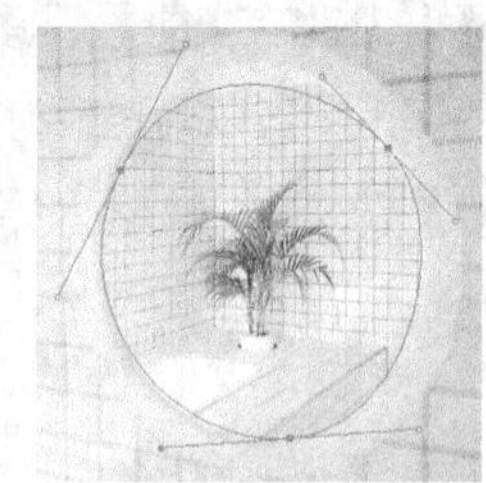
图7-101

7.2.7 选区和路径的转换

1. 将选区转换为路径

使用菜单命令：在图像上绘制选区，如图7-102所示；单击“路径”面板右上方的图标，在弹出的菜单中选择“建立工作路径”命令，打开“建立工作路径”对话框，在该对话框中，改变“容差”选项的数值，设置转换时的误差允许范围，数值越小越精确，路径上的关键点也越多；如果要编辑生成的路径，在此处设定的数值最好为2，如图7-103所示，单击“确定”按钮，将选区转换成路径，效果如图7-104所示。

图7-102

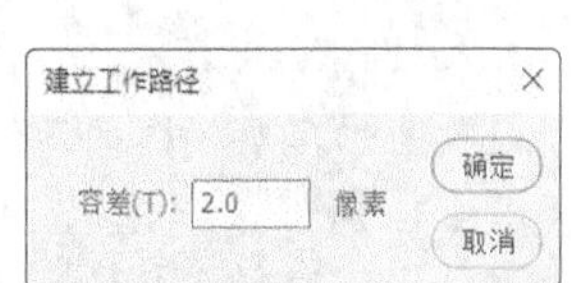

图7-103

图7-104

使用按钮：单击“路径”面板下方的“从选区生成工作路径”按钮，将选区转换成路径。

2. 将路径转换为选区

使用菜单命令：在图像中创建路径，如图7-105所示，单击“路径”面板右上方的图标，在弹出的菜单中选择“建立选区”命令，打开“建立选区”对话框，如图7-106所示；设置完成后，单击“确定”按钮，将路径转换成选区，效果如图7-107所示。

图7-105

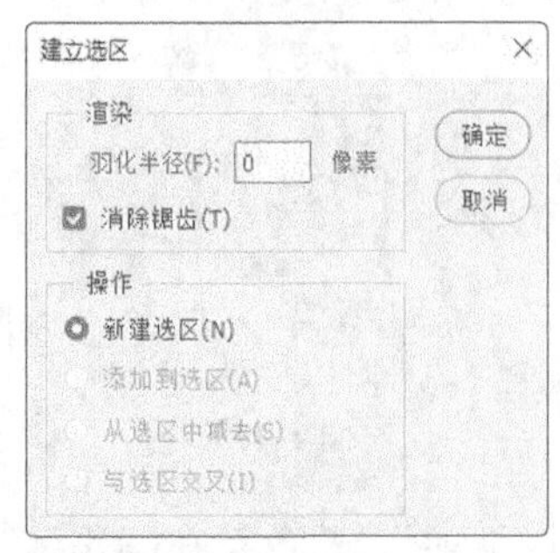

图7-106

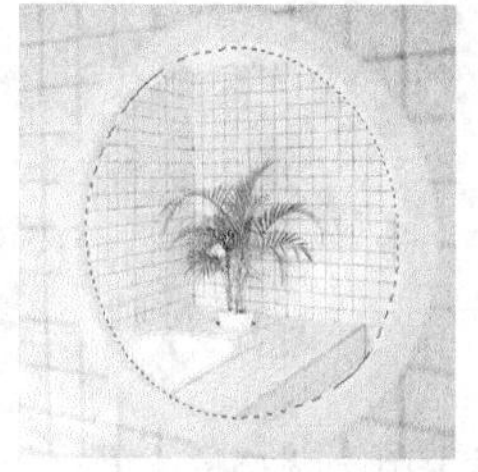
图7-107

使用按钮：单击“路径”面板下方的“将路径作为选区载入”按钮，将路径转换成选区。

7.2.8 课堂案例——制作音乐节装饰画

【案例学习目标】使用钢笔工具和“填充路径”命令制作图形。

【案例知识要点】使用钢笔工具绘制路径，使用“填充路径”命令为路径填充颜色，使用“创建新路径”按钮新建路径，最终效果如图7-108所示。

图7-108

【效果所在位置】资源/Ch07/效果/制作音乐节装饰画.psd。

（1）按Ctrl+O组合键，打开“资源>Ch07>素材>制作音乐节装饰画”中的01、02文件。选择移动工具，将02图片拖曳到01图像窗口中适当的位置，效果如图7-109所示。“图层”面板中会生成新的图层，将其命名为“耳机”。

（2）新建图层并将其命名为“线条1”。将前景色设为红色（R:229，G:52，B:63）。选择钢笔工具，在属性栏中的“选择工具模式”下拉列表中选择“路径”选项，单击以绘制路径，效果如图7-110所示。单击“路径”面板下方的“用前景色填充路径”按钮，填充路径，效果如图7-111所示。

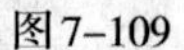
图7-109

图7-110

图7-111

（3）单击“路径”面板下方的“创建新路径”按钮，在“路径”面板中生成“路径1”路径，如图7-112所示。将前景色设为绿色（R:147，G:197，B:46）。选择钢笔工具，单击以绘制路径，效果如图7-113所示。单击“路径”面板下方的“用前景色填充路径”按钮，填充路径，效果如图7-114所示。

图7-112

图7-113

图7-114

（4）单击“路径”面板下方的“创建新路径”按钮，在“路径”面板中生成“路径2”路径，如图7-115所示。将前景色设为黄色（R:248，G:232，B:145）。选择钢笔工具，单击以绘制路径，效果如图7-116所示。单击“路径”面板下方的“用前景色填充路径”按钮，填充路径，效果如图7-117所示。

（5）按Ctrl+O组合键，打开“资源>Ch07>素材>制作音乐节装饰画”中的03文件。选择移动工具，将03图片拖曳到01图像窗口中适当的位置，效果如图7-118所示。在“图层”面板中生成新的图层并将其命名为“装饰”。音乐节装饰画制作完成。

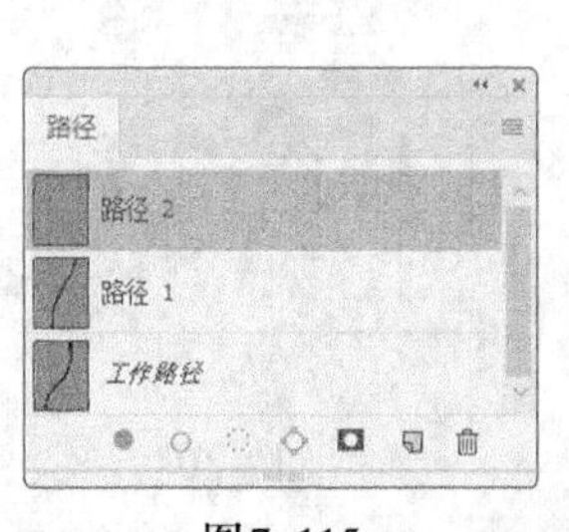

图7-115

图7-116

图7-117

图7-118

7.2.9 “路径”面板

绘制一条路径，选择“窗口>路径”命令，打开“路径”面板，如图7-119所示。单击面板右上方的图标，弹出下拉菜单，如图7-120所示。在面板的底部有7个工具按钮，如图7-121所示。

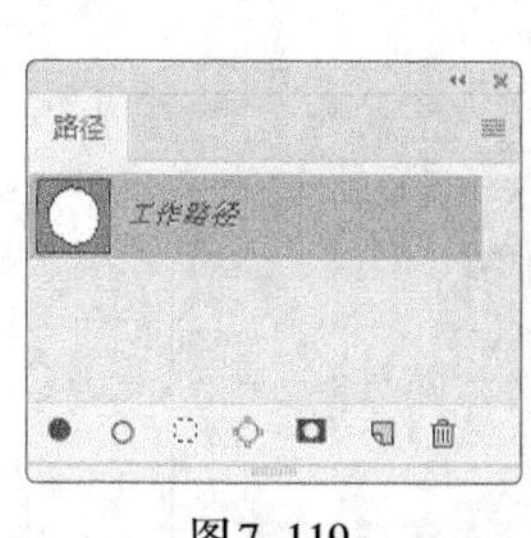

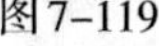

图7-119

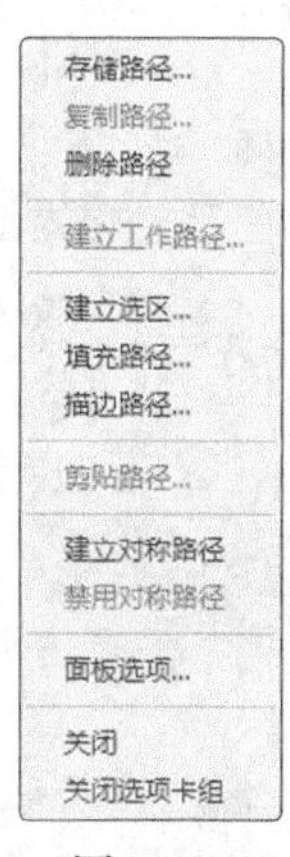

图7-120

图7-121

“用前景色填充路径”按钮：单击此按钮，将对当前选中的路径进行填充，填充的对象包括当前路径的所有子路径及不连续的路径线段。如果选定了路径中的一部分，“路径”面板菜单中的“填充路径”命令将变为“填充子路径”命令。如果被填充的路径为开放路径，Photoshop CC 2019将自动把路径的两个端点用直线段连接然后进行填充。如果只有一条开放的路径，则不能进行填充。按住Alt键的同时单击此按钮，将打开“填充路径”对话框。

“用画笔描边路径”按钮：单击此按钮，系统将使用当前的颜色和当前在“描边路径”对话框中设定的工具对路径进行描边。按住Alt键的同时单击此按钮，将打开“描边路径”对话框。

“将路径作为选区载入”按钮：单击此按钮，将把当前路径所圈选的范围转换为选区。按住Alt键的同时单击此按钮，将打开“建立选区”对话框。

“从选区生成工作路径”按钮：单击此按钮，将把当前的选区转换成路径。按住Alt键的同时单击此按钮，将打开“建立工作路径”对话框。

“添加图层蒙版”按钮：用于为当前图层添加蒙版。

“创建新路径”按钮：单击此按钮，可以创建一个新的路径。按住Alt键的同时单击此按钮，将打开“新建路径”对话框。

“删除当前路径”按钮：用于删除当前路径。可以直接拖曳“路径”面板中的一个路径到此按钮上，将路径删除。

7.2.10 新建路径

使用面板菜单：单击“路径”面板右上方的图标，弹出下拉菜单，选择“新建路径”命令，打开“新建路径”对话框，如图7-122所示。

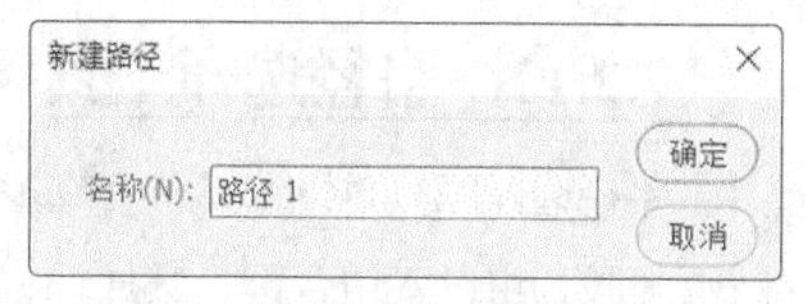

图7-122

“名称”文本框：用于设定新图层的名称。

使用面板按钮或快捷键：单击“路径”面板下方的“创建新路径”按钮，可以创建一个新路径。按住Alt键的同时，单击“创建新路径”按钮，将打开“新建路径”对话框，设置完成后，单击“确定”按钮即可完成新路径的创建。

7.2.11　复制、删除、重命名路径

1. 复制路径

使用菜单命令复制路径：单击“路径”面板右上方的图标，弹出下拉菜单，选择“复制路径”命令，打开“复制路径”对话框，如图7-123所示。在“名称”文本框中设置复制路径的名称，单击“确定”按钮，“路径”面板如图7-124所示。

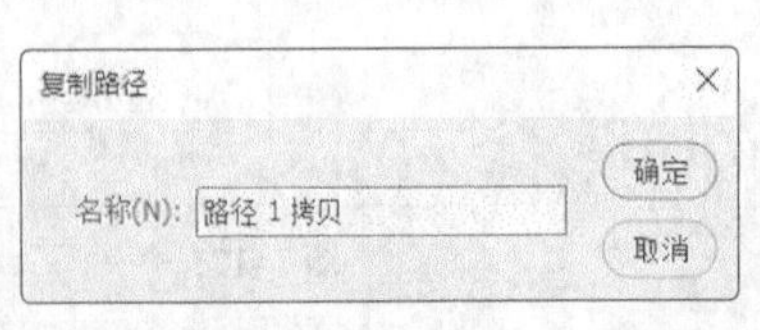

图7-123

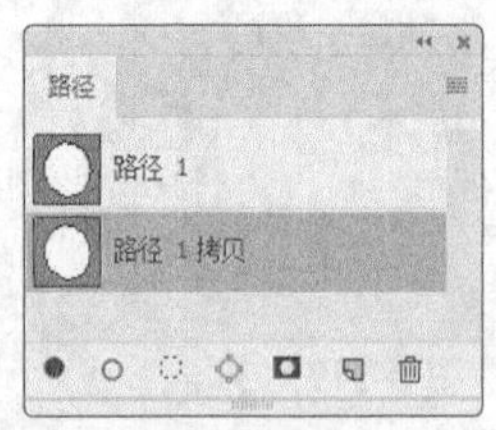

图7-124

使用按钮复制路径：在“路径”面板中，将需要复制的路径拖曳到下方的“创建新路径”按钮上，即可将所选的路径复制出一个新路径。

2. 删除路径

使用菜单命令删除路径：单击“路径”面板右上方的图标，弹出下拉菜单，选择“删除路径”命令，将路径删除。

使用按钮删除路径：在“路径”面板中选择需要删除的路径，单击面板下方的“删除当前路径”按钮，将选择的路径删除。

3. 重命名路径

双击“路径”面板中的路径名，出现重命名路径文本框，如图7-125所示。在文本框中输入名称后按Enter键确认即可，如图7-126所示。

图7-125

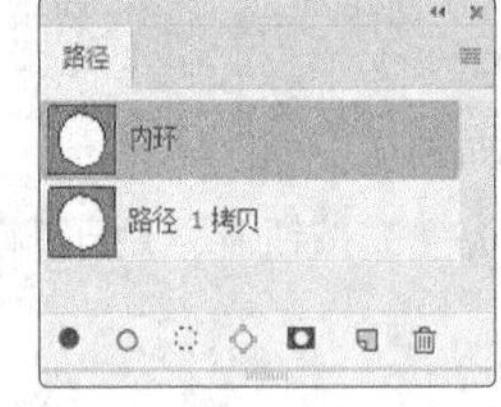

图7-126

7.2.12　路径选择工具

路径选择工具可以选择单个或多个路径，同时还可以用来组合、对齐和分布路径。选择路径选择工具，或反复按Shift+A组合键，其属性栏如图7-127所示。

图7-127

7.2.13　直接选择工具

直接选择工具用于移动路径中的锚点或线段，还可以用于调整控制手柄和控制点。路径的原始效果如图7-128所示。选择直接选择工具，拖曳路径中的锚点来改变路径的弧度，如图7-129所示。

图7-128

图7-129

7.2.14　填充路径

在图像中创建路径，如图7-130所示。单击“路径”面板右上方的图标，在弹出的菜单中选择“填充路径”命令，打开“填充路径”对话框，如图7-131所示。设置完成后，单击“确定”按钮，用前景色填充路径的效果如图7-132所示。

图7-130

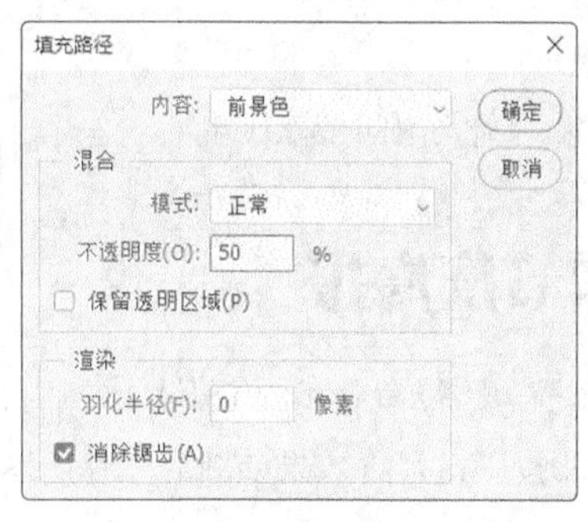

图7-131

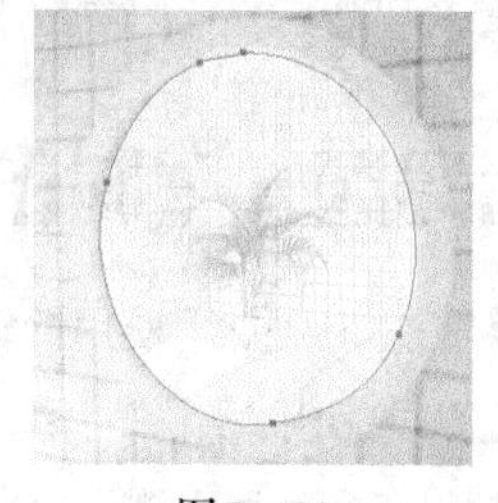

图7-132

单击“路径”面板下方的“用前景色填充路径”按钮，也可填充路径。按Alt键的同时，单击“用前景色填充路径”按钮，将打开“填充路径”对话框，设置完成后，单击“确定”按钮即可。

7.2.15　描边路径

在图像中创建路径，如图7-133所示。单击“路径”面板右上方的图标，在弹出的菜单中选择“描边路径”命令，打开“描边路径”对话框，选择“工具”下拉列表中的“画笔”工具，如图7-134所示。此下拉列表中共有19种工具可供选择，如果当前在工具箱中已经选择了“画笔”工具，该工具将自动设置在此处。另外，在画笔工具属性栏中设定的画笔类型也将直接影响此处的描边效果。设置好后，单击“确定”按钮，描边路径的效果如图7-135所示。

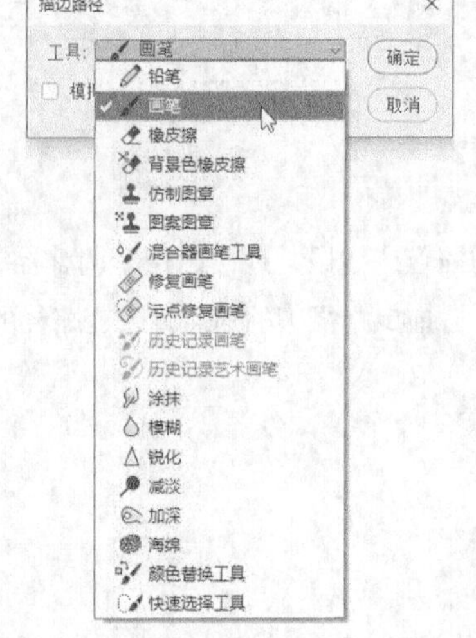

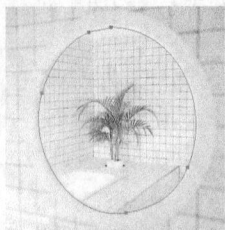

图7-133　　图7-134　　图7-135

单击“路径”面板下方的“用画笔描边路径”按钮◎，也可描边路径。按住Alt键的同时，单击“用画笔描边路径”按钮◎，将打开“描边路径”对话框，设置完成后，单击“确定”按钮即可。

课堂练习——制作结婚请柬

【练习知识要点】使用钢笔工具、添加锚点工具和转换点工具绘制路径，使用椭圆选框工具、“羽化”命令和“自由变换”命令制作投影，最终效果如图7-136所示。

【效果所在位置】资源/Ch07/效果/制作结婚请柬.psd。

图7-136

课后习题——制作中秋节庆海报

【习题知识要点】使用钢笔工具、描边路径命令和画笔工具绘制背景形状和装饰线条，使用图层样式添加内阴影和投影，最终效果如图7-137所示。

【效果所在位置】资源/Ch07/效果/制作中秋节庆海报.psd。

图7-137

第8章

调整图像的色彩和色调

本章介绍

本章主要介绍调整图像色彩和色调的多种命令。通过对本章的学习，读者可以根据需要使用多种调整命令对图像的色彩或色调进行细微的调整，还可以对图像进行特殊颜色的处理。

课堂学习目标

- 掌握调整图像色彩与色调的方法
- 掌握特殊颜色的处理技巧

8.1 调整图像色彩与色调

调整图像的色彩与色调是Photoshop CC 2019的强项，也是用户必须掌握的一项技能。在实际的设计工作中经常会用到这项技能。

8.1.1 课堂案例——修正详情页主图中偏色的图片

【案例学习目标】使用调色命令调整图像的色调。

【案例知识要点】使用“色相/饱和度”命令调整图像的色调，最终效果如图8-1所示。

图8-1

【效果所在位置】资源/Ch08/效果/修正详情页主图中偏色的图片.psd。

（1）按Ctrl+N组合键，打开“新建文档”对话框，设置“宽度”为800像素、“高度”为800像素、“分辨率”为72像素/英寸、“颜色模式”为RGB、“背景内容”为白色，单击“创建”按钮，新建一个文件。

（2）按Ctrl+O组合键，打开“资源>Ch08>素材>修正详情页主图中偏色的图片”中的01文件，如图8-2所示。选择移动工具，将其拖曳到新建的图像窗口中适当的位置，“图层”面板中会生成新的图层，将其命名为“包包”，如图8-3所示。选择“图像>调整>色相/饱和度”命令，在打开的对话框中进行设置，如图8-4所示。

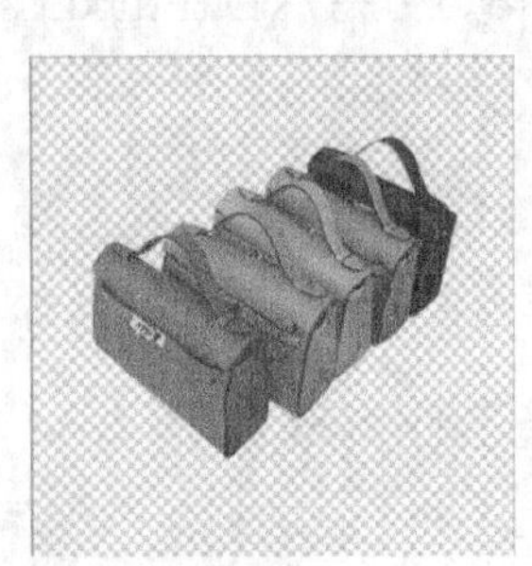

图8-2

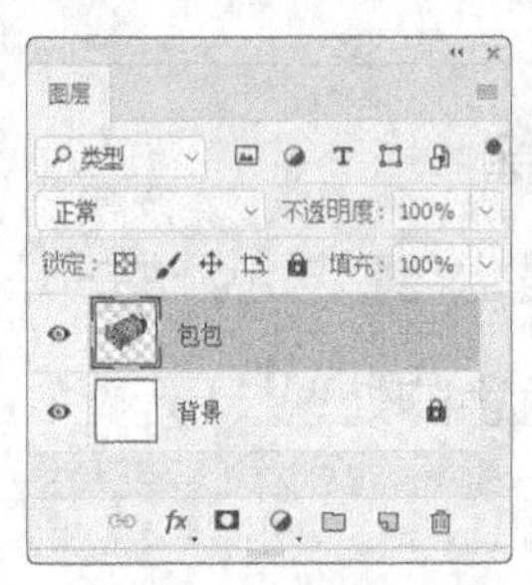

图8-3

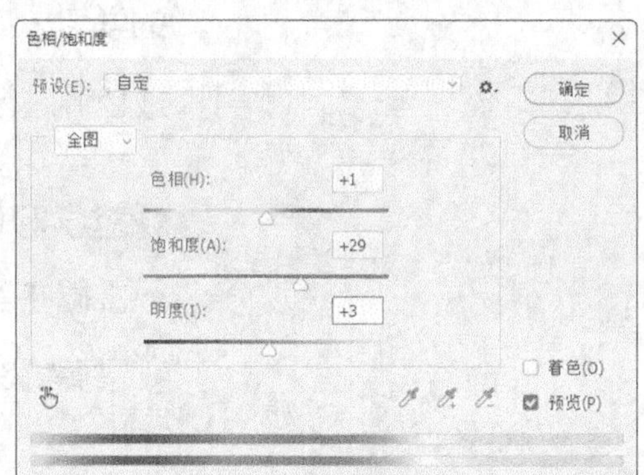

图8-4

（3）在“颜色”下拉列表中选择“红色”选项，对图像中的红色进行调整，如图8-5所示。在“颜色”下拉列表中选择“黄色”选项，对图像中的黄色进行调整，如图8-6所示。

（4）在“颜色”下拉列表中选择“青色”选项，对图像中的青色进行调整，如图8-7所示。在“颜色”下拉列表中选择“蓝色”选项，对图像中的蓝色进行调整，如图8-8所示。

图8-5

（5）在“颜色”下拉列表中选择“洋红”选项，对图像中的洋红色进行调整，如图8-9所示。单击“确定”按钮，效果如图8-10所示。

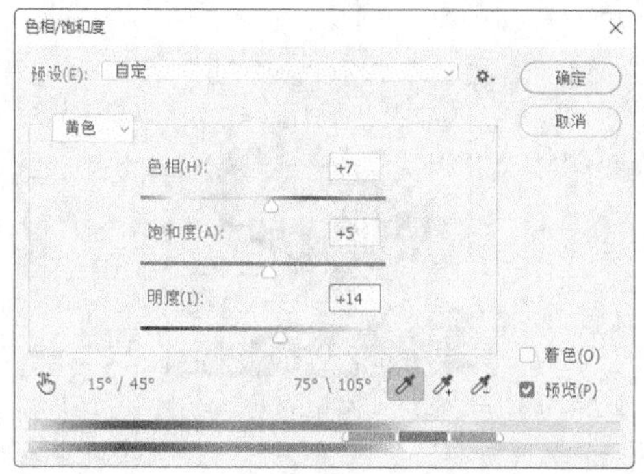

图8-6

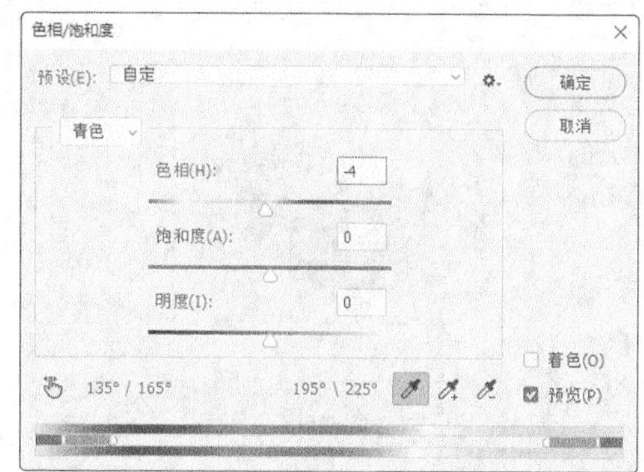

图8-7

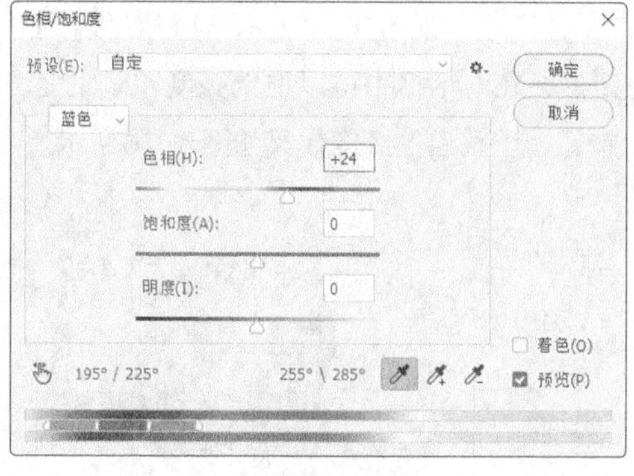

图8-8

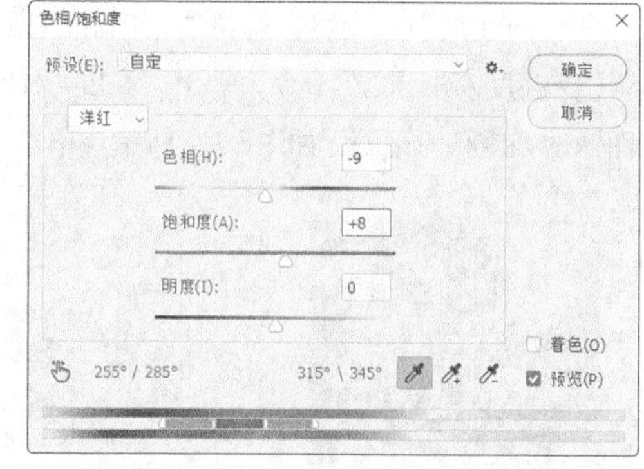

图8-9

图8-10

（6）单击“图层”面板下方的“添加图层样式”按钮，在弹出的菜单中选择“投影”命令。打开“图层样式”对话框，设置投影颜色为黑色，其他选项的设置如图8-11所示。单击“确定”按钮，效果如图8-12所示。

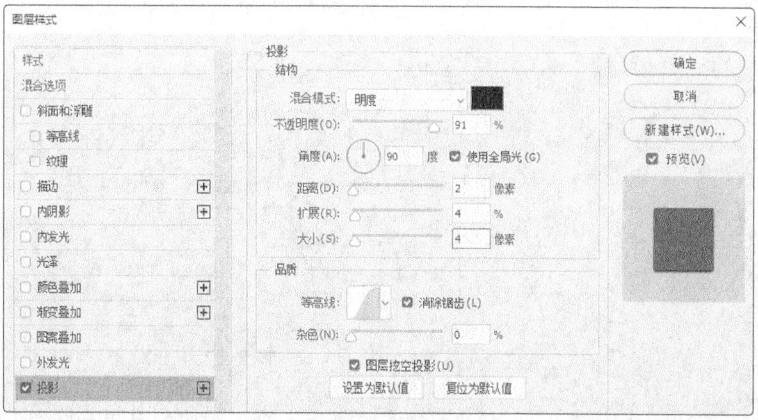

图8-11

（7）按Ctrl+O组合键，打开“资源>Ch08>素材>修正详情页主图中偏色的图片”中的02文件。选择移动工具[+]，将02图像拖曳到新建的图像窗口中适当的位置，效果如图8-13所示。“图层”面板中会生成新的图层，将其命名为“文字”。详情页主图中偏色的图片修正完成。

图8-12

图8-13

8.1.2 亮度/对比度

“亮度/对比度”命令可以调整整个图像的亮度和对比度。打开一张图片，如图8-14所示。选择“图像>调整>亮度/对比度”命令，弹出“亮度/对比度”对话框，在对话框中可以拖曳亮度和对比度滑块来调整图像的亮度和对比度，如图8-15所示。单击“确定”按钮，调整后的图像效果如图8-16所示。

图8-14

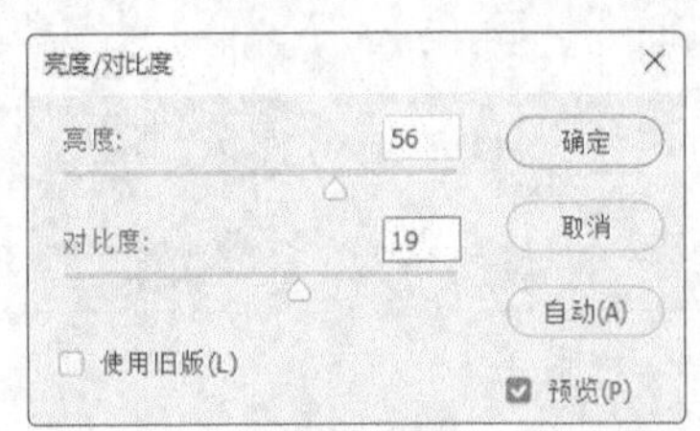

图8-15

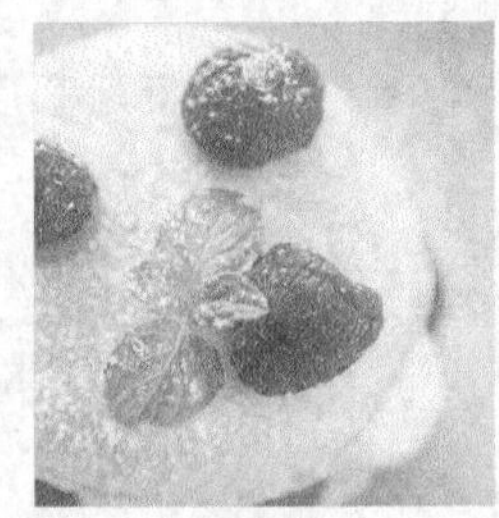

图8-16

8.1.3 色彩平衡

选择“图像>调整>色彩平衡”命令，或按Ctrl+B组合键，弹出“色彩平衡”对话框，如图8-17所示。

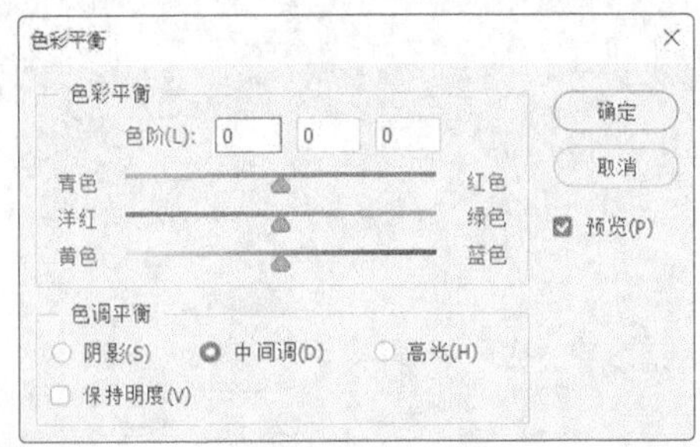

图8-17

色彩平衡：用于添加过渡色来平衡色彩效果，拖曳滑块可以调整整个图像的色彩，也可以在“色阶”数值框中直接输入数值调整图像的色彩。色调平衡：用于选取图像的阴影、中间调和高光。保持明度：用于保持原图像的明度。

设置不同的色彩平衡值，如图8-18所示。

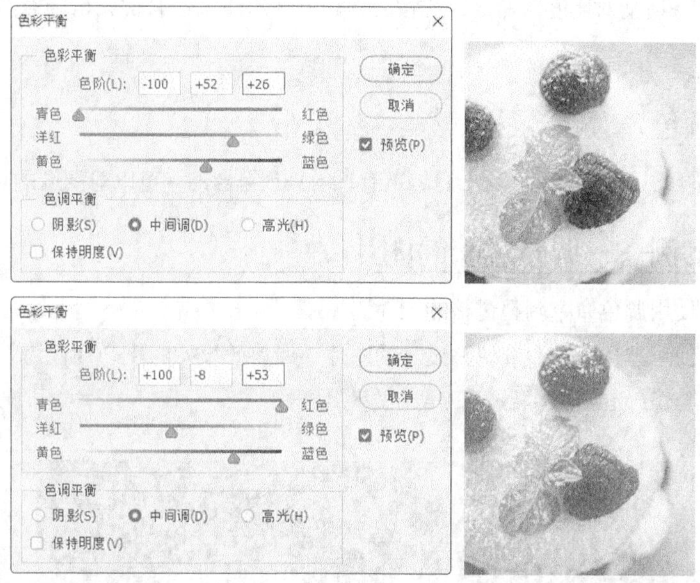

图8-18

8.1.4　反相

选择“图像>调整>反相”命令，或按Ctrl+I组合键，可以将图像或选区的像素反转为其补色，使其出现底片效果。不同颜色模式的图像反相后的效果如图8-19所示。

提示

反相效果是对图像的每一个色彩通道进行反相后的合成效果，不同颜色模式的图像反相后的效果是不同的。

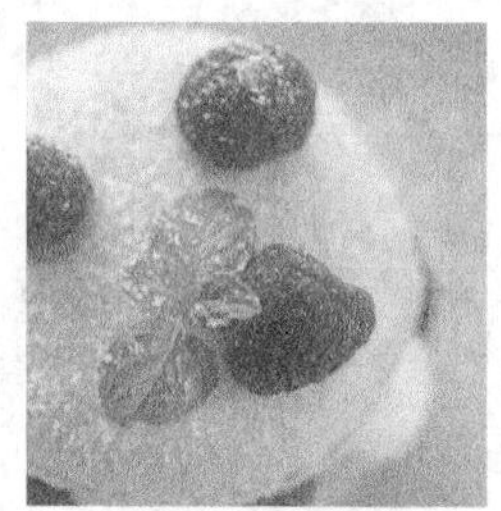
原始图像效果

RGB颜色模式反相后的效果

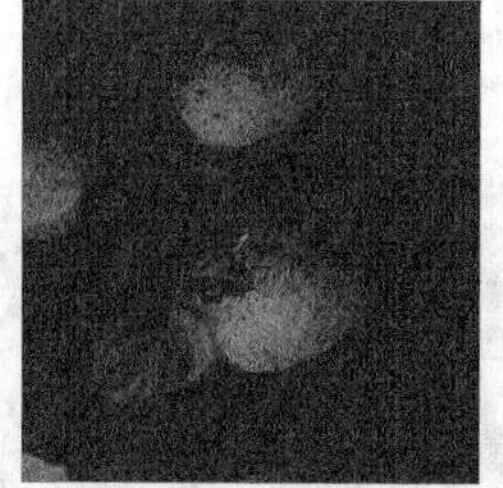
CMYK颜色模式反相后的效果

图8-19

8.1.5　自动色调

选择“图像>调整>自动色调”命令，或按Shift+Ctrl+L组合键，可以对图像的色调进行自动调整。

8.1.6 自动对比度

选择“图像>调整>自动对比度”命令，或按Alt+Shift+Ctrl+L组合键，可以对图像的对比度进行自动调整。

8.1.7 自动颜色

选择“图像>调整>自动颜色”命令，或按Shift+Ctrl+B组合键，可以对图像的色彩进行自动调整。

8.1.8 课堂案例——调整过暗的图片

【案例学习目标】使用调色命令调整过暗的图片。

【案例知识要点】使用“色阶”命令调整过暗的图片，最终效果如图8-20所示。

【效果所在位置】资源/Ch08/效果/调整过暗的图片.psd。

图8-20

（1）按Ctrl+O组合键，打开“资源>Ch08>素材>调整过暗的图片”中的01文件，如图8-21所示。

（2）选择“图像>调整>色阶”命令，在弹出的对话框中进行设置，如图8-22所示。单击“确定”按钮，效果如图8-23所示。

图8-21

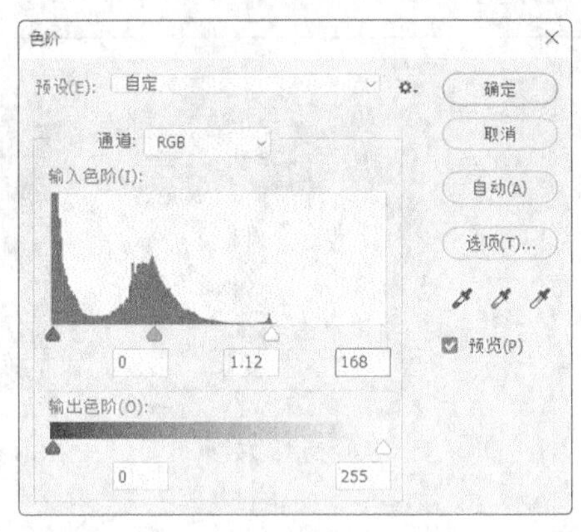

图8-22

（3）按Ctrl+O组合键，打开“资源>Ch08>素材>调整过暗的图片”中的02文件。选择移动工具，将02图片拖曳到01图像窗口中适当的位置，效果如图8-24所示。“图层”面板中会生成新的图层，将其命名为“文字”。过暗的图片调整完成。

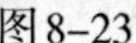

图8-23

图8-24

8.1.9　色阶

打开一幅图像，如图8-25所示。选择“图像>调整>色阶”命令，或按Ctrl+L组合键，打开“色阶”对话框，如图8-26所示。对话框中间是一个直方图，其横坐标表示亮度值，取值范围为0~255，纵坐标为图像的像素数。

图8-25

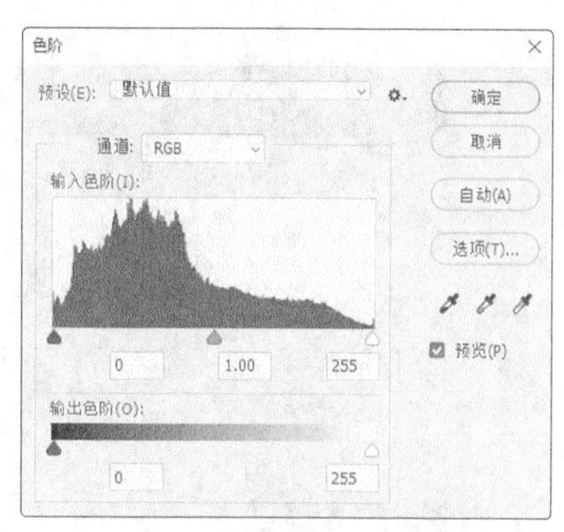

图8-26

通道：可以从其下拉列表中选择不同的颜色通道调整图像，如果想选择两个以上的颜色通道，要先在“通道”面板中选择所需要的通道，再调出“色阶”对话框。

输入色阶：控制图像选定区域的最暗和最亮色彩，可输入数值或拖曳三角形滑块来调整图像。左侧的数值框和黑色滑块用于调整黑色，图像中低于该亮度值的所有像素将变为黑色。中间的数值框和灰色滑块用于调整灰度，其数值范围为0.01~9.99。1.00为中间灰度，数值大于1.00时，将降低图像中间灰度，小于1.00时，将提高图像中间灰度。右侧的数值框和白色滑块用于调整白色，图像中高于该亮度值的所有像素将变为白色。

调整“输入色阶”选项的3个滑块后，图像将产生不同的色彩效果，如图8-27所示。

输出色阶：可以通过输入数值或拖曳三角形滑块的方式来控制图像的亮度范围。左侧数值框和黑色滑块用于调整图像的最暗像素的亮度。右侧数值框和白色滑块用于调整图像的最亮像素的亮度。调整输出色阶将增加图像的灰度，降低图像的对比度。

调整“输出色阶”选项的两个滑块后，图像将产生不同的色彩效果，如图8-28所示。

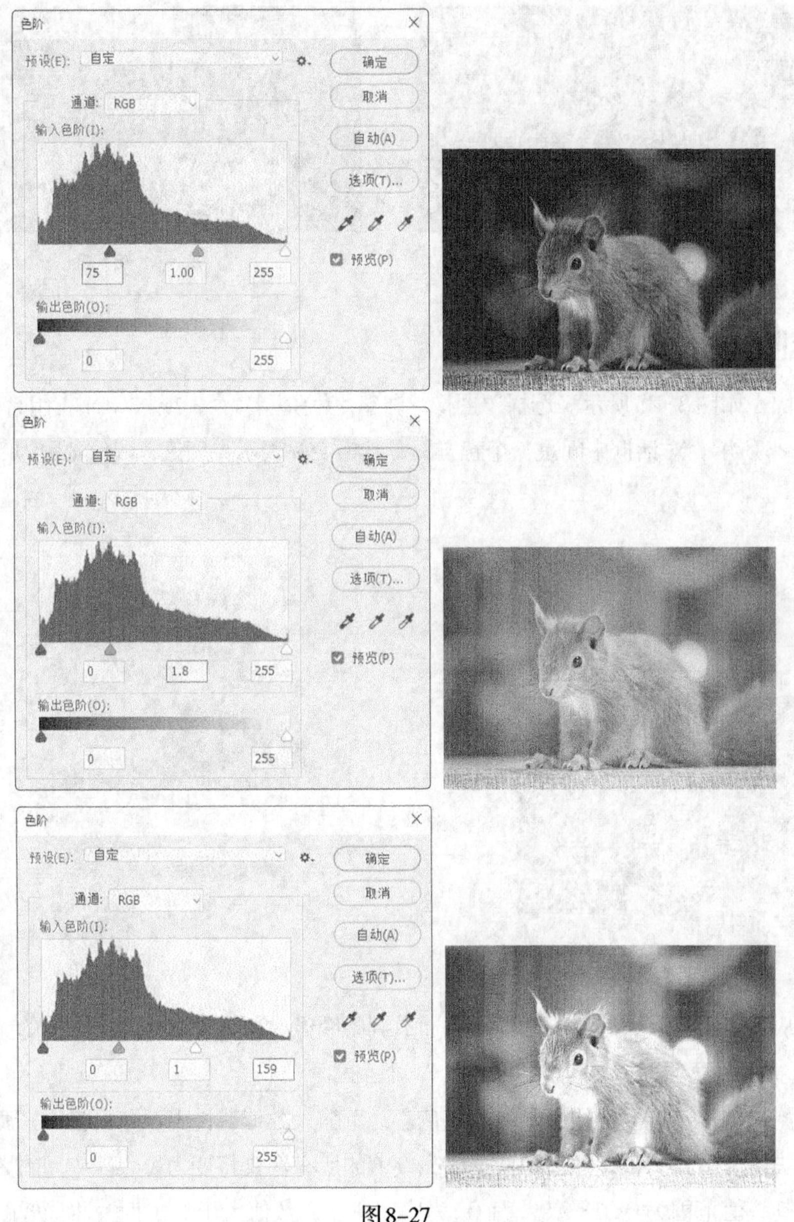

图 8–27

自动(A)：可自动调整图像并设置层次。选项(T)...：单击此按钮，弹出“自动颜色校正选项”对话框，可以对图像进行加亮或调暗操作。取消：按住Alt键，该按钮转换为复位按钮，单击此按钮可以将调整过的色阶还原，可以重新进行设置。

：分别为黑色吸管工具、灰色吸管工具和白色吸管工具。选中黑色吸管工具，在图像中单击，图像中暗于单击点的所有像素都会变为黑色；用灰色吸管工具在图像中单击，可以校正偏色；用白色吸管工具在图像中单击，图像中亮于单击点的所有像素都会变为白色。双击任意吸管工具，在弹出的颜色选择对话框中设置吸管颜色。

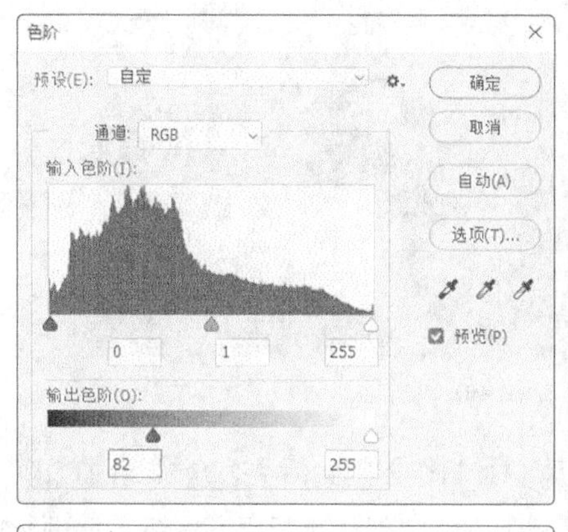

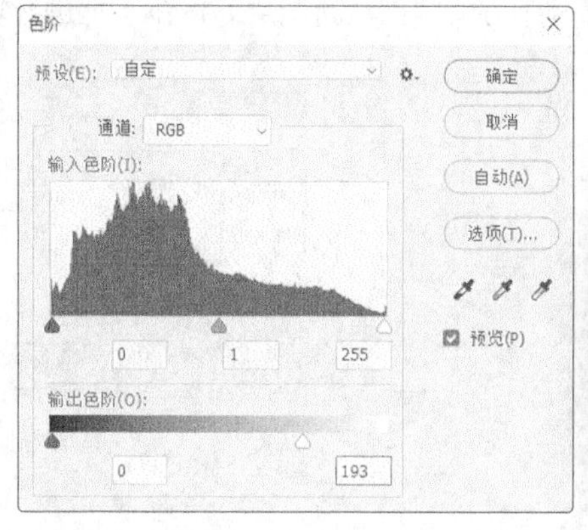

图8-28

8.1.10　色调均化

"色调均化"命令用于调整图像或选区像素的过黑部分，使图像变得明亮，并将图像中其他的像素平均分配在亮度色谱中。选择"图像>调整>色调均化"命令，在不同的颜色模式下图像将产生不同的效果，如图8-29所示。

原始图像效果

RGB色调均化的效果

CMYK色调均化的效果

Lab色调均化的效果

图8-29

8.1.11　课堂案例——制作休闲生活类公众号封面首图

【案例学习目标】使用调色命令调整图片的颜色。

【案例知识要点】使用"自动色调"命令和"色调均化"命令调整图片的颜色，最终效果如图8-30所示。

【效果所在位置】资源/Ch08/效果/制作休闲生活类公众号封面首图.psd。

图8-30

（1）按Ctrl+O组合键，打开“资源>Ch08>素材>制作休闲生活类公众号封面首图”中的01文件，如图8-31所示。将“背景”图层拖曳到“图层”面板下方的“创建新图层”按钮上进行复制，生成新的图层“背景 拷贝”，如图8-32所示。

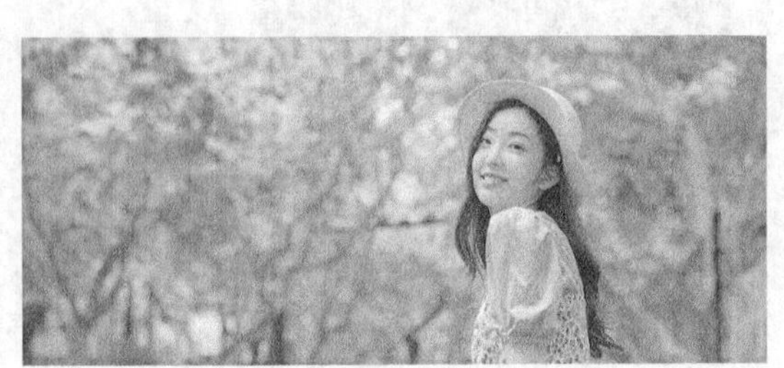

图8-31

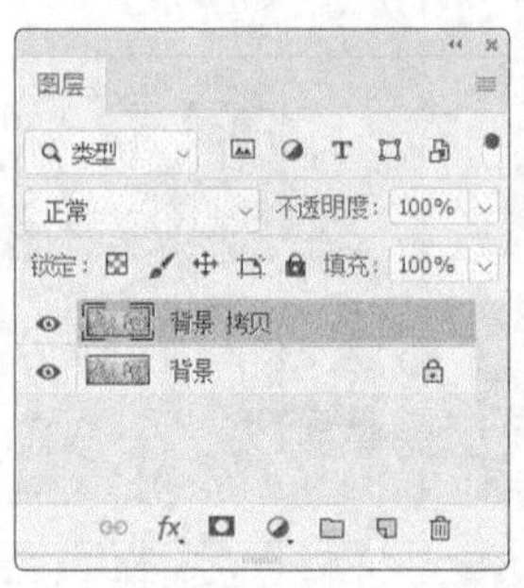

图8-32

（2）选择“图像>自动色调”命令，调整图像的色调，效果如图8-33所示。选择“图像>调整>色调均化”命令，调整图像，效果如图8-34所示。

图8-33

图8-34

（3）按Ctrl+O组合键，打开“资源>Ch08>素材>制作休闲生活类公众号封面首图”中的02文件。选择移动工具，将02图片拖曳到01图像窗口中适当的位置，效果如图8-35所示。“图层”面板中会生成新的图层，将其命名为“文字”。休闲生活类公众号封面首图制作完成。

图8-35

8.1.12　曲线

“曲线”命令可以通过调整图像色彩曲线来改变图像的色彩范围。

打开一幅图像，如图8-36所示。选择“图像>调整>曲线”命令，或按Ctrl+M组合键，打开“曲线”对话框，如图8-37所示。在图像中单击，如图8-38所示，对话框的图表上会出现一个圆圈，*x*轴为色彩的输入值，*y*轴为色彩的输出值，如图8-39所示。

图8-36

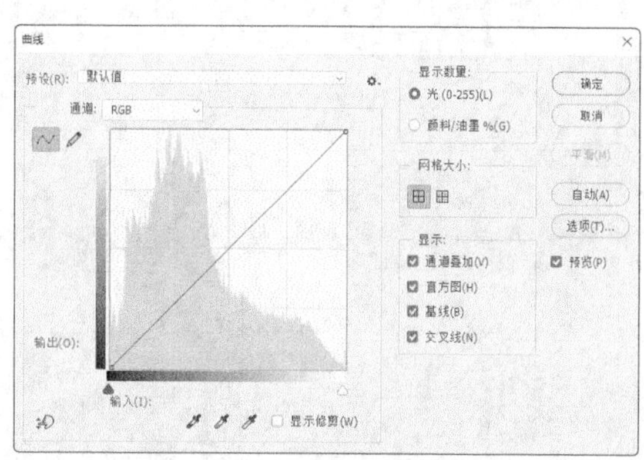

图8-37

图8-38

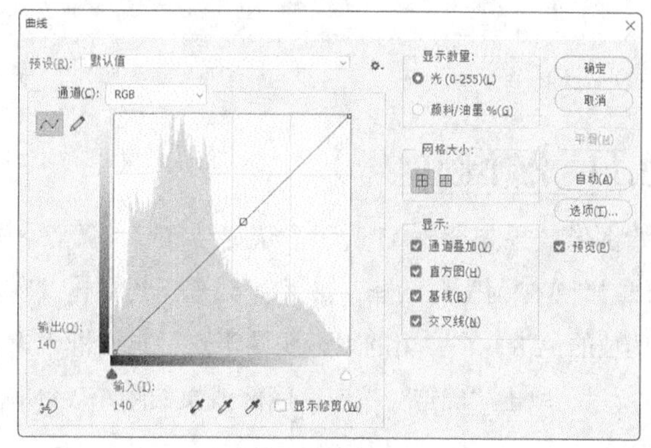

图8-39

通道：可以选择图像的颜色调整通道。：可以改变曲线的形状，添加或删除控制点。输入/输出：显示调整前和调整后的亮度值。显示数量：可以选择图表的显示方式。网格大小：可以选择图表中网格的显示大小。显示：可以选择图表的显示内容。自动(A)：可以自动调整图像的亮度。

下面为调整曲线后不同的图像效果，如图8-40所示。

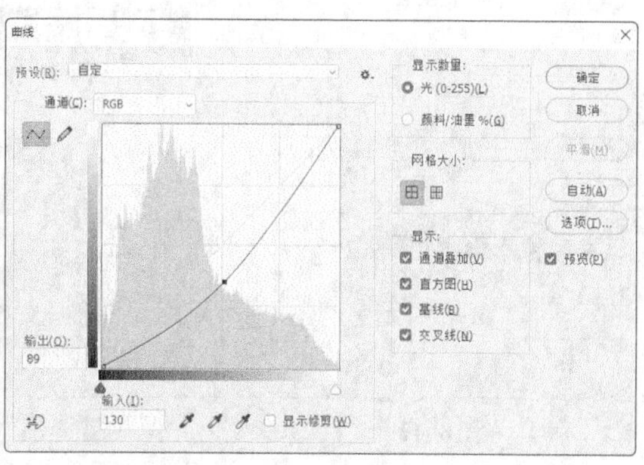

图8-40

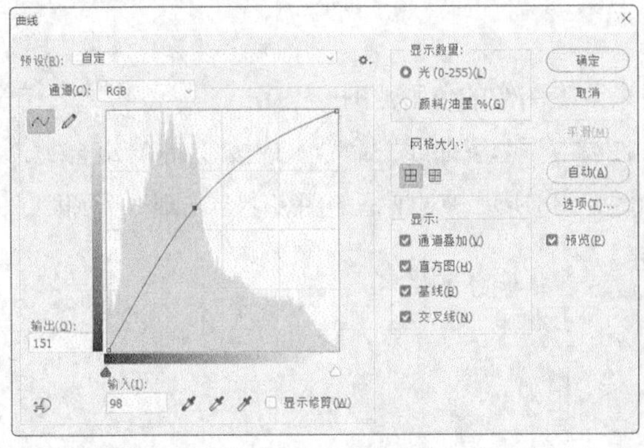

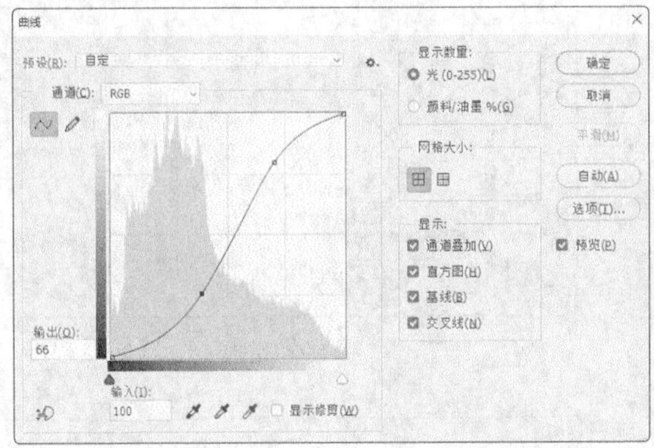

图8-40（续）

8.1.13 渐变映射

图8-41

原始图像效果如图8-41所示。选择“图像>调整>渐变映射”命令，弹出“渐变映射”对话框，如图8-42所示。单击“灰度映射所用的渐变”选项的色带，在弹出的“渐变编辑器”对话框中设置渐变色，如图8-43所示。单击“确定”按钮，图像效果如图8-44所示。

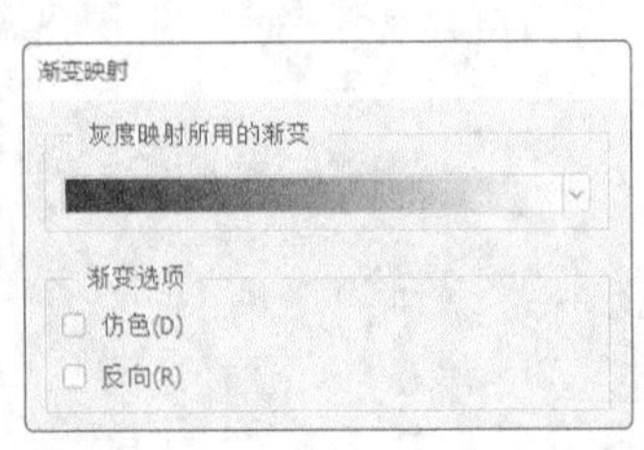

图8-42

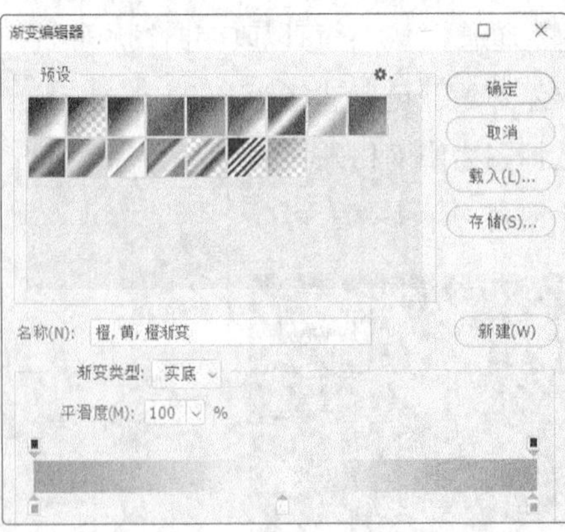

图8-43

图8-44

灰度映射所用的渐变：用于选择不同的渐变形式。仿色：用于为转变色阶后的图像增加仿色。反向：用于反转转变色阶后的图像颜色。

8.1.14　阴影/高光

图像的原始效果如图8-45所示。选择“图像>调整>阴影/高光”命令，弹出“阴影/高光”对话框，在对话框中进行设置，如图8-46所示。单击“确定”按钮，效果如图8-47所示。

图8-45

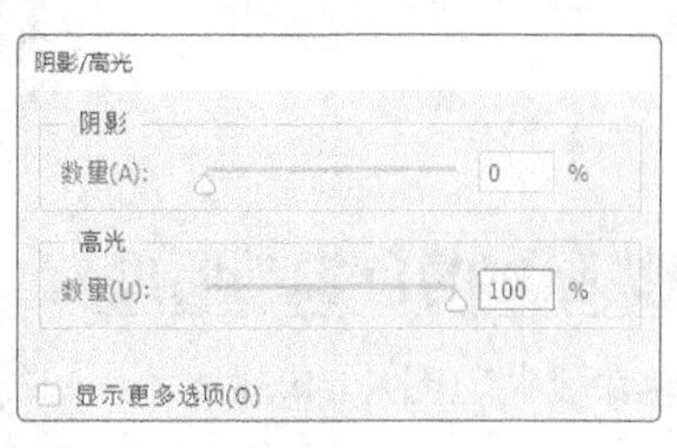

图8-46

图8-47

8.1.15　色相/饱和度

原始图像效果如图8-48所示。选择“图像>调整>色相/饱和度”命令，或按Ctrl+U组合键，弹出“色相/饱和度”对话框，在对话框中进行设置，如图8-49所示。单击“确定”按钮，效果如图8-50所示。

图8-48

图8-49

图8-50

预设：用于选择要调整的色彩范围，可以拖曳各选项中的滑块来调整图像的色相、饱和度和明度。着色：用于在由灰度模式转化而来的颜色模式图像中添加需要的颜色。

原始图像效果如图8-51所示。在“色相/饱和度”对话框中进行设置，勾选“着色”复选框，如图8-52所示。单击“确定”按钮后图像效果如图8-53所示。

图8-51

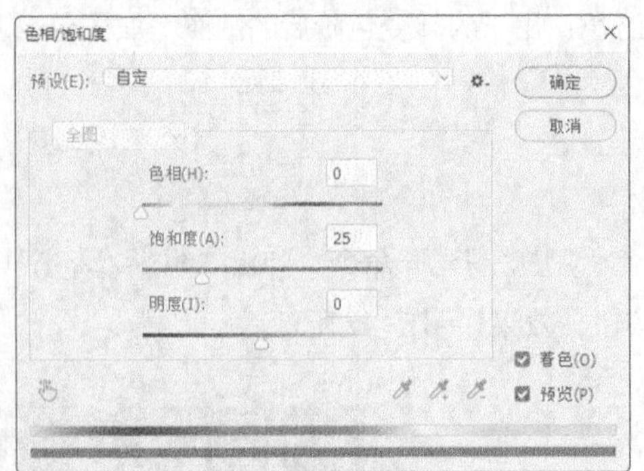

图8-52

图8-53

8.1.16 课堂案例——调整照片的色彩与明度

【案例学习目标】使用不同的调色命令调整图片的颜色，使用绘图工具绘制图形。

【案例知识要点】使用“可选颜色”命令和“曝光度”命令调整图片的颜色，使用画笔工具绘制星形，最终效果如图8-54所示。

【效果所在位置】资源/Ch08/效果/调整照片的色彩与明度.psd。

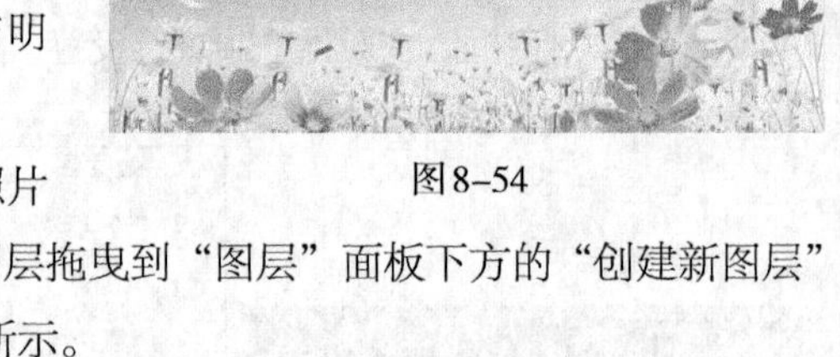

图8-54

（1）按Ctrl+O组合键，打开“资源>Ch08>素材>调整照片的色彩与明度”中的01文件，如图8-55所示。将“背景”图层拖曳到“图层”面板下方的“创建新图层”按钮上进行复制，生成新的图层“背景 拷贝”，如图8-56所示。

图8-55

图8-56

（2）选择“图像>调整>可选颜色”命令，在弹出的对话框中进行设置，如图8-57所示。在“颜色”下拉列表中选择“蓝色”选项，具体设置如图8-58所示。在“颜色”下拉列表中选择“青色”选项，具体设置如图8-59所示，单击“确定”按钮。

（3）选择“图像>调整>曝光度”命令，在弹出的对话框中进行设置，如图8-60所示。单击“确定”按钮，效果如图8-61所示。

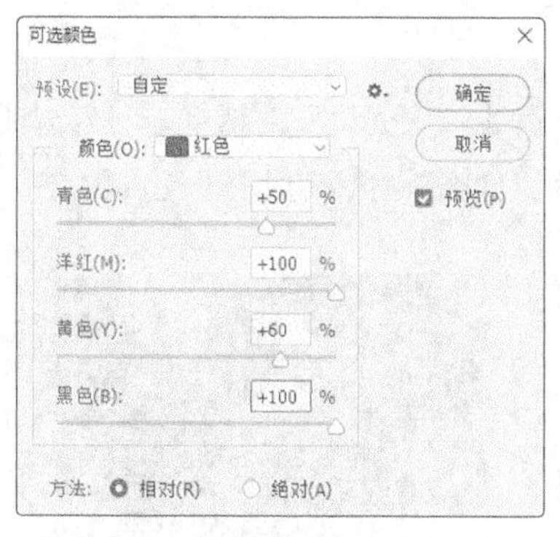

图8-57

图8-58

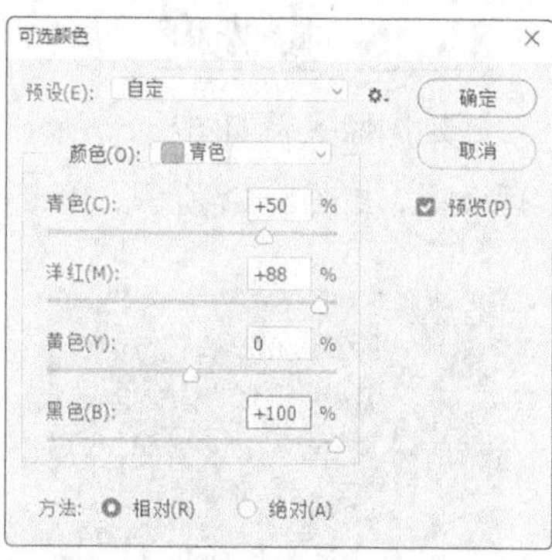

图8-59

（4）按Ctrl+O组合键，打开“资源>Ch08>素材>调整照片的色彩与明度”中的02文件，选择移动工具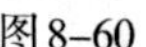，将02图片拖曳到01图像窗口中适当的位置，效果如图8-62所示。“图层”面板中会生成新的图层，将其命名为“星星”。照片的色彩与明度调整完成。

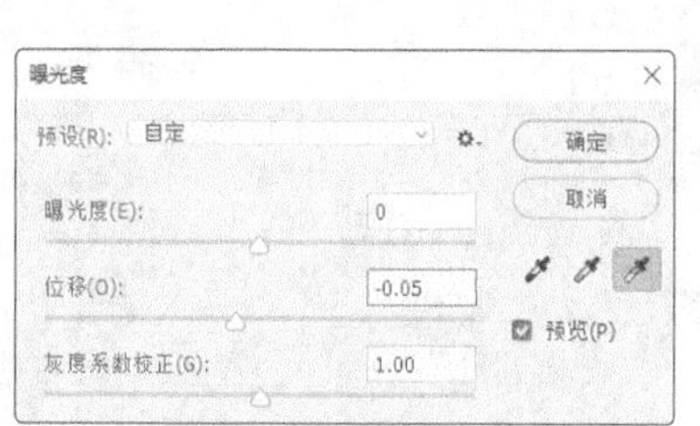

图8-60

图8-61

图8-62

8.1.17 可选颜色

原始图像效果如图8-63所示。选择“图像>调整>可选颜色”命令，弹出“可选颜色”对话框，在对话框中进行设置，如图8-64所示。单击“确定”按钮，调整后的图像效果如图8-65所示。

图8-63

图8-64

图8-65

颜色：在该下拉列表中可以选择图像中含有的不同色彩，可以拖曳滑块或输入数值调整青色、洋红、黄色和黑色的百分比。方法：可以选择调整方法，有“相对”和“绝对”两种。

8.1.18 曝光度

原始图像效果如图8-66所示。选择“图像>调整>曝光度”命令，弹出“曝光度”对话框，对各选项进行设置后如图8-67所示。单击“确定”按钮，即可调整图像的曝光度，如图8-68所示。

图8-66

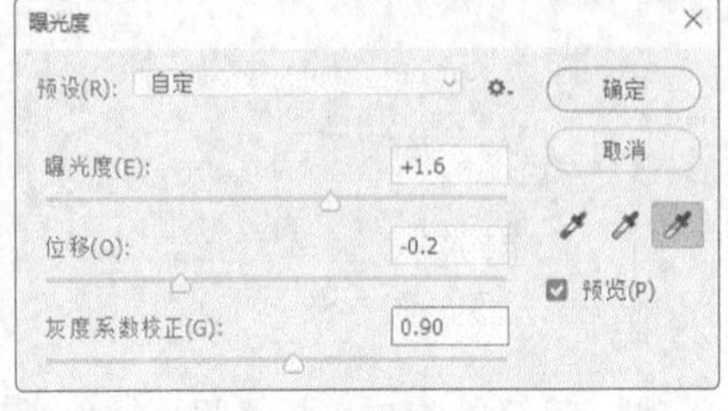

图8-67

图8-68

曝光度：调整色彩范围的高光端，对极限阴影的影响很轻微。位移：使阴影和中间调变暗，对高光的影响很轻微。灰度系数校正：使用乘方函数调整图像灰度系数。

8.1.19 照片滤镜

“照片滤镜”命令用于模仿真实相机的滤镜效果处理图像，调整图片颜色可以获得各种丰富的效果。打开一张图片，选择“图像>调整>照片滤镜”命令，弹出“照片滤镜”对话框，如图8-69所示。

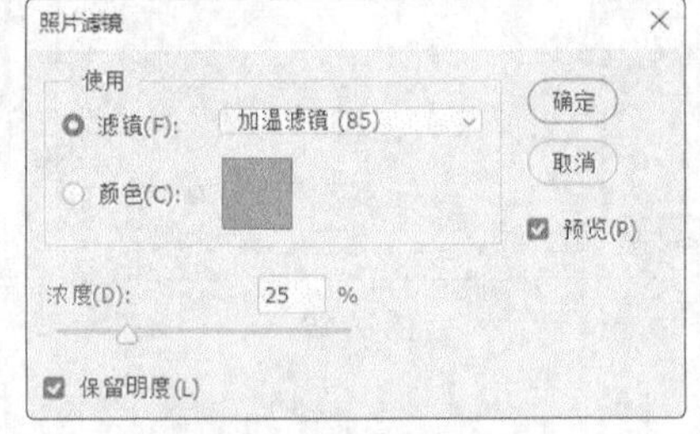

图8-69

滤镜：用于选择颜色调整的过滤模式。颜色：单击右侧的图标，弹出“选择滤镜颜色”对话框，可以在对话框中设置精确颜色并对图像进行过滤。浓度：拖曳此选项的滑块或在数值框中输入值，可设置过滤颜色的百分比。保留明度：勾选此复选框进行调整时，图片的白色部分颜色保持不变；取消勾选此复选框，则图片的全部颜色都随调整而改变，效果如图8-70所示。

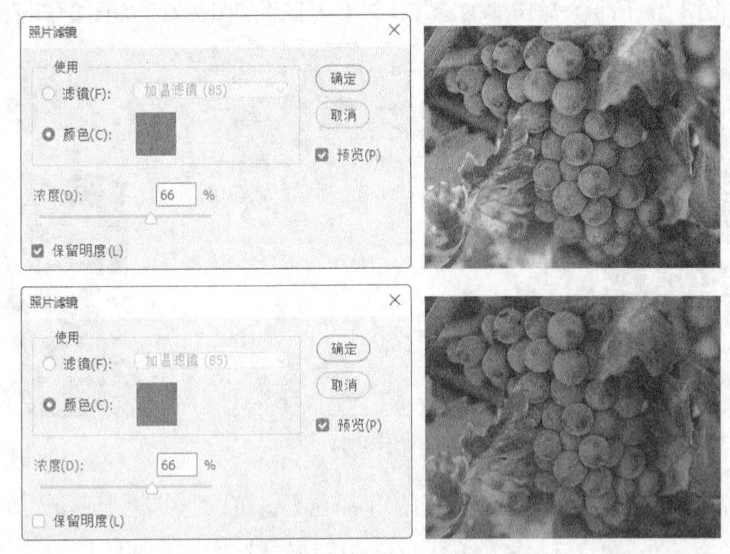

图8-70

8.2 特殊颜色处理

应用特殊颜色处理命令可以使图像产生丰富的变化。

8.2.1 课堂案例——制作旅游出行微信公众号封面首图

【案例学习目标】使用“调整”命令调整图像颜色。

【案例知识要点】使用“通道混合器”命令和“黑白”命令调整图像，最终效果如图8-71所示。

【效果所在位置】资源/Ch08/效果/制作旅游出行微信公众号封面首图.psd。

图8-71

（1）按Ctrl+O组合键，打开“资源>Ch08>素材>制作旅游出行微信公众号封面首图”中的01文件，如图8-72所示。将“背景”图层拖曳到“图层”面板下方的“创建新图层”按钮上进行复制，生成新的图层“背景 拷贝”，如图8-73所示。

图8-72

图8-73

（2）选择“图像>调整>通道混合器”命令，在弹出的对话框中进行设置，如图8-74所示。单击“确定”按钮，效果如图8-75所示。

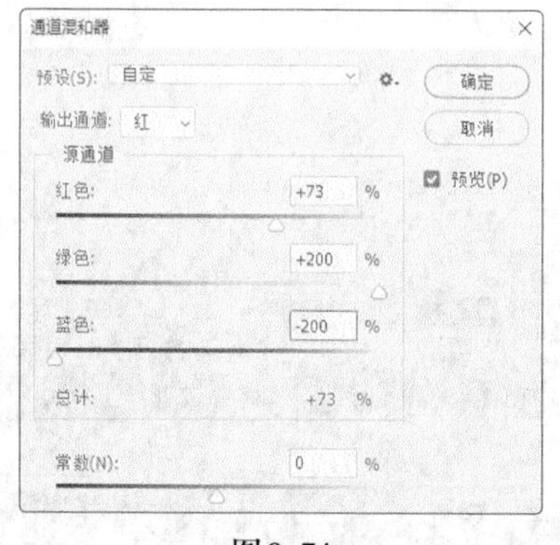

图8-74

图8-75

（3）按Ctrl+J组合键，复制“背景 拷贝”图层，生成新的图层并将其命名为“黑白”。选择“图像>调整>黑白”命令，在弹出的“黑白”对话框中进行设置，如图8-76所示。单击“确定”按钮，效果如图8-77所示。

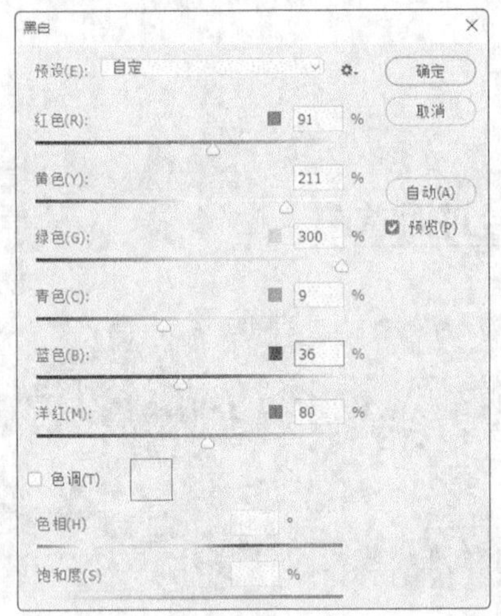

图8-76

图8-77

（4）在“图层”面板上方，将“黑白”图层的混合模式设为“滤色”，如图8-78所示，效果如图8-79所示。

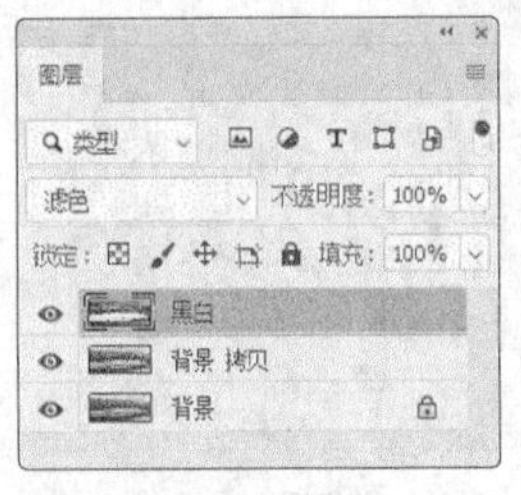

图8-78

图8-79

（5）按住Ctrl键的同时，选择“黑白”图层和“背景 拷贝”图层。按Ctrl+E组合键，合并图层并将其命名为“效果”。选择“图像>调整>色相/饱和度”命令，在弹出的“色相/饱和度”对话框中进行设置，如图8-80所示。单击“确定”按钮，效果如图8-81所示。

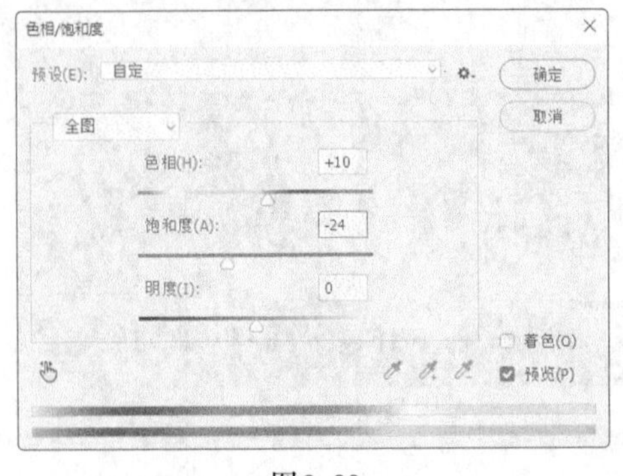

图8-80

图8-81

（6）按Ctrl + O组合键，打开“资源>Ch08>素材>制作旅游出行微信公众号封面首图”中的02文件。选择移动工具[+]，将02图片拖曳到01图像窗口中适当的位置，效果如图8-82所示。“图层”面板中会生成新的图层，将其命名为“文字”。旅游出行微信公众号封面首图制作完成。

图8-82

8.2.2 去色

选择“图像>调整>去色”命令，或按Shift+Ctrl+ U组合键，可以去掉图像中的色彩，使图像变为灰度图，但图像的颜色模式并不改变。“去色”命令也可以对图像的选区使用，将选区中的图像去色。

8.2.3 阈值

原始图像效果如图8-83所示。选择“图像>调整>阈值”命令，弹出“阈值”对话框，在对话框中拖曳滑块或在“阈值色阶”数值框中输入数值，可以改变图像的阈值，系统将使大于阈值的像素变为白色，小于阈值的像素变为黑色，使图像具有高度反差，如图8-84所示。单击“确定”按钮，调整后的图像效果如图8-85所示。

图8-83

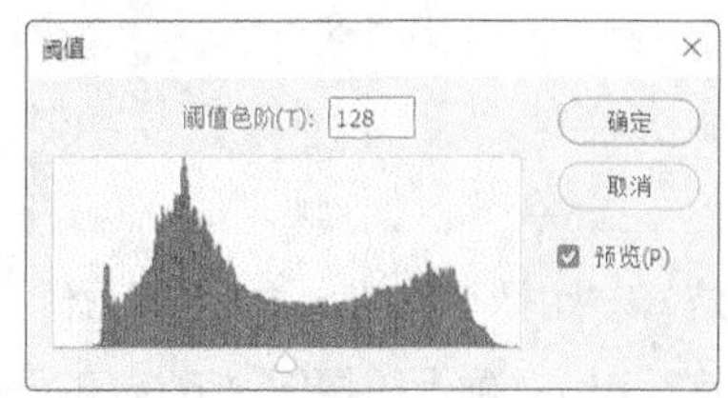

图8-84

图8-85

8.2.4 色调分离

原始图像效果如图8-86所示。选择“图像>调整>色调分离”命令，弹出“色调分离”对话框，如图8-87所示。在对话框中进行设置，单击“确定”按钮，图像效果如图8-88所示。

色阶：可以指定色阶数，系统将以256阶的亮度对图像中的像素亮度进行分配。色阶数值越高，图像产生的变化越小。

图8-86

图8-87

图8-88

8.2.5 替换颜色

“替换颜色”命令能够将图像中的颜色进行替换。原始图像效果如图8-89所示。选择“图像>调整>替换颜色”命令，弹出“替换颜色”对话框。在图像中单击吸取要替换的颜色，再调整色相、饱和度和明度，设置“结果”选项为黄色，其他选项的设置如图8-90所示。单击“确定”按钮，效果如图8-91所示。

图8-89

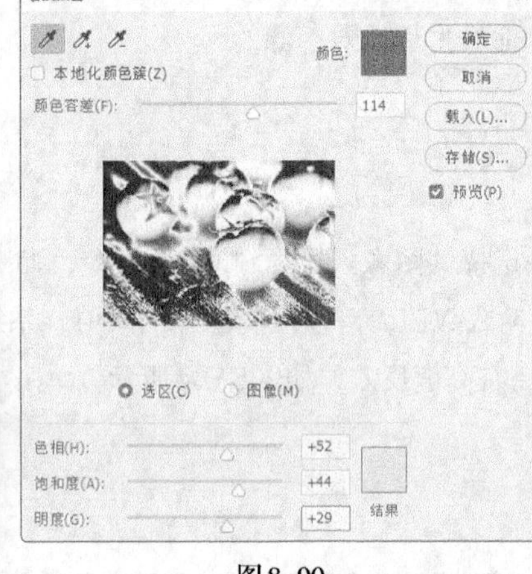

图8-90

图8-91

8.2.6 通道混合器

原始图像效果如图8-92所示。选择“图像>调整>通道混合器”命令，弹出“通道混合器”对话框，在对话框中进行设置，如图8-93所示。单击“确定”按钮，效果如图8-94所示。

输出通道：可以选择要调整的通道。源通道：可以设置输出通道中源通道所占的百分比。常数：可以调整输出通道的灰度值。单色：可以将彩色图像转换为黑白图像。

提示

所选图像的颜色模式不同，则“通道混合器”对话框中的内容也不同。

图8-92

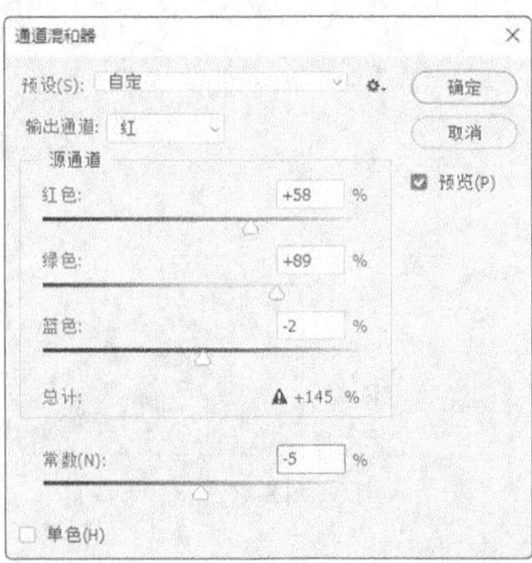

图8-93

图8-94

8.2.7　匹配颜色

“匹配颜色”命令用于对色调不同的图片进行调整，使图片统一成一个协调的色调。打开两张不同色调的图片，如图8-95和图8-96所示。选择需要调整的图片，选择“图像>调整>匹配颜色”命令，弹出“匹配颜色”对话框，在“源”下拉列表中选择匹配文件的名称，再设置其他各选项，如图8-97所示。单击“确定”按钮，效果如图8-98所示。

图8-95

图8-96

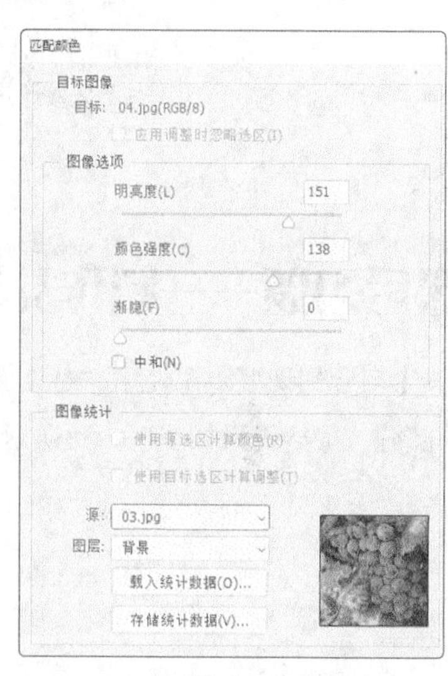

图8-97

目标图像：在“目标”选项中显示了所选择匹配文件的名称，如果当前调整的图中有选区，勾选“应用调整时忽略选区”复选框，可以忽略图中的选区调整整张图像的颜色；不勾选“应用调整时忽略选区”复选框，可以调整图像中选区内的颜色，效果如图8-99和图8-100所示。图像选项：可以拖曳滑块或输入数值来调整图像的明亮度、颜色强度和渐隐的数值。中和：可以确定是否消除图像中的色偏。图像统计：用于设置图像的颜色来源。

图8-98

图8-99

图8-100

课堂练习——制作数码影视公众号封面首图

【练习知识要点】使用“色相/饱和度”命令、“曲线”命令和“照片滤镜”命令调整图片的颜色，最终效果如图8-101所示。

【效果所在位置】资源/Ch08/效果/制作数码影视公众号封面首图.psd。

图8-101

课后习题——制作女装网店详情页主图

【习题知识要点】使用“替换颜色”命令更换人物衣服的颜色，使用矩形选框工具绘制选区删除不需要的部分，最终效果如图8-102所示。

图8-102

【效果所在位置】资源/Ch08/效果/制作女装网店详情页主图.psd。

第9章

图层的应用

本章介绍

本章主要介绍图层的基本应用知识及技巧，讲解图层的基本概念、调整方法以及混合模式、样式、智能对象图层等高级应用知识。通过对本章的学习，读者可以用图层知识制作出多变的图像效果，可以对图像快速添加样式效果，还可以单独对智能对象图层进行编辑。

课堂学习目标

- 掌握图层混合模式的应用技巧
- 熟练掌握“样式”面板和图层样式的添加技巧
- 掌握填充和调整图层的方法
- 了解图层复合、盖印图层与智能对象图层

9.1 应用图层混合模式

图层混合模式在图像处理及效果制作中被广泛应用，特别是在多个图像合成方面更有其独特的作用及灵活性。

9.1.1 课堂案例——制作家电网站首页Banner

【案例学习目标】使用混合模式和图层蒙版制作网站首页Banner。

【案例知识要点】使用移动工具添加图片，使用图层混合模式和图层蒙版制作图片融合，最终效果如图9-1所示。

图9-1

【效果所在位置】资源/Ch09/效果/制作家电网站首页Banner.psd。

（1）按Ctrl+N组合键，弹出“新建文档”对话框，设置“宽度”为1920像素、“高度”为1080像素、“分辨率”为72像素/英寸、“颜色模式”为RGB、“背景内容”为白色，单击“创建”按钮，新建一个文件。

（2）将前景色设为灰色（R:33，G:33，B:33）。选择矩形选框工具，在图像窗口中绘制矩形选区。按Alt+Delete组合键，用前景色填充选区。按Ctrl+D组合键，取消选区，效果如图9-2所示。

（3）按Ctrl+O组合键，打开“资源>Ch09>素材>制作家电网站首页Banner”中的01、02文件。选择移动工具，分别将01和02图片拖曳到新建的图像窗口中适当的位置，效果如图9-3所示。“图层”面板中会生成新的图层，将其命名为“吸尘器”和“效果”。

图9-2

图9-3

（4）在“图层”面板上方，将“效果”图层的混合模式设为“强光”，如图9-4所示。图像效果如图9-5所示。

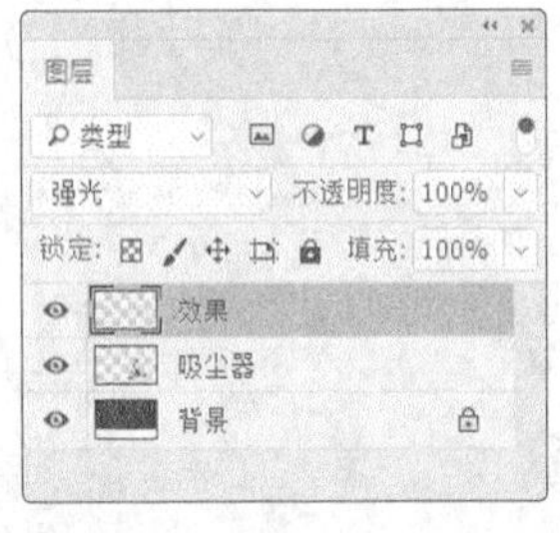

图9-4

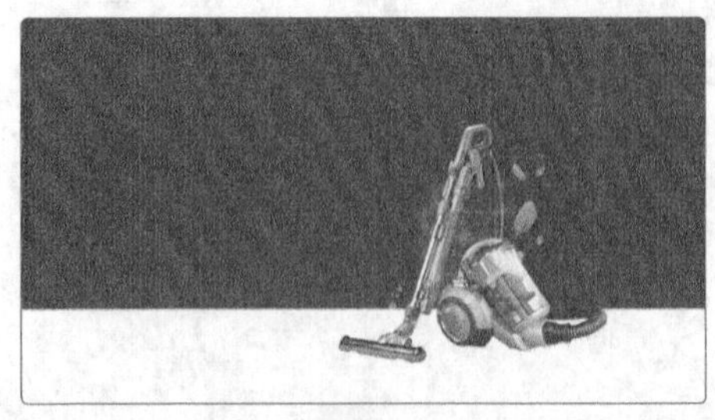

图9-5

（5）选中“吸尘器”图层。单击“图层”面板下方的“添加图层样式”按钮fx，在弹出的菜单中选择“投影”命令，打开对话框，将投影颜色设为黑色，其他选项的设置如图9-6所示。单击“确定”按钮，效果如图9-7所示。

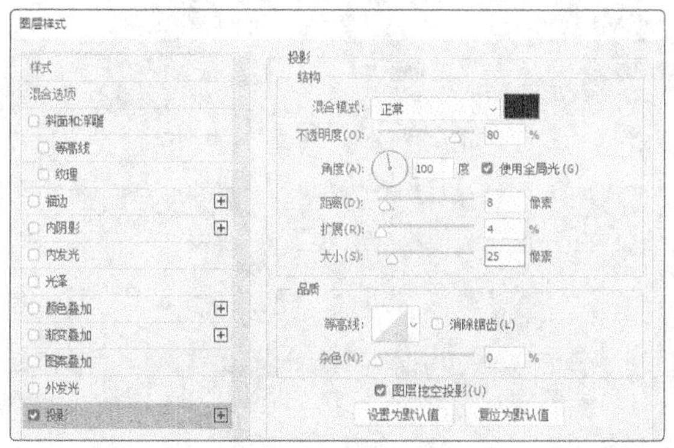

图9-6

图9-7

（6）按Ctrl+O组合键，打开“资源>Ch09>素材>制作家电网站首页Banner”中的03文件。选择移动工具，将03图片拖曳到新建的图像窗口中适当的位置，效果如图9-8所示。“图层”面板中会生成新的图层，将其命名为“文字”。

（7）在“图层”面板上方，将“文字”图层的混合模式设为“浅色”，效果如图9-9所示。家电网站首页Banner制作完成。

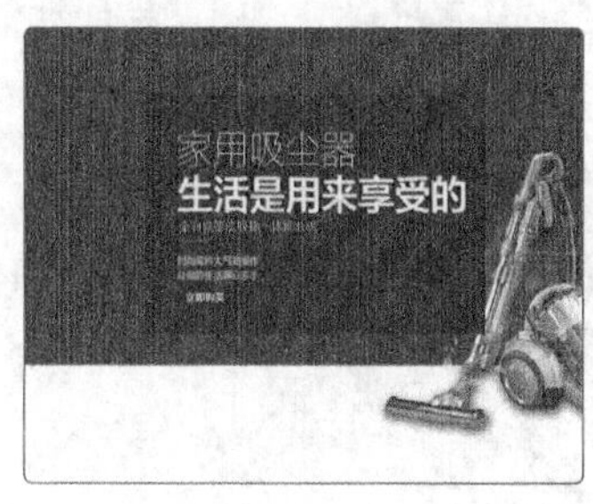

图9-8

图9-9

9.1.2　图层混合模式

图层混合模式中的各种样式设置，决定了当前图层中的图像与其下面图层中的图像以何种模式进行混合。

在“图层”面板中，“设置图层的混合模式”选项 正常 用于设定图层的混合模式，该下拉列表包含27种模式。打开一幅图像，如图9-10所示。“图层”面板中的效果如图9-11所示。

在对“冲浪板”图层应用不同的图层模式后，图像效果如图9-12所示。

图9-10

图9-11

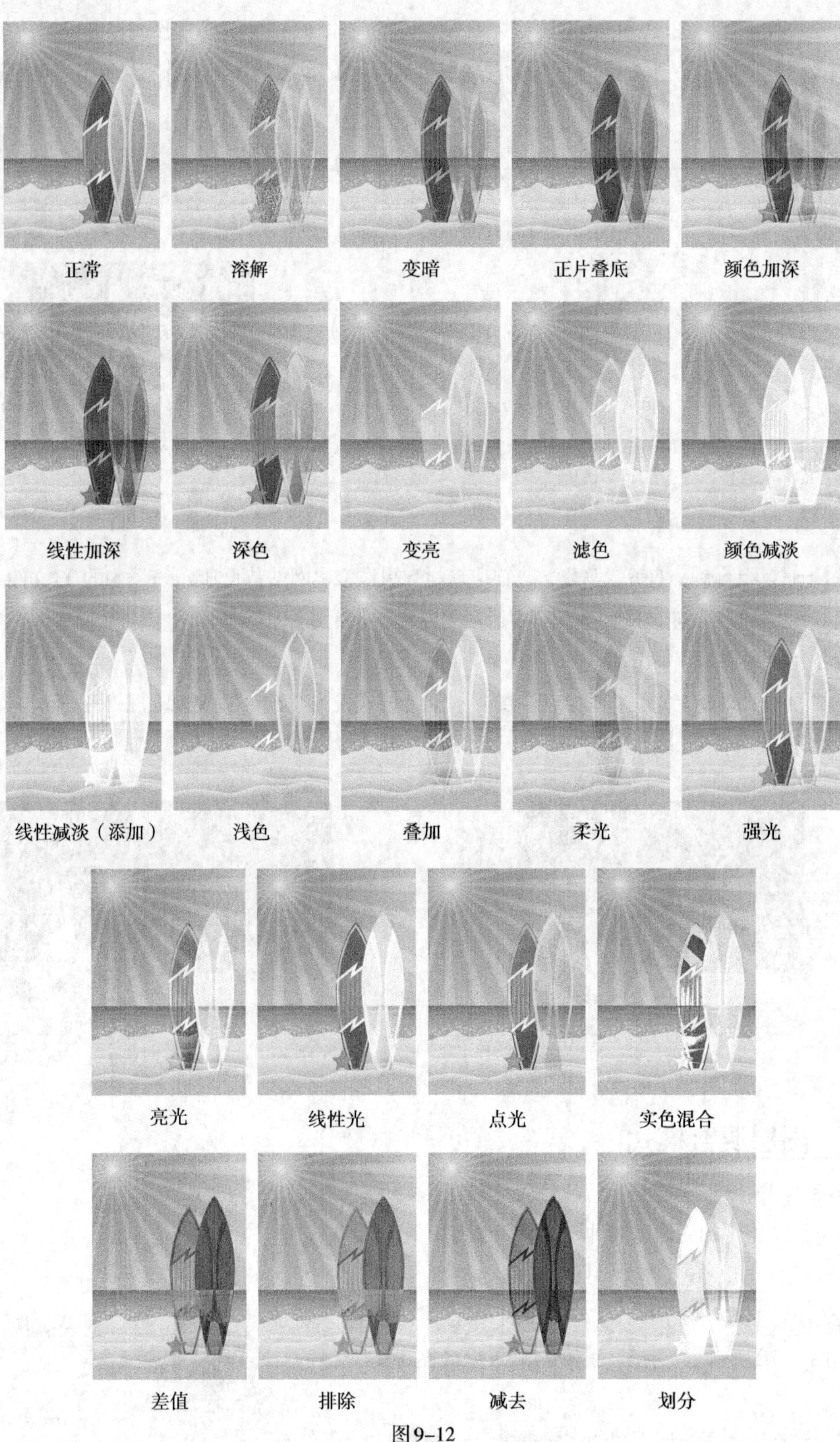
正常
溶解
变暗
正片叠底
颜色加深
线性加深
深色
变亮
滤色
颜色减淡
线性减淡（添加）
浅色
叠加
柔光
强光
亮光
线性光
点光
实色混合
差值
排除
减去
划分

图9-12

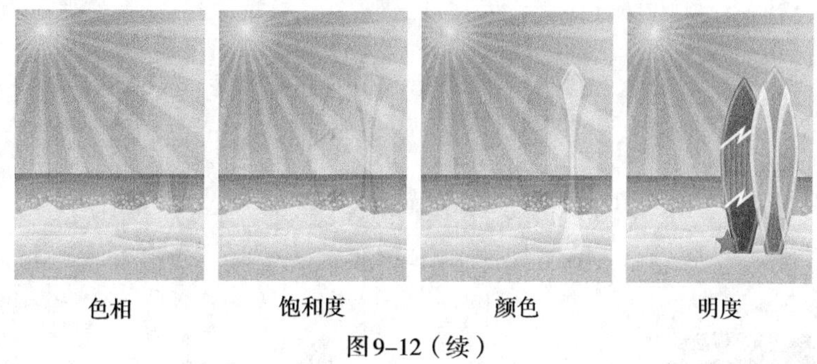

图9-12（续）

9.2 应用图层样式

图层特殊效果命令用于为图层添加不同的效果，使图层中的图像产生丰富的变化。

9.2.1 课堂案例——制作计算器图标

【案例学习目标】使用图层样式制作计算器图标。

【案例知识要点】使用圆角矩形工具、矩形工具和椭圆工具绘制图标底图和符号，使用图层样式制作立体效果，最终效果如图9-13所示。

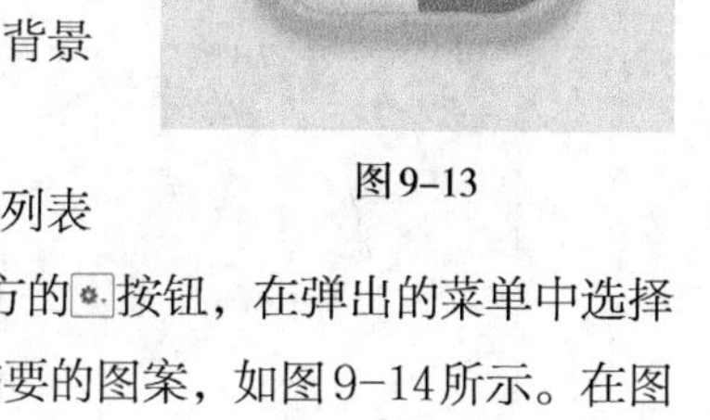

图9-13

【效果所在位置】资源/Ch09/效果/制作计算器图标.psd。

（1）按Ctrl+N组合键，弹出“新建文档”对话框，设置“宽度”为8.5cm、“高度”为8.5cm、“分辨率”为150像素/英寸、“颜色模式”为RGB、“背景内容”为白色，单击“创建”按钮，新建一个文件。

（2）选择油漆桶工具，在属性栏中的“设置填充区域的源”下拉列表中选择“图案”选项，单击右侧的图案选项，弹出面板，单击面板右上方的按钮，在弹出的菜单中选择“彩色纸”命令，弹出提示对话框，单击“追加”按钮。在面板中选择需要的图案，如图9-14所示。在图像窗口中单击，填充背景，效果如图9-15所示。

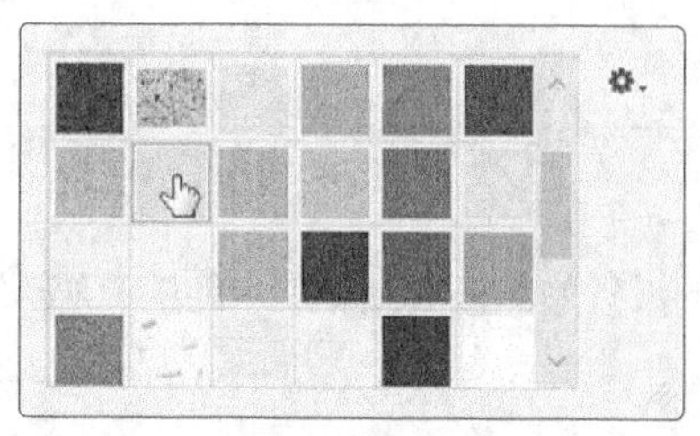

图9-14

图9-15

（3）选择圆角矩形工具，将属性栏中的“选择工具模式”选项设为“形状”，“半径”选项设为80像素，在图像窗口中拖曳鼠标绘制圆角矩形，按Enter键确认操作，效果如图9-16所示。在“图层”面板中生成新的形状图层“圆角矩形1”。单击“图层”面板下方的“添加图层样式”按钮，在弹出的菜单中选择“斜面和浮雕”命令，弹出对话框，将“高光模式”的颜色设为淡蓝色（R:230，G:234，B:244），其他选项的设置如图9-17所示。

图9-16

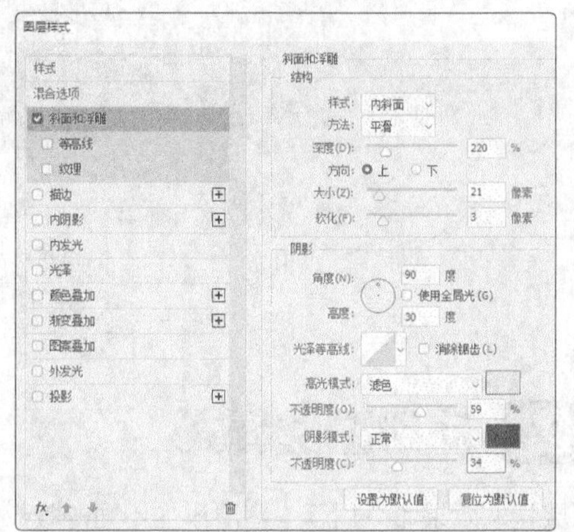

图9-17

（4）选择“渐变叠加”选项，切换到相应的对话框，单击“渐变”选项右侧的“点按可编辑渐变”按钮，弹出“渐变编辑器”对话框，将渐变色设为从淡蓝色（R:213，G:219，B:239）到青灰色（R:184，G:194，B:216），如图9-18所示。单击“确定”按钮，返回“图层样式”对话框，其他选项的设置如图9-19所示。

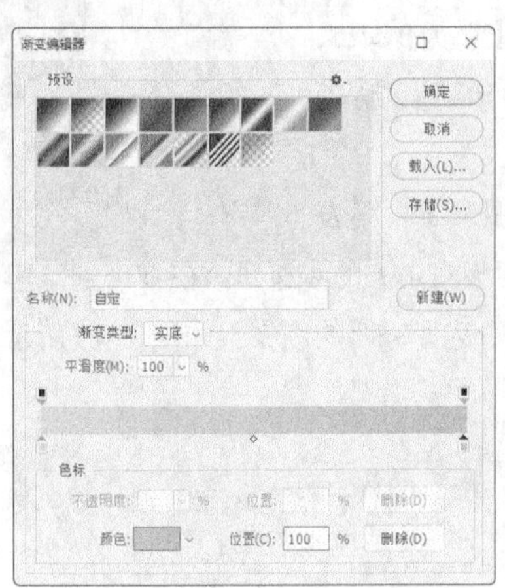

图9-18

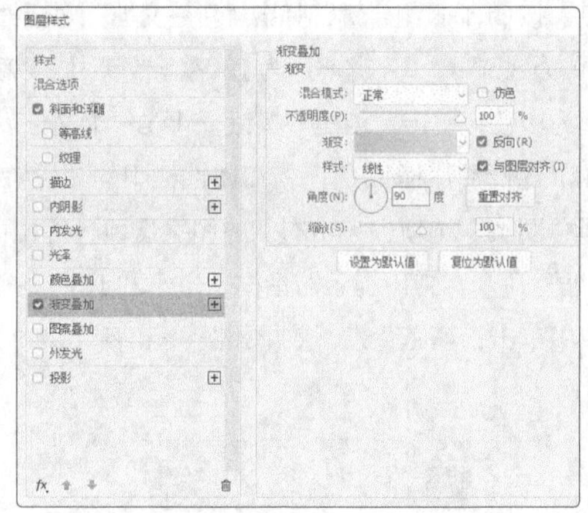

图9-19

（5）选择“投影”选项，切换到相应的对话框，选项的设置如图9-20所示。单击“确定”按钮，图像效果如图9-21所示。

（6）选择圆角矩形工具，在属性栏中将“填充”颜色设为淡灰色（R:241，G:241，B:241）、“半径”选项设为60像素，在图像窗口中拖曳鼠标绘制形状，效果如图9-22所示。在“图层”面板中生成新的形状图层“圆角矩形2”。选择“窗口>属性”命令，弹出“属性”面板，取消圆角链接状态，其他选项的设置如图9-23所示。按Enter键确认操作，效果如图9-24所示。

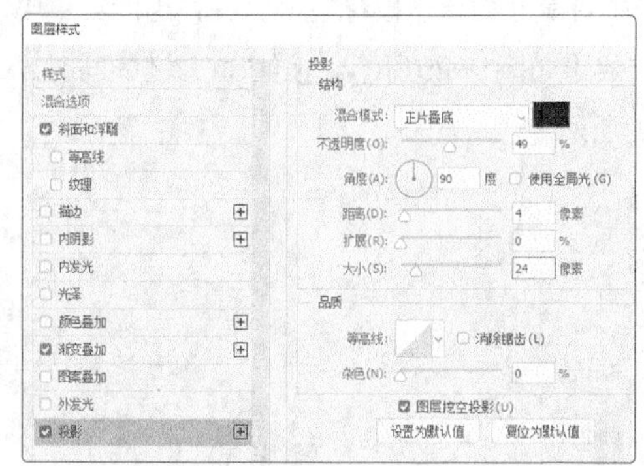

图9-20

图9-21

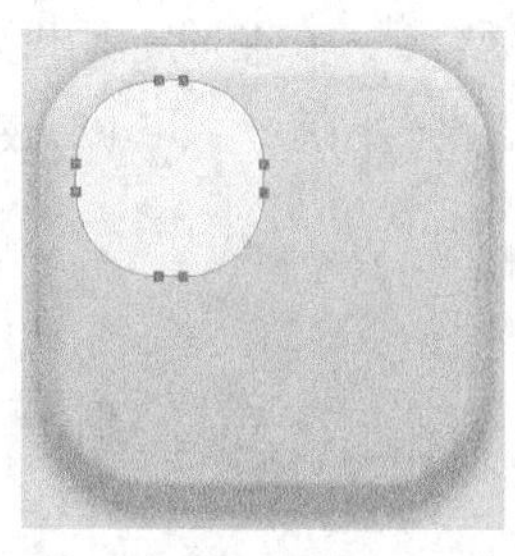

图9-22

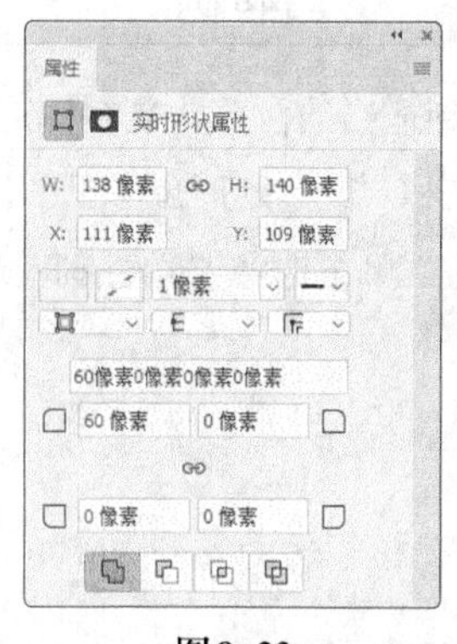

图9-23

图9-24

（7）单击“图层”面板下方的“添加图层样式”按钮 fx，在弹出的菜单中选择“斜面和浮雕”命令，弹出对话框，将“阴影模式”的颜色设为深灰色（R:74，G:77，B:86），其他选项的设置如图9-25所示。选择“投影”选项，切换到相应的对话框，将投影颜色设为暗灰色（R:95，G:98，B:104），其他选项的设置如图9-26所示。单击“确定”按钮，图像效果如图9-27所示。选择移动工具，按住Alt+Shift组合键的同时，将图形拖曳到适当的位置，复制图形，效果如图9-28所示。在“图层”面板中生成新的形状图层“圆角矩形2 拷贝”。

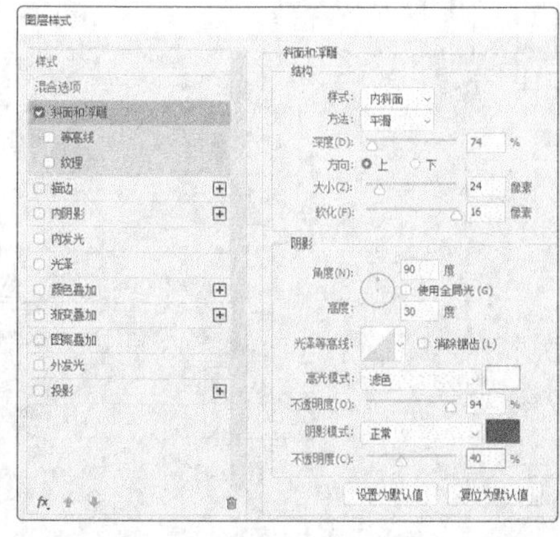

图9-25

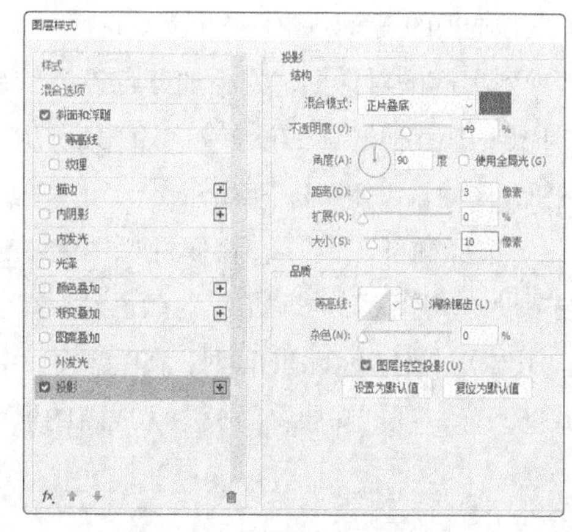

图9-26

（8）按Ctrl+T组合键，在图形周围出现变换框，在变换框中单击鼠标右键，在弹出的菜单中选择“水平翻转”命令，水平翻转图形，按Enter键确认操作，效果如图9-29所示。按住Shift键的同时，选择“圆角矩形2”图层和“圆角矩形2拷贝”图层，如图9-30所示。

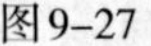
图9-27

图9-28

图9-29

（9）按住Alt键的同时，将图形拖曳到适当的位置，复制图形，效果如图9-31所示。在“图层”面板中生成新的形状图层“圆角矩形2 拷贝2”和“圆角矩形2 拷贝3”。按Ctrl+T组合键，在图形周围出现变换框，在变换框中单击鼠标右键，在弹出的菜单中选择“垂直翻转”命令，垂直翻转图形，按Enter键确认操作，效果如图9-32所示。

图9-30

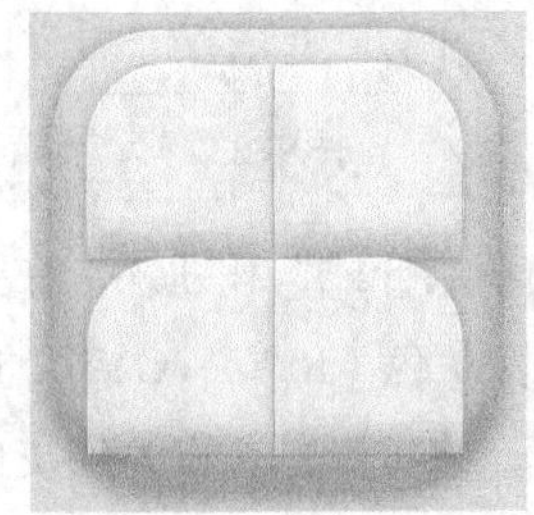
图9-31

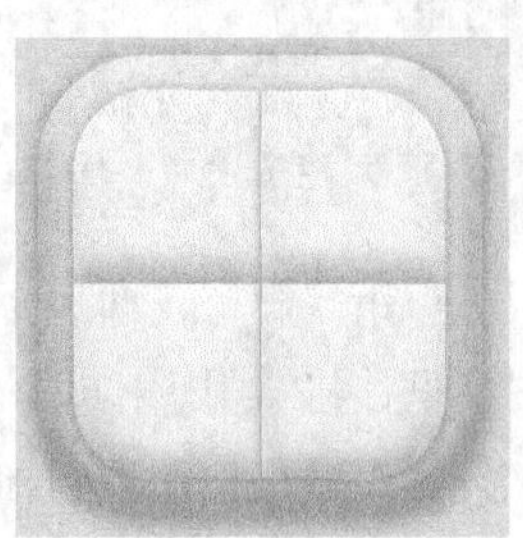
图9-32

（10）双击最上方图层的“斜面和浮雕”图层样式，弹出对话框，将“高光模式”颜色设为暗红色（R:133，G:1，B:0），其他选项的设置如图9-33所示。选择“颜色叠加”选项，切换到相应的对话框，将叠加颜色设为红色（R:204，G:36，B:34），其他选项的设置如图9-34所示。单击“确定”按钮，图像效果如图9-35所示。

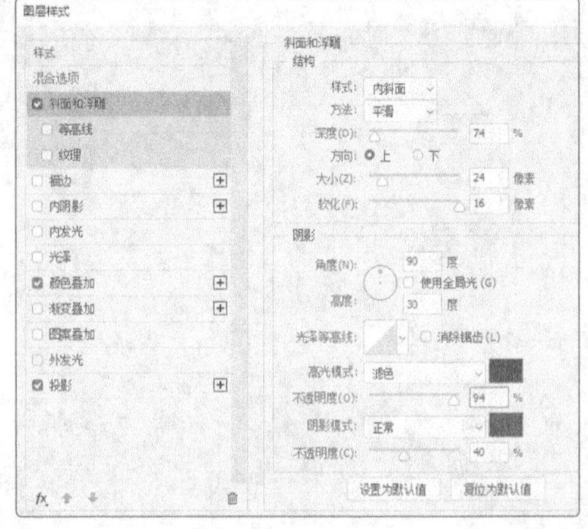

图9-33

（11）选择椭圆工具，将属性栏中的“选择工具模式”选项设为“形状”，将“填充”颜色设为红色（R:204，G:36，B:34），按住Shift键的同时，在图像窗口中绘制圆形，如图9-36所示。在“图层”面板中生成新的形状图层“椭圆1”。

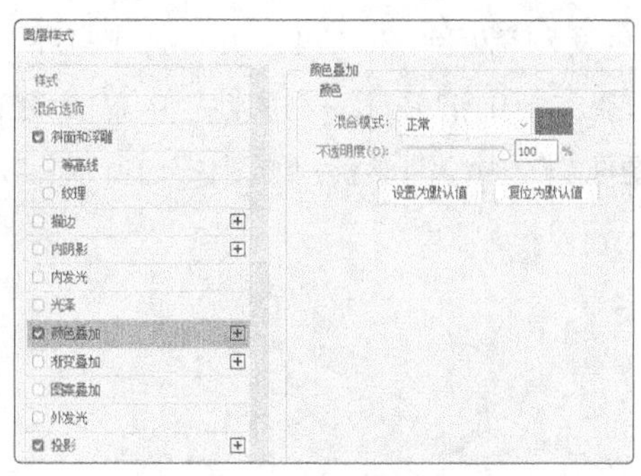

图9-34

图9-35

图9-36

（12）单击“图层”面板下方的“添加图层样式”按钮，在弹出的菜单中选择“渐变叠加”命令，弹出对话框。单击“渐变”选项右侧的“点按可编辑渐变”按钮，弹出“渐变编辑器”对话框，将渐变色设为从红色（R:222，G:60，B:58）到暗红色（R:204，G:19，B:18），如图9-37所示。单击“确定”按钮。返回“图层样式”对话框，其他选项的设置如图9-38所示。

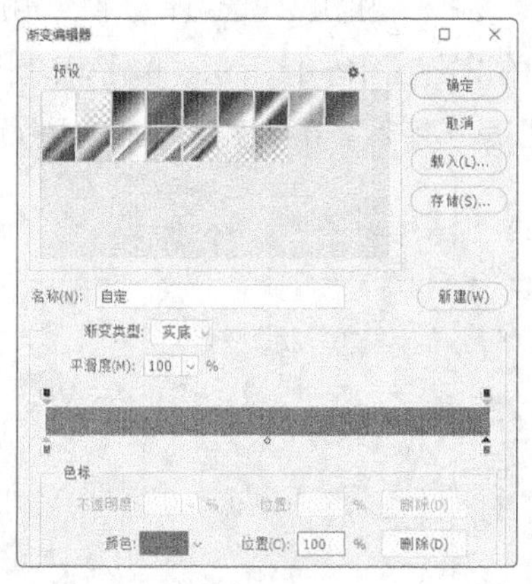

图9-37

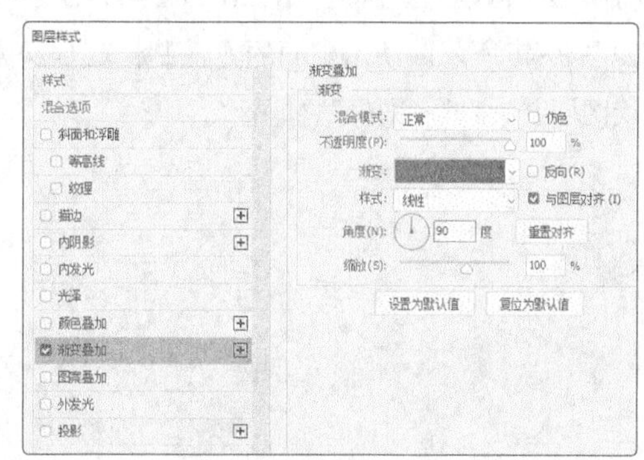

图9-38

（13）选择“外发光”选项，切换到相应的对话框，将发光颜色设为浅红色（R:254，G:143，B:141），其他选项的设置如图9-39所示。单击“确定”按钮，效果如图9-40所示。

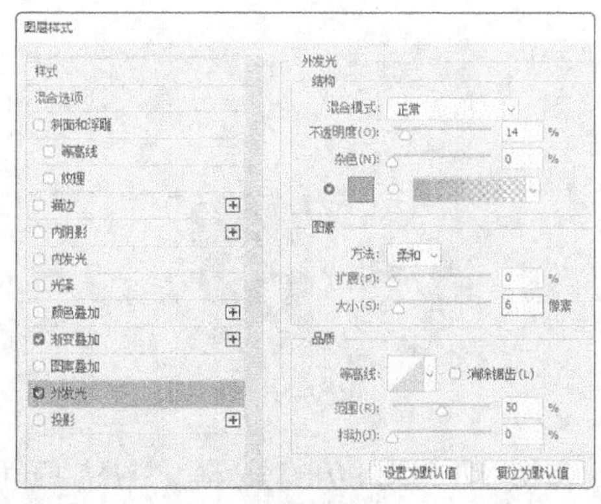

图9-39

图9-40

（14）选择圆角矩形工具[□]，在属性栏中将“填充”颜色设为青灰色（R:154，G:174，B:198），“半径”选项设为5像素，在图像窗口中拖曳鼠标绘制形状，效果如图9-41所示。在属性栏中单击“路径操作”按钮[□]，在弹出的菜单中选择“合并形状”命令，在图像窗口中绘制形状，如图9-42所示。“图层”面板中生成新的形状图层，将其命名为“加号”。

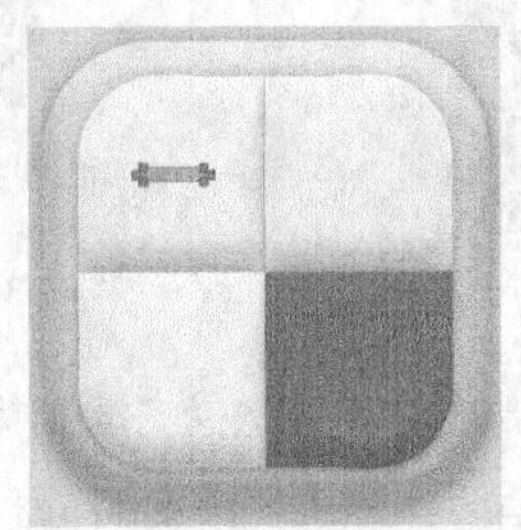

图9-41

图9-42

（15）单击“图层”面板下方的“添加图层样式”按钮[fx]，在弹出的菜单中选择“描边”命令，弹出对话框，将描边颜色设为白色，其他选项的设置如图9-43所示。选择“内阴影”选项，切换到相应的对话框，将阴影颜色设为墨蓝色（R:28，G:44，B:62），其他选项的设置如图9-44所示。单击“确定”按钮，效果如图9-45所示。使用相同的方法制作其他符号，效果如图9-46所示。在“图层”面板中分别生成新的形状图层“乘号”“减号”“等号”。

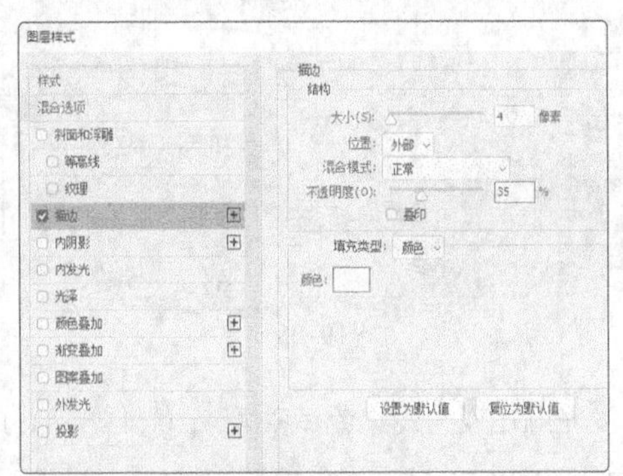

图9-43

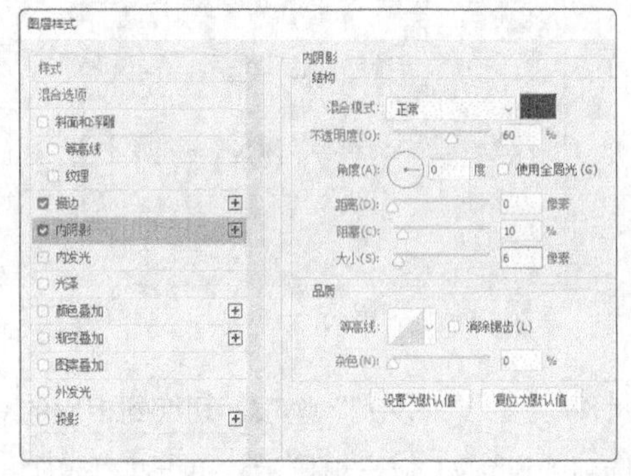

图9-44

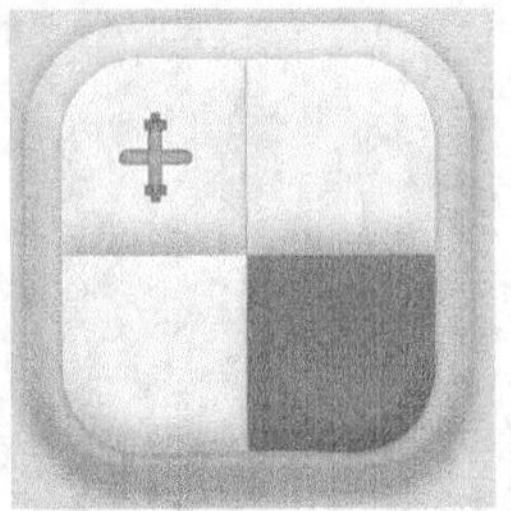

图9-45

图9-46

（16）双击“等号”图层的图层样式，选择“颜色叠加”选项，切换到相应的对话框，将叠加颜色设为白色，其他选项的设置如图9-47所示。单击“确定”按钮，效果如图9-48所示。计算器图标制作完成。

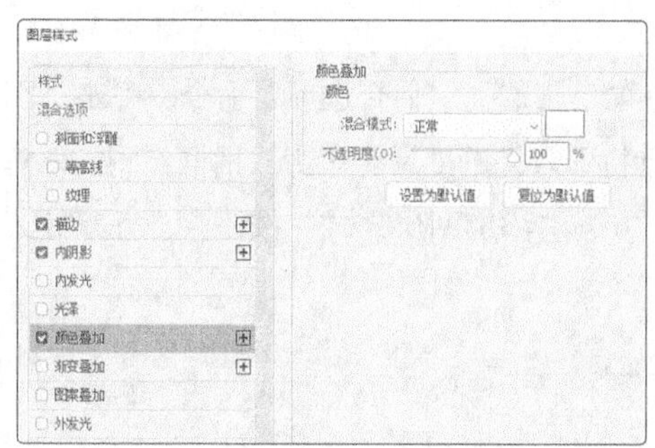

图9-47

图9-48

9.2.2 “样式”面板

“样式”面板用于存储各种图层特效，并将其快速地套用在要编辑的对象中。

选择要添加样式的图像，如图9-49所示。选择“窗口>样式”命令，弹出“样式”面板，单击面板右上方的☰图标，在弹出的菜单中选择“按钮”命令，弹出提示对话框，如图9-50所示，单击“追加”按钮，样式将被载入面板中。选择“凹凸”样式，如图9-51所示，图像被添加上样式，效果如图9-52所示。

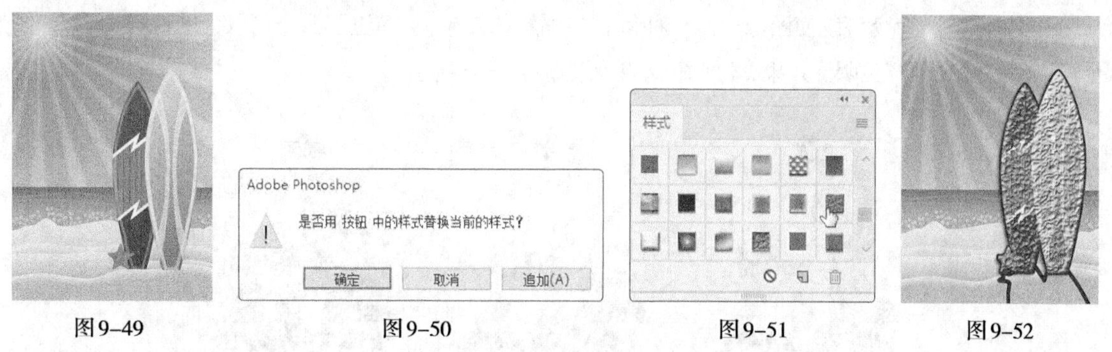

图9-49　　图9-50　　图9-51　　图9-52

样式添加完成后，“图层”面板如图9-53所示。如果要删除其中某个样式，则将其直接拖曳到面板下方的“删除图层”按钮🗑上即可，如图9-54所示。删除后的效果如图9-55所示。

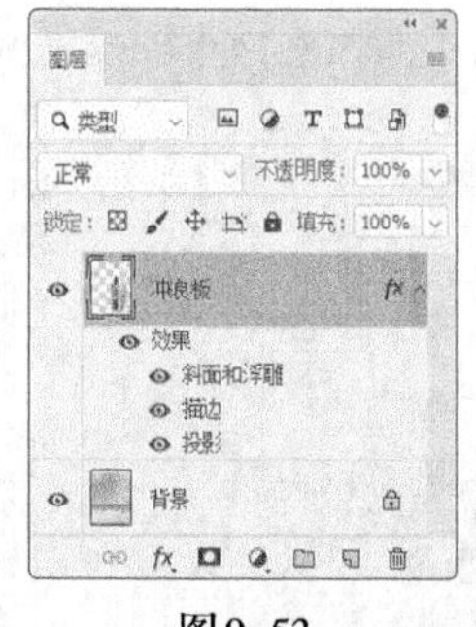

图9-53

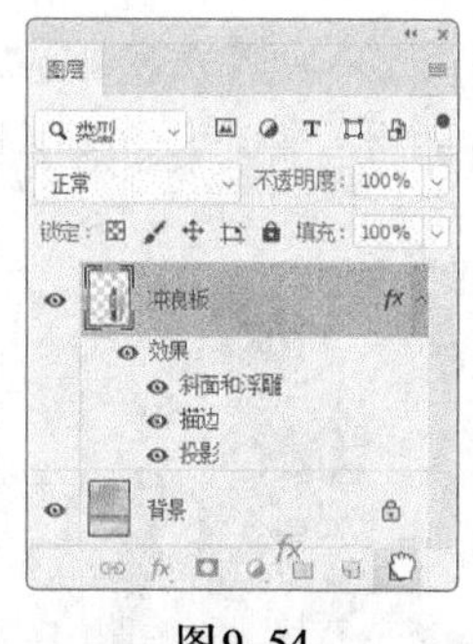

图9-54

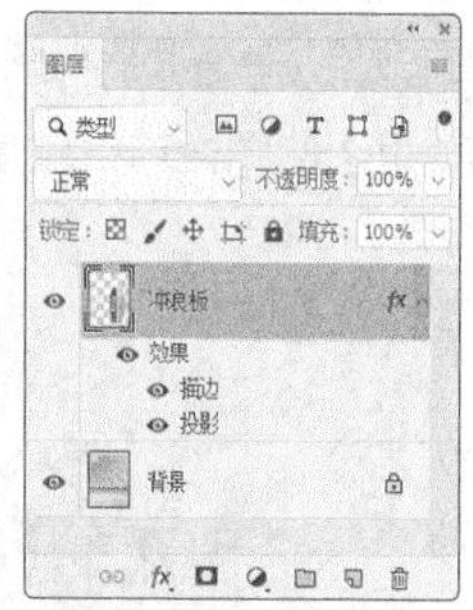

图9-55

9.2.3 图层样式

Photoshop CC 2019有多种图层样式可供用户选择，它可以单独为图像添加一种样式，还可同时为图像添加多种样式。

单击“图层”面板右上方的图标☰，将弹出命令菜单，选择“混合选项”命令，弹出“图层样式”对话框，如图9-56所示。此对话框用于对当前图层进行特殊效果的处理。单击对话框左侧的任意选项，将切换到相应的效果对话框。还可以单击“图层”面板下方的“添加图层样式”按钮fx，打开其菜单命令，如图9-57所示。

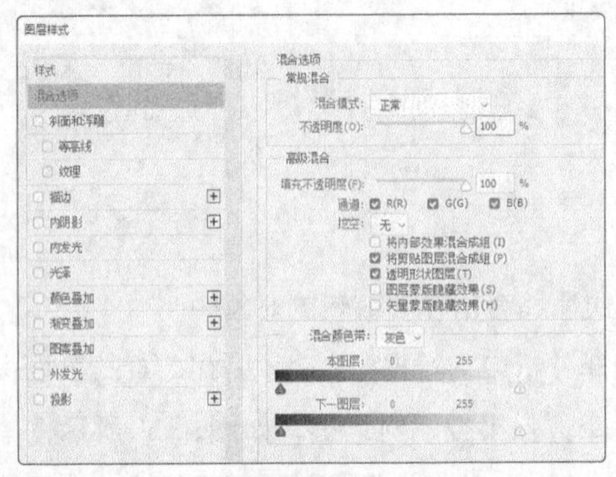

图9-56

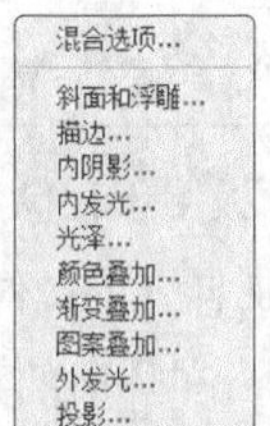

图9-57

“斜面和浮雕”命令可以使图像产生一种倾斜与浮雕的效果，“描边”命令可以为图像描边，“内阴影”命令可以使图像内部产生阴影效果，3种命令的效果如图9-58所示。

斜面和浮雕　　描边　　内阴影

图9-58

“内发光”命令用于在图像的边缘内部产生一种辉光效果，“光泽”命令用于使图像产生光泽，“颜色叠加”命令用于使图像产生颜色叠加效果。3种命令的效果如图9-59所示。

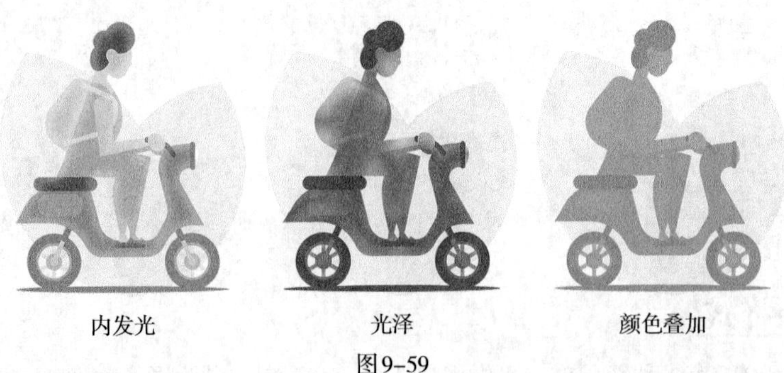

内发光　　光泽　　颜色叠加

图9-59

“渐变叠加”命令用于使图像产生一种渐变叠加效果，“图案叠加”命令用于在图像上添加图案效果，“外发光”命令用于在图像的边缘外部产生一种辉光效果，“投影”命令用于使图像产生投影效果。4种命令的效果如图9-60所示。

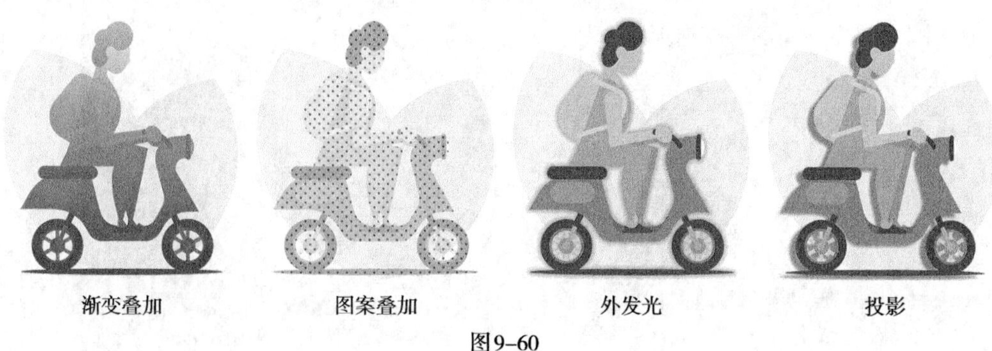

图9-60

9.3 应用新建填充和调整图层

应用新建填充和调整图层命令可以通过多种方式对图像进行填充和调整，使图像产生不同的效果。

9.3.1 课堂案例——制作化妆品网店详情页主图

【案例学习目标】使用混合模式和调整图层命令调整图像。

【案例知识要点】使用图层混合模式和调整图层命令调整照片的质感，最终效果如图9-61所示。

图9-61

【效果所在位置】资源/Ch09/效果/制作化妆品网店详情页主图.psd。

（1）按Ctrl+O组合键，打开“资源>Ch09>素材>制作化妆品网店详情页主图”中的01文件，如图9-62所示。将“背景”图层拖曳到“图层”面板下方的“创建新图层”按钮上进行复制，生成新的图层“背景拷贝”。在“图层”面板上方，将新图层的混合模式设为“滤色”，“不透明度”选项设为30%，如图9-63所示。按Enter键确认操作，图像效果如图9-64所示。

图9-62

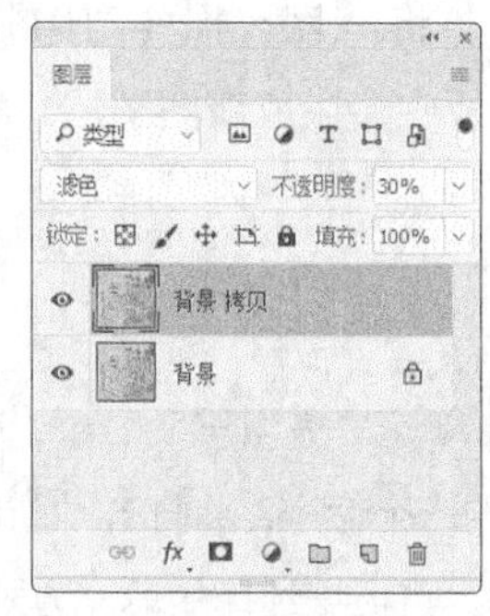

图9-63

图9-64

（2）单击“图层”面板下方的“创建新的填充或调整图层”按钮◙，在弹出的菜单中选择“曝光度”命令。在“图层”面板中生成“曝光度1”图层，同时弹出“属性”面板，设置如图9-65所示。按Enter键确认操作，图像效果如图9-66所示。

图9-65

图9-66

（3）单击“图层”面板下方的“创建新的填充或调整图层”按钮◙，在弹出的菜单中选择“曲线”命令。在“图层”面板中生成“曲线1”图层，同时打开“属性”面板，在曲线上单击以添加控制点，将“输入”选项设为200、“输出”选项设为219，如图9-67所示。在曲线上单击以添加控制点，将“输入”选项设为67、“输出”选项设为41，如图9-68所示。按Enter键确认操作，图像效果如图9-69所示。

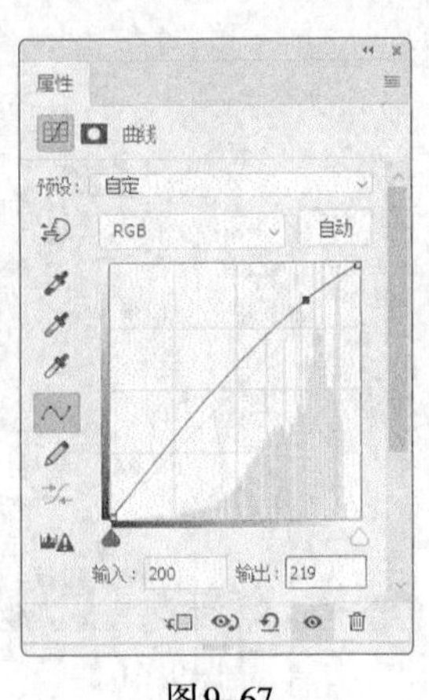

图9-67

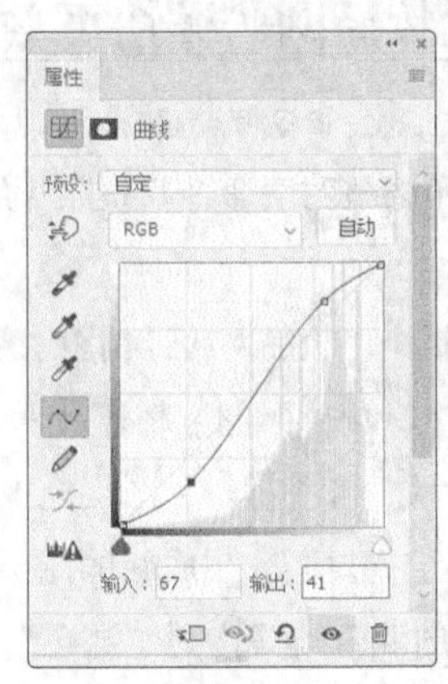

图9-68

图9-69

（4）按Ctrl+O组合键，打开“资源>Ch09>素材>制作化妆品网店详情页主图”中的02文件。选择移动工具✥，将02图片拖曳到01图像窗口中适当的位置，如图9-70所示。“图层”面板中会生成新的图层，将其命名为“装饰”。化妆品网店详情页主图制作完成。

图9-70

9.3.2 填充图层

当需要新建填充图层时，选择“图层>新建填充图层”命令，弹出填充图层的3个命令，如图9-71所示。选择其中的一个命令，将打开“新建图层”对话框，如图9-72所示。单击“确定”按钮，将根据选择的填充方式打开不同的填充对话框。

图9-71

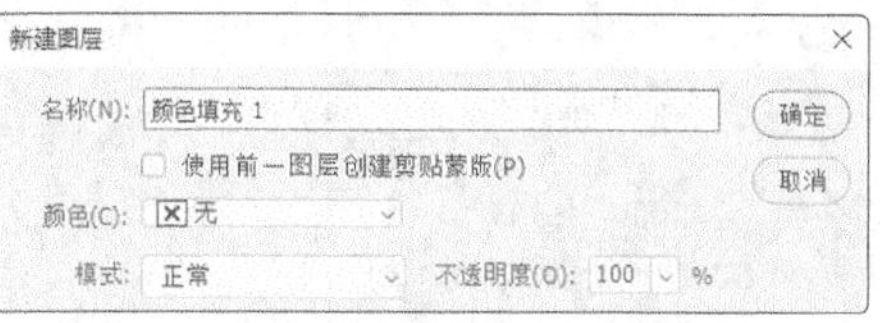

图9-72

以“渐变填充”为例，如图9-73所示。单击“确定”按钮，“图层”面板和图像的效果如图9-74和图9-75所示。

也可以单击“图层”面板下方的“创建新的填充和调整图层”按钮，在弹出的菜单中选择需要的填充方式。

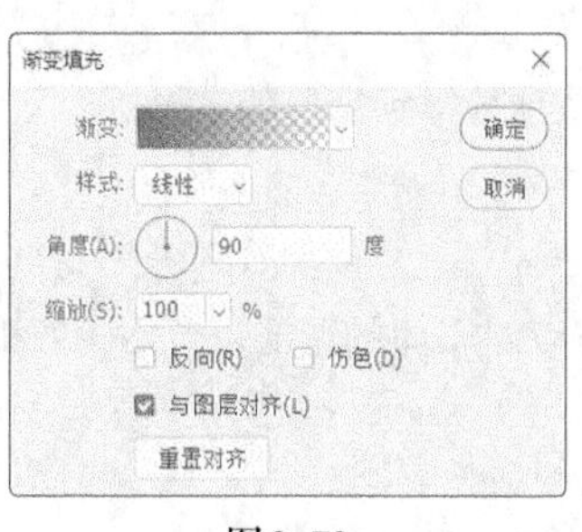

图9-73

图9-74

图9-75

9.3.3　调整图层

当需要对一个或多个图层进行色彩调整时，选择“图层>新建调整图层”命令，或单击“图层”面板下方的“创建新的填充或调整图层”按钮，弹出调整图层的多种命令，如图9-76所示。选择其中的一种命令，将打开“新建图层”对话框，如图9-77所示。选择不同的调整方式，将打开不同的“属性”面板，以“色相/饱和度”为例，设置如图9-78所示。按Enter键确认操作，“图层”面板和图像的效果如图9-79和图9-80所示。

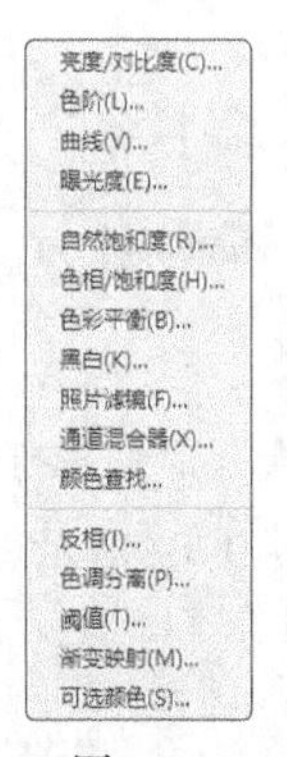

图9-76

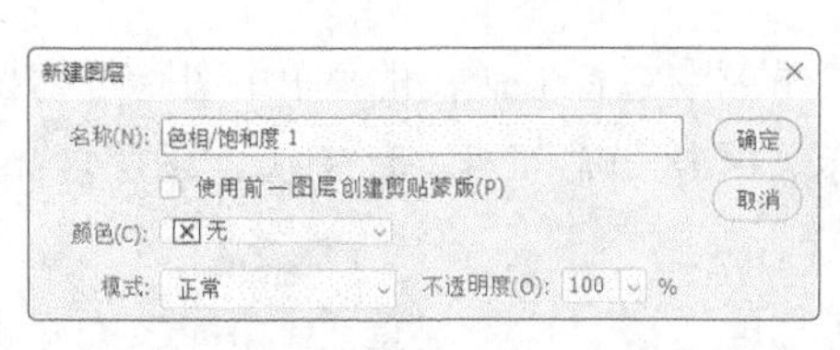

图9-77

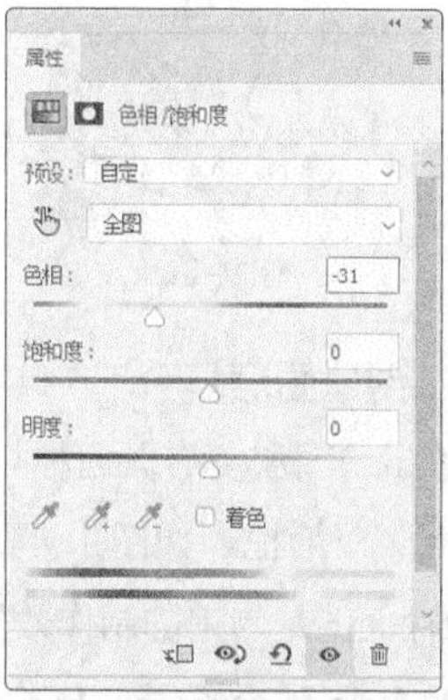

图9-78

图9-79

图9-80

9.4 图层复合、盖印图层与智能对象图层

应用图层复合、盖印图层、智能对象图层可以提高制作图像的效率，快速地得到需要的效果。

9.4.1 图层复合

将同一文件中的不同图层效果组合并另存为多个“图层效果组合”，可以对不同的图层复合中的效果进行比对。

1. 图层复合与“图层复合”面板

“图层复合”面板可将同一文件中的不同图层效果组合并另存为多个“图层效果组合”，可以更加方便快捷地展示和比较不同图层组合设计之间的视觉效果。

设计好的图像效果如图9-81所示。“图层”面板中的效果如图9-82所示。选择“窗口>图层复合”命令，打开“图层复合”面板，如图9-83所示。

图9-81

图9-82

图9-83

2. 创建图层复合

单击“图层复合”面板右上方的图标，在弹出的菜单中选择“新建图层复合”命令，打开“新建图层复合”对话框，如图9-84所示。单击“确定”按钮，建立“图层复合1”，如图9-85所示。“图层复合1”中存储的是当前的制作效果。

3. 应用和查看图层复合

对图像进行修饰和编辑，图像效果如图9-86所示。“图层”面板如图9-87所示。选择“新建图层复合”命令，建立“图层复合2”，如图9-88所示。“图层复合2”中存储的是修饰编辑后的制作效果。

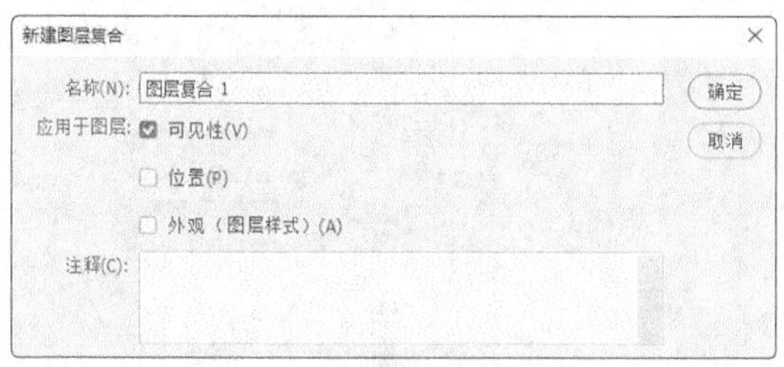

图9-84

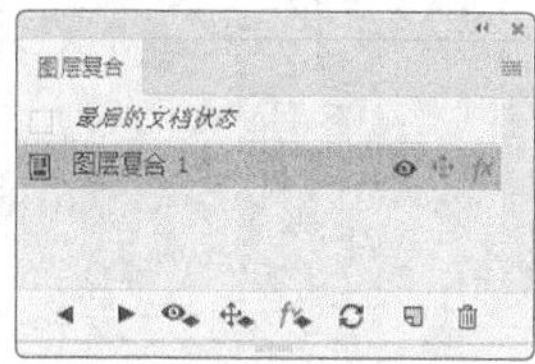

图9-85

图9-86

图9-87

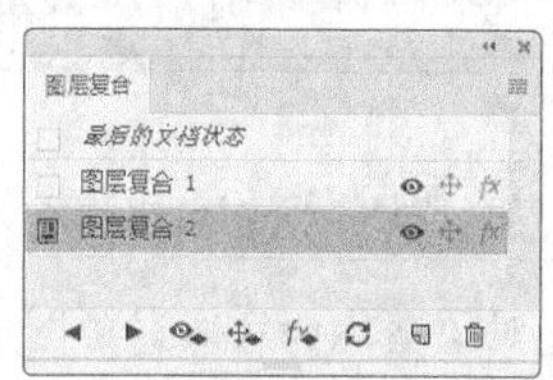

图9-88

4. 导出图层复合

在“图层复合”面板中，单击“图层复合1”左侧的方框，显示图标，如图9-89所示。此时，可以观察“图层复合1”中的图像，效果如图9-90所示。单击“图层复合2”左侧的方框，显示图标，如图9-91所示。此时可以观察“图层复合2”中的图像，效果如图9-92所示。

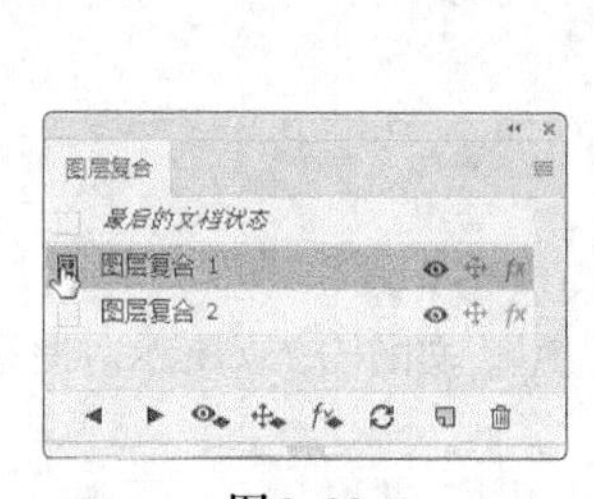

图9-89

图9-90

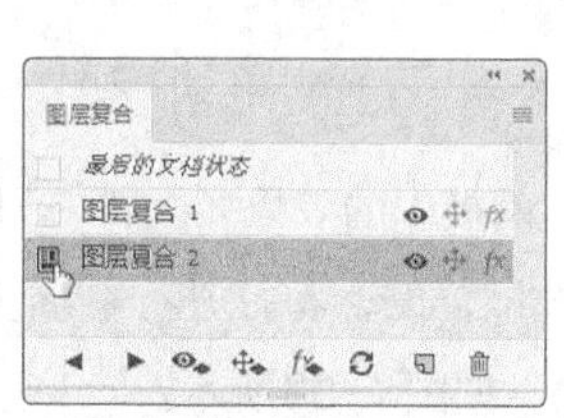

图9-91

图9-92

单击“应用选中的上一图层复合”按钮和“应用选中的下一图层复合”按钮，可以快速对两次的图像编辑效果进行比较。

9.4.2　盖印图层

盖印图层是将图像窗口中所有当前显示出来的图像合并到一个新的图层中。

在“图层”面板中选中一个可见图层，如图9-93所示。按Alt+Shift+Ctrl+E组合键，将每个图层中的图像复制并合并到一个新的图层中，如图9-94所示。

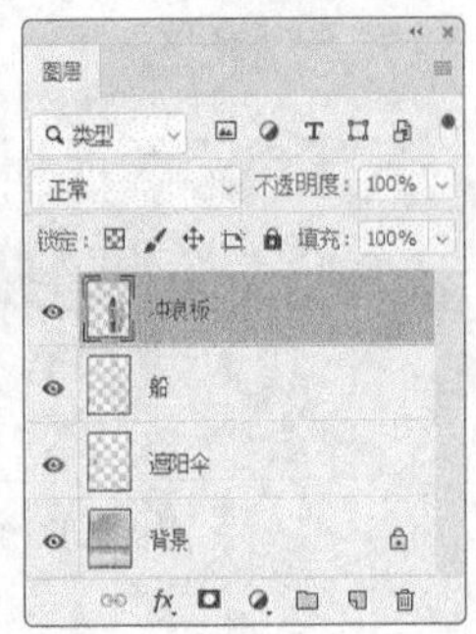

图9-93

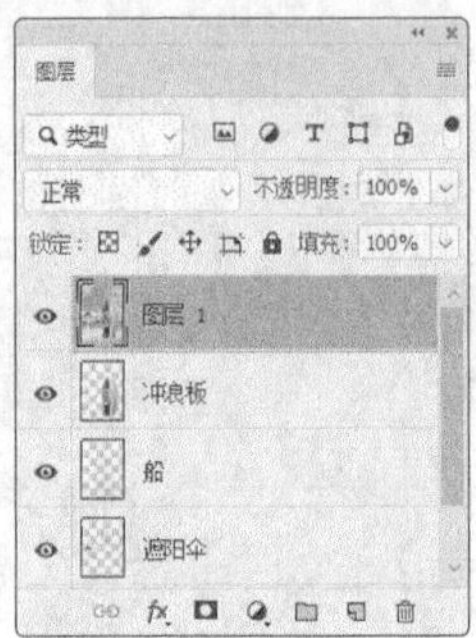

图9-94

提示

在执行此操作时，必须选择一个可见的图层，否则将无法实现此操作。

9.4.3 智能对象图层

智能对象全称为智能对象图层。智能对象可以将一个或多个图层，甚至是一个矢量图形文件包含在Photoshop文件中。以智能对象形式嵌入Photoshop文件中的位图或矢量文件，与当前的Photoshop文件能够保持相对独立。当对Photoshop文件进行修改或对智能对象进行变形、旋转时，不会影响嵌入的位图或矢量文件。

1. 创建智能对象

使用“置入”命令：选择“文件 > 置入嵌入对象”命令为当前的图像文件置入一个矢量文件或位图文件。

使用“转换为智能对象”命令：选中一个或多个图层后，选择“图层 > 智能对象 > 转换为智能对象”命令，可以将选中的图层转换为智能对象图层。

使用“粘贴”命令：在Illustrator软件中对矢量对象进行复制，再回到Photoshop软件中将复制的对象进行粘贴。

2. 编辑智能对象

智能对象以及“图层”面板中的效果如图9-95和图9-96所示。

双击“冲浪板”图层的缩览图，将打开一个新文件，即智能对象“冲浪板”，如图9-97所示。此智能对象文件包含1个普通图层，如图9-98所示。

图9-95

图9-96

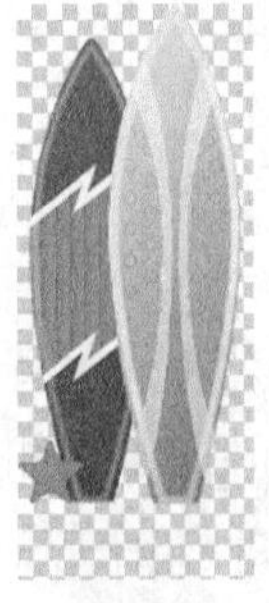
图9-97

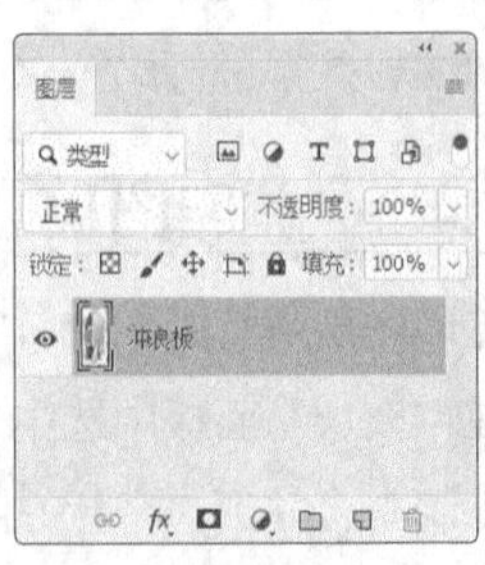

图9-98

在智能对象文件中对图像进行修改并保存，效果如图9-99所示。修改操作将影响嵌入此智能对象文件的图像的最终效果，如图9-100所示。

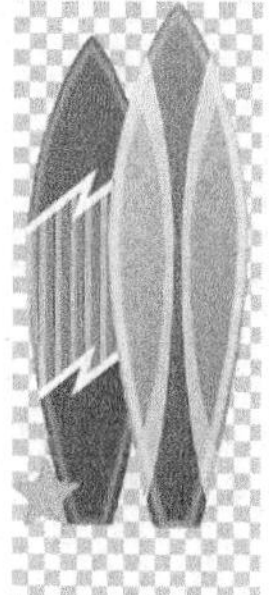
图9-99

图9-100

课堂练习——制作文化创意运营海报

【练习知识要点】使用移动工具和混合模式制作创意图片的融合，使用图层蒙版和画笔工具调整图片的融合，最终效果如图9-101所示。

【效果所在位置】资源/Ch09/效果/制作文化创意运营海报.psd。

图9-101

课后习题——制作饰品类公众号封面首图

【习题知识要点】使用图层的混合模式融合图片，使用“变换”命令、图层蒙版和画笔工具制作倒影，最终效果如图9-102所示。

图9-102

【效果所在位置】资源/Ch09/效果/制作饰品类公众号封面首图.psd。

第10章

应用文字与蒙版

本章介绍

本章主要介绍Photoshop CC 2019中文字与蒙版的应用技巧。通过本章的学习，读者既可以了解并掌握文字的功能及特点，掌握点文字、段落文字的输入方法，又可以掌握变形文字的设置、路径文字的制作，以及应用图层操作制作多变图像效果的技巧。

课堂学习目标

- 熟练掌握文字的输入和编辑的技巧
- 掌握对文字进行变形和创建路径文字的方法
- 熟练掌握图层蒙版的使用技巧
- 掌握使用剪贴蒙版与矢量蒙版的方法

10.1 文字的输入与编辑

应用文字工具输入文字并使用“字符”面板对文字进行调整。

10.1.1　课堂案例——制作家装网站首页Banner

【案例学习目标】使用文字工具添加文字。

【案例知识要点】使用矩形选框工具和椭圆选框工具制作阴影效果，使用“添加图层样式”按钮制作投影效果，使用“自然饱和度”命令和“照片滤镜”命令调节图像色调，使用矩形工具绘制边框，使用横排文字工具和直排文字工具输入需要的文字，最终效果如图10-1所示。

【效果所在位置】资源/Ch10/效果/制作家装网站首页Banner.psd。

（1）按Ctrl+N组合键，打开“新建文档”对话框，设置“宽度”为900像素、“高度”为383像素、“分辨率”为72像素/英寸、“颜色模式”为RGB、“背景内容”为白色，单击“创建”按钮，新建一个文件。

（2）按Ctrl+O组合键，打开“资源>Ch10>素材>制作家装网站首页Banner”中的01、02文件，选择移动工具，将01和02图片分别拖曳到新建的图像窗口中适当的位置，效果如图10-2所示。“图层”面板中会生成新的图层，将其命名为“底图”和“沙发”。

图10-1

图10-2

（3）新建图层并将其命名为“阴影1”。将前景色设为黑色。选择矩形选框工具，在属性栏中将“羽化”选项设为20像素，在图像窗口中拖曳鼠标绘制选区，如图10-3所示。按Alt+Delete组合键，用前景色填充选区，效果如图10-4所示。按Ctrl+D组合键，取消选区。

图10-3

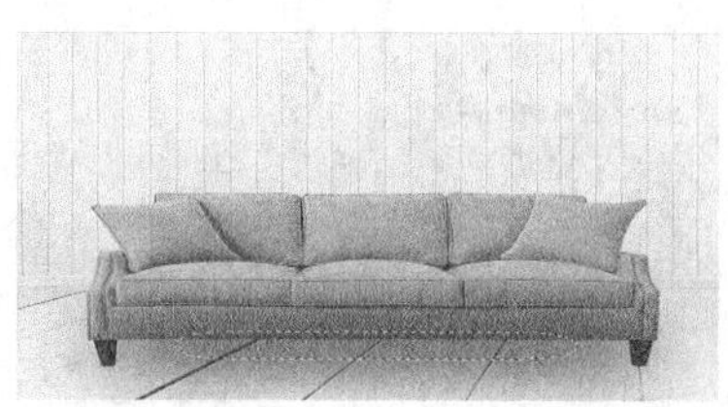

图10-4

（4）将“阴影1”图层拖曳到“沙发”图层的下方，效果如图10-5所示。使用相同的方法绘制另一个阴影，效果如图10-6所示，“图层”面板中生成新的图层“阴影2”。

（5）新建图层并将其命名为“阴影3”。选择椭圆选框工具，在属性栏中选中“添加到选区”按钮，将“羽化”选项设为3像素，在图像窗口中拖曳鼠标绘制多个选区，如图10-7所示。

图10-5

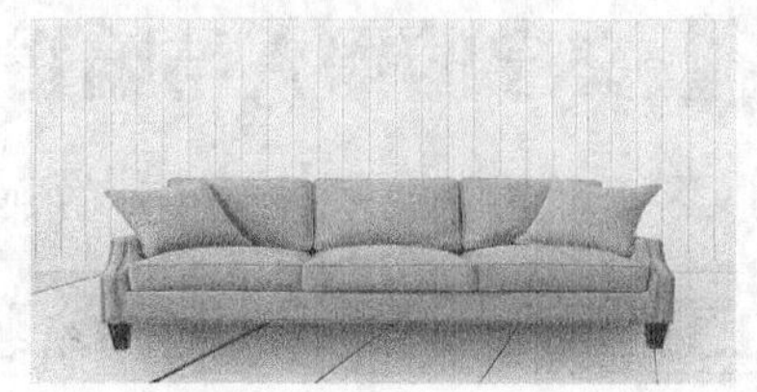
图10-6

（6）按Alt+Delete组合键，用前景色填充选区。按Ctrl+D组合键，取消选区。在“图层”面板上方，将该图层的“不透明度”选项设为38%，按Enter键确认操作。将“阴影3”图层拖曳到“沙发”图层的下方，效果如图10-8所示。

图10-7

图10-8

（7）按Ctrl+O组合键，打开“资源>Ch10>素材>制作家装网站首页Banner”中的03文件。选择移动工具，将03图片拖曳到新建的图像窗口中适当的位置，效果如图10-9所示。“图层”面板中会生成新的图层，将其命名为“小圆桌”。

（8）新建图层并将其命名为“阴影4”。选择椭圆选框工具，在属性栏中将“羽化”选项设为2像素，在图像窗口中拖曳鼠标绘制选区，如图10-10所示。按Alt+Delete组合键，用前景色填充选区。按Ctrl+D组合键，取消选区。在“图层”面板上方，将该图层的“不透明度”选项设为29%，按Enter键确认操作，效果如图10-11所示。将“阴影4”图层拖曳到“小圆桌”图层的下方，效果如图10-12所示。

图10-9

图10-10

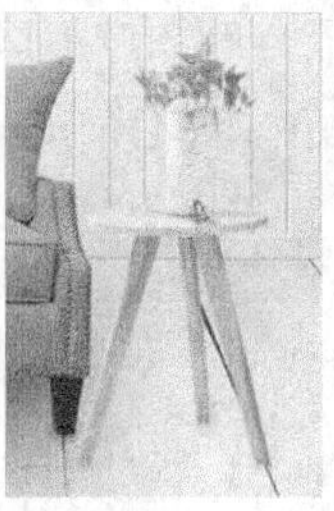
图10-11

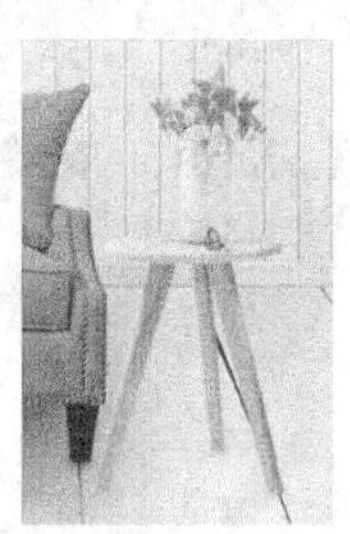
图10-12

（9）使用相同的方法添加衣架并制作阴影，效果如图10-13所示。按Ctrl+O组合键，打开“资源>Ch10>素材>制作家装网站首页Banner”中的05文件。选择移动工具，将05图片拖曳到新建的图像窗口中适当的位置，效果如图10-14所示。“图层”面板中会生成新的图层，将其命名为“挂画”。

（10）单击“图层”面板下方的“添加图层样式”按钮，在弹出的菜单中选择“投影”命令，在弹出的对话框中进行设置，如图10-15所示。单击“确定”按钮，效果如图10-16所示。

图10-13

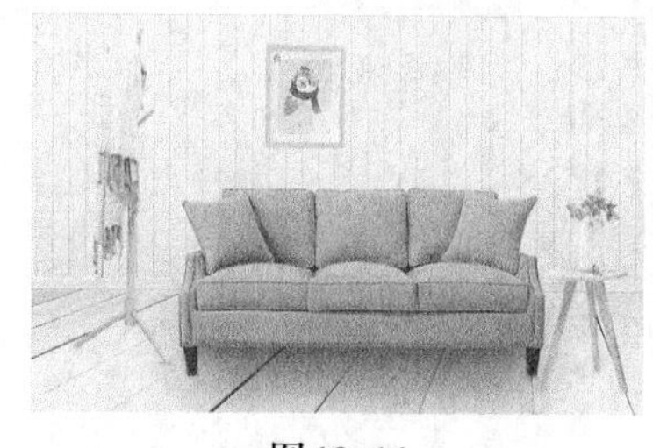

图10-14

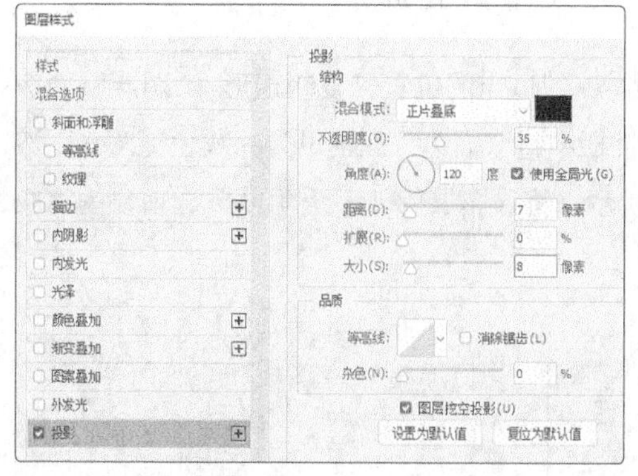

图10-15

图10-16

（11）单击“图层”面板下方的“创建新的填充或调整图层”按钮，在弹出的菜单中选择“自然饱和度”命令，在“图层”面板生成“自然饱和度1”图层，同时弹出“属性”面板，选项的设置如图10-17所示。按Enter键确认操作，效果如图10-18所示。

图10-17

图10-18

（12）单击“图层”面板下方的“创建新的填充或调整图层”按钮，在弹出的菜单中选择“照片滤镜”命令，在“图层”面板中生成“照片滤镜1”图层，同时弹出“属性”面板，将“滤镜”选项设为“青”，其他选项的设置如图10-19所示。按Enter键确认操作，效果如图10-20所示。

（13）选择矩形工具，在属性栏中的“选择工具模式”下拉列表中选择“形状”选项，将“填充”选项设为无，“描边”颜色设为灰色（R:156，G:163，B:163）、“描边宽度”选项设为2.5像素，在图像窗口中拖曳鼠标绘制矩形，效果如图10-21所示，“图层”面板中生成新的形状图层“矩形1”。将该图层的“不透明度”选项设为60%，按Enter键确认操作，效果如图10-22所示。

图10-19

图10-20

（14）选择移动工具，按住Alt键的同时，将矩形拖曳到适当的位置，复制矩形，“图层”面板中生成新的形状图层“矩形1 拷贝”。选择矩形工具，在属性栏中将“描边”颜色设为深灰色（R:67，G:67，B:67）、“描边宽度”选项设为4像素，效果如图10-23所示。将该图层的“不透明度”选项设为70%，按Enter键确认操作，效果如图10-24所示。

图10-21　图10-22　图10-23　图10-24

（15）选择横排文字工具，在适当的位置输入需要的文字并选取文字。选择“窗口>字符”命令，弹出“字符”面板，在面板中将“颜色”设为灰色（R:75，G:75，B:75），其他选项的设置如图10-25所示。按Enter键确认操作，效果如图10-26所示。再次在适当的位置输入需要的文字并选取文字，在“字符”面板中进行设置，如图10-27所示。按Enter键确认操作，效果如图10-28所示。在“图层”面板中将分别生成新的文字图层。

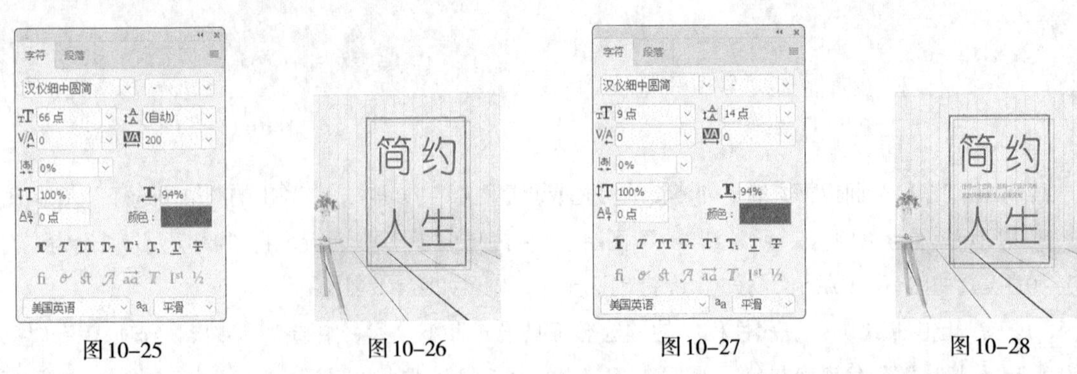

图10-25　图10-26　图10-27　图10-28

（16）选择直排文字工具，在适当的位置输入需要的文字并选取文字。在“字符”面板中，将“颜色”设为灰色（R:75，G:75，B:75），其他选项的设置如图10-29所示。按Enter键确定操作，效果如图10-30所示，“图层”面板中生成新的文字图层。

（17）按Ctrl+O组合键，打开“资源>Ch10>素材>制作家装网站首页Banner”中的06文件。选择移动工具，将06图片拖曳到新建的图像窗口中适当的位置，效果如图10-31所示。“图层”面板中会生成新的图层，将其命名为“花瓶”。家装网站首页Banner制作完成。

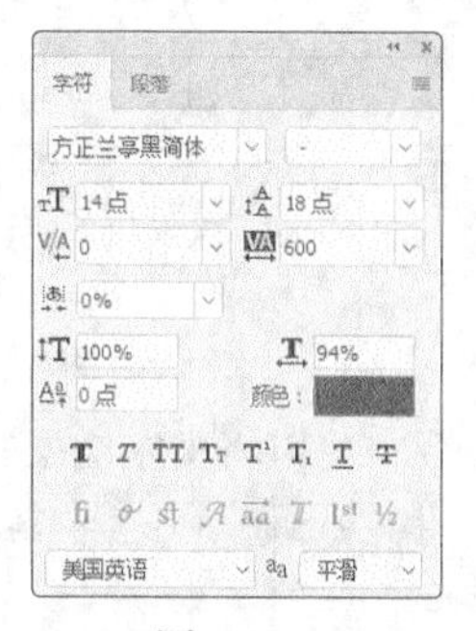

图10-29

图10-30

图10-31

10.1.2　输入水平、垂直文字

选择横排文字工具或按T键，其属性栏如图10-32所示。

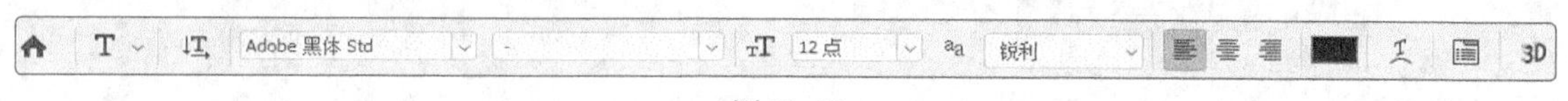

图10-32

切换文本取向：用于切换文字输入的方向。

Adobe 黑体 Std　-　：用于设定文字的字体及样式。

12点：用于设定字体的大小。

锐利：用于消除文字的锯齿，包括无、锐利、犀利、浑厚和平滑5个选项。

：用于设定文字的段落格式，分别是左对齐、居中对齐和右对齐。

：用于设置文字的颜色。

创建文字变形：用于对文字进行变形操作。

切换字符和段落面板：用于打开“段落”和“字符”面板。

从文本创建3D：用于从文本图层创建3D对象。

选择直排文字工具，可以在图像中建立垂直文本，直排文字工具属性栏和横排文字工具属性栏的功能基本相同。

10.1.3　输入段落文字

建立段落文字图层就是以段落文本框的方式建立文字图层。选择横排文字工具，将鼠标指针移动到图像窗口中，鼠标指针变为图标。单击并按住鼠标左键不放拖曳鼠标，在图像窗口中创建一个段落定界框，如图10-33所示。插入点显示在定界框的左上角，段落定界框具有自动换行功能，如果输入的文字较多，则当文字遇到定界框时，会自动换到下一行显示，输入文字，效果如图10-34所示。

如果输入的文字需要分段落，可以按Enter键进行操作，还可以对定界框进行旋转、拉伸等操作。

图10-33

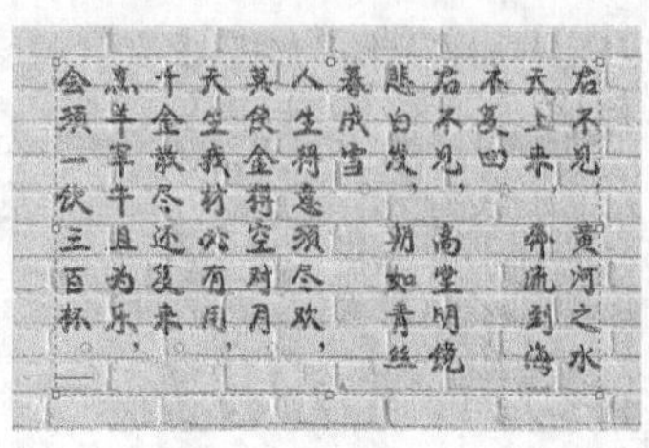

图10-34

10.1.4 栅格化文字

“图层”面板中的文字图层如图10-35所示。选择“图层>栅格化>文字”命令，可以将文字图层转换为图像图层，如图10-36所示；也可用鼠标右键单击文字图层，在弹出的菜单中选择“栅格化文字”命令；还可以选择“文字>栅格化文字图层”命令实现栅格化。

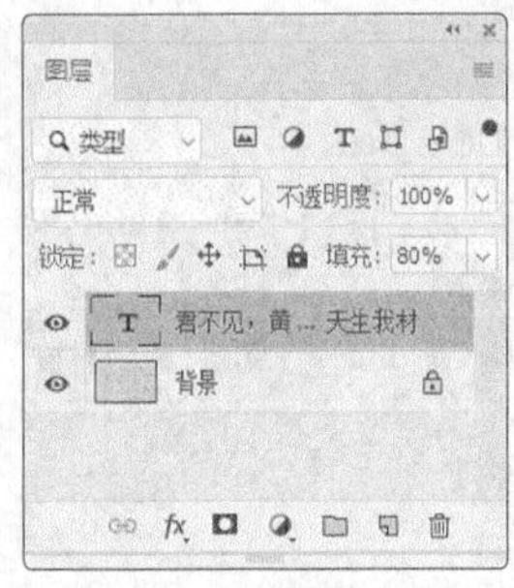

图10-35

图10-36

10.1.5 字符设置

“字符”面板用于编辑文本字符。

选择“窗口>字符”命令，弹出“字符”面板，如图10-37所示。

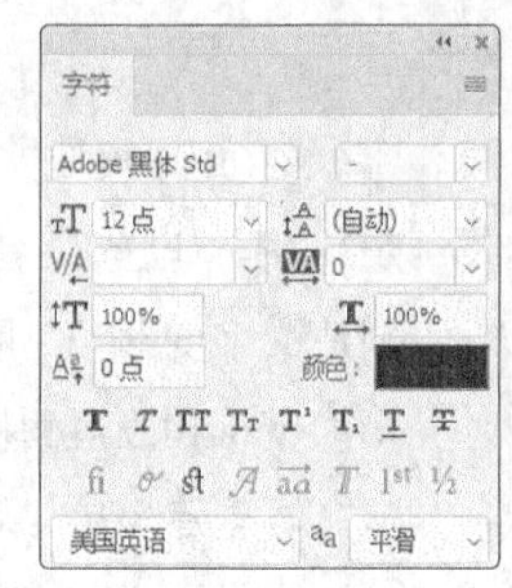

图10-37

字体：可在其下拉列表中选择字体。

设置字体大小：可以在选项的数值框中直接输入数值，也可在其下拉列表中选择表示字体大小的数值。

设置行距：在选项的数值框中直接输入数值，或在其下拉列表中选择需要的行距数值，即可调整文本段落的行距，效果如图10-38所示。

数值为自动时的文字效果

数值为40时的文字效果

数值为75时的文字效果

图10-38

设置两个字符间的字距微调：在两个字符间插入光标，在选项的数值框中输入数值，或在其下拉列表中选择需要的字距数值。输入正值时，字符的间距加大；输入负值时，字符的间距缩小，效果如图10-39所示。

数值为0时的文字效果

数值为200时的文字效果

数值为-200时的文字效果

图10-39

设置所选字符的字距调整：在选项的数值框中直接输入数值，或在其下拉列表中选择需要的字距数值，可以调整文本段落的字距。输入正值时，字距加大；输入负值时，字距缩小，效果如图10-40所示。

数值为0时的效果

数值为75时的效果

数值为-75时的效果

图10-40

设置所选字符的比例间距：在下拉列表中选择百分比数值，可以对所选字符的比例间距进行细微的调整，效果如图10-41所示。

数值为0%时的文字效果

数值为100%时的文字效果

图10-41

垂直缩放：在选项的数值框中直接输入数值，可以调整字符的高度，效果如图10-42所示。

水平缩放：在选项的数值框中输入数值，可以调整字符的宽度，效果如图10-43所示。

设置基线偏移：选中字符，在选项的数值框中直接输入数值，可以调整字符上下移动。输入正值时，使横排字符上移，使直排字符右移；输入负值时，使横排字符下移，使直排字符左移，效果如图10-44所示。

设置文本颜色：在图标上单击，弹出“选择文本颜色”对话框，在对话框中设置需要的颜色后，单击“确定”按钮，可改变文字的颜色。

数值为100%时的文字效果

数值为80%时的文字效果

数值为120%时的文字效果

图10-42

数值为100%时的文字效果

数值为80%时的文字效果

数值为120%时的文字效果

图10-43

选中字符

数值为20时的文字效果

数值为-20时的文字效果

图10-44

设定字符形式 T T TT Tт T¹ T₁ T T：从左到右依次为“仿粗体”按钮T、“仿斜体”按钮T、“全部大写字母”按钮TT、“小型大写字母”按钮Tт、“上标”按钮T¹、“下标”按钮T₁、“下划线”按钮T和“删除线”按钮T。单击不同的按钮，可得到不同的字符形式，效果如图10-45所示。

正常效果

仿粗体效果

仿斜体效果

全部大写字母效果

小型大写字母效果

上标效果

图10-45

下标效果

下划线效果

删除线效果

图10-45（续）

语言设置 美国英语 ：可在其下拉列表中选择需要的字典。选择的字典主要用于拼写检查和连字的设定。

设置消除锯齿的方法 锐利 ：包含无、锐利、犀利、浑厚和平滑5种消除锯齿的方法。

10.1.6 段落设置

选择“窗口>段落”命令，弹出“段落”面板，如图10-46所示。

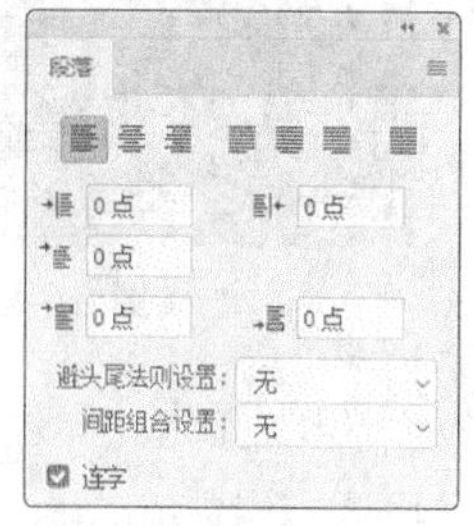

图10-46

：用于调整文本段落中每行的对齐方式，包括左对齐、中间对齐、右对齐。

：用于调整段落的对齐方式，包括段落最后一行左对齐、段落最后一行中间对齐、段落最后一行右对齐。

全部对齐：用于设置段落中的所有行两端对齐。

左缩进：在该选项的数值框中输入数值可以设置段落左端的缩进量。

右缩进：在该选项的数值框中输入数值可以设置段落右端的缩进量。

首行缩进：在该选项的数值框中输入数值可以设置段落第一行的左端缩进量。

段前添加空格：在该选项的数值框中输入数值可以设置当前段落与前一段落的距离。

段后添加空格：在该选项的数值框中输入数值可以设置当前段落与后一段落的距离。

避头尾法则设置、间距组合设置：用于设置段落的样式。

连字：用于确定文字是否与连字符连接。

10.1.7 载入文字的选区

通过文字工具在图像窗口中输入文字后，在“图层”面板中会自动生成文字图层，如果需要文字的选区，可以将此文字图层载入选区。按住Ctrl键的同时，单击文字图层的缩览图，即可载入文字选区。

10.2 创建变形文字与路径文字

在Photoshop CC 2019中，应用创建变形文字命令与路径文字命令可以制作出多种文字变形。

10.2.1 课堂案例——制作霓虹字

【案例学习目标】使用创建变形文字命令制作变形文字。

【案例知识要点】使用横排文字工具输入文字，使用创建变形文字命令制作变形文字，使用“添加图层样式”按钮为文字添加特殊效果，最终效果如图10-47所示。

【效果所在位置】资源/Ch10/效果/制作霓虹字.psd。

（1）按Ctrl+O组合键，打开“资源>Ch10>素材>制作霓虹字”中的01文件，如图10-48所示。

（2）选择横排文字工具[T]，在适当的位置输入需要的文字并选取文字。选择“窗口>字符”命令，弹出“字符”面板，在面板中将“颜色”设为白色，其他选项的设置如图10-49所示。按Enter键确认操作，效果如图10-50所示，“图层”面板中生成新的文字图层。

图10-47

图10-48

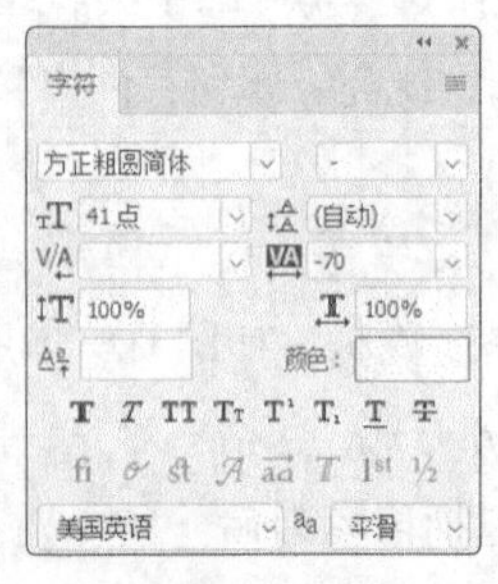

图10-49

图10-50

（3）单击“图层”面板下方的“添加图层样式”按钮[fx]，在弹出的菜单中选择“描边”命令，弹出对话框，将描边的颜色设为白色，其他选项的设置如图10-51所示。选择“内发光”选项，切换到相应的对话框，将发光颜色设为玫红色（R:207，G:11，B:101），其他选项的设置如图10-52所示。

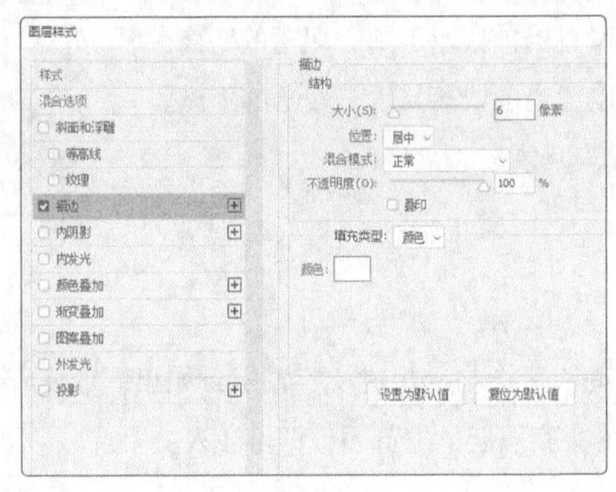

图10-51

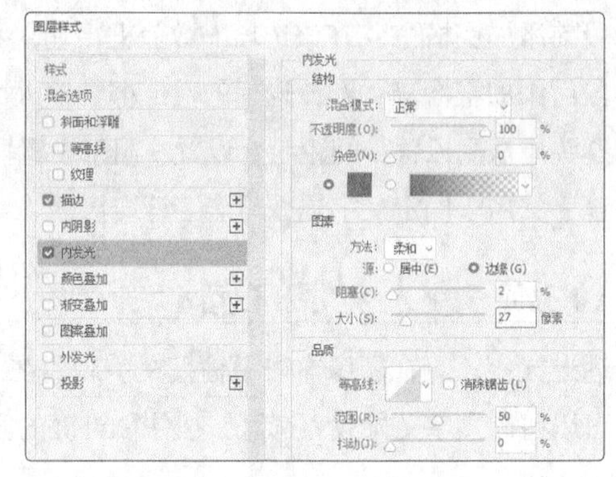

图10-52

（4）选择“外发光”选项，切换到相应的对话框，将发光颜色设为玫红色（R:207，G:11，B:101），其他选项的设置如图10-53所示。单击“确定”按钮，图像效果如图10-54所示。

（5）选择“文字>文字变形”命令，在弹出的对话框中进行设置，如图10-55所示。单击“确定”按钮，文字效果如图10-56所示。

（6）选择椭圆工具[◯]，将属性栏中的“选择工具模式”选项设为“形状”、“描边”颜色设为白色、“粗细”选项设为11像素，按住Shift键的同时，在图像窗口中绘制一个圆形，效果如图10-57所示。在“图层”面板中生成新的形状图层“椭圆1”。将“椭圆1”图层拖曳到“番茄音乐节”文字图层的下方，效果如图10-58所示。

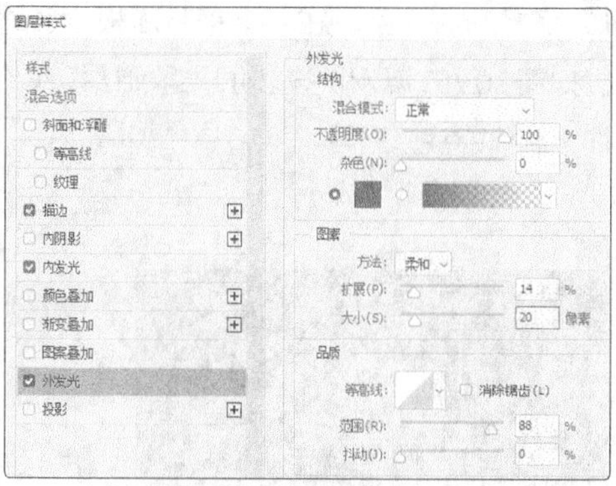

图10-53

图10-54

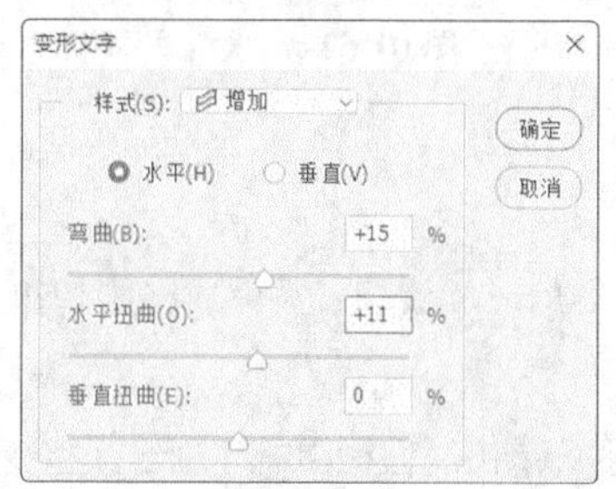

图10-55

图10-56

图10-57

图10-58

（7）单击“图层”面板下方的“添加图层样式”按钮fx，在弹出的菜单中选择“外发光”选项，在弹出的对话框中进行设置，将发光颜色设为玫红色（R:207，G:11，B:101），其他选项的设置如图10-59所示。单击“确定”按钮，图像效果如图10-60所示。

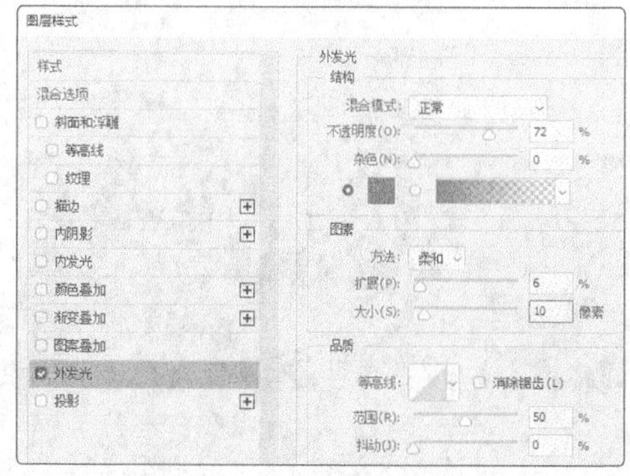

图10-59

图10-60

（8）选择横排文字工具[T]，在适当的位置输入需要的文字并选取文字。在“字符”面板中，将“颜色”设为中黄色（R:228，G:205，B:48），其他选项的设置如图10-61所示。按Enter键确认操作，效果如图10-62所示。“图层”面板中将生成新的文字图层。霓虹字制作完成。

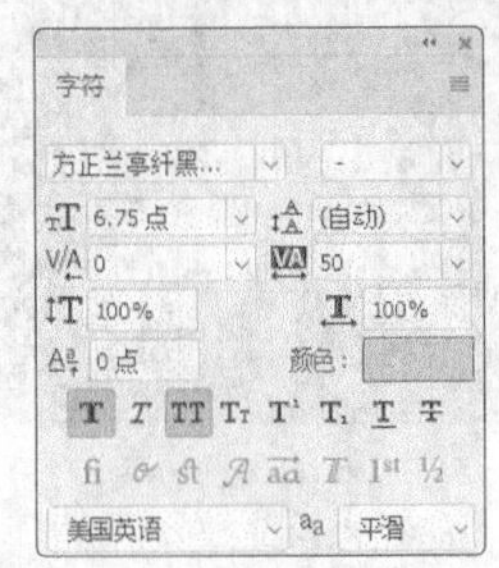

图10-61

图10-62

10.2.2 变形文字

应用“变形文字”对话框可以对文字进行多种样式的变形，如扇形、旗帜、波浪、膨胀和扭转等。

1. 制作扭曲变形文字

选择横排文字工具，在图像窗口中输入文字，如图10-63所示。单击属性栏中的“创建文字变形”按钮，弹出“变形文字”对话框，如图10-64所示。在“样式”下拉列表中包含多种文字的变形效果，如图10-65所示。

图10-63

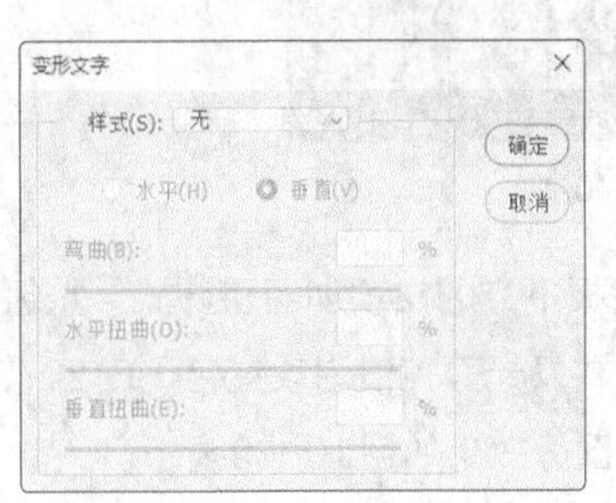

图10-64

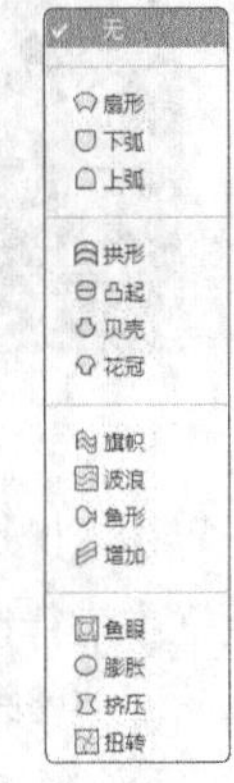

图10-65

文字的多种变形效果如图10-66所示。

扇形

下弧

上弧

图10-66

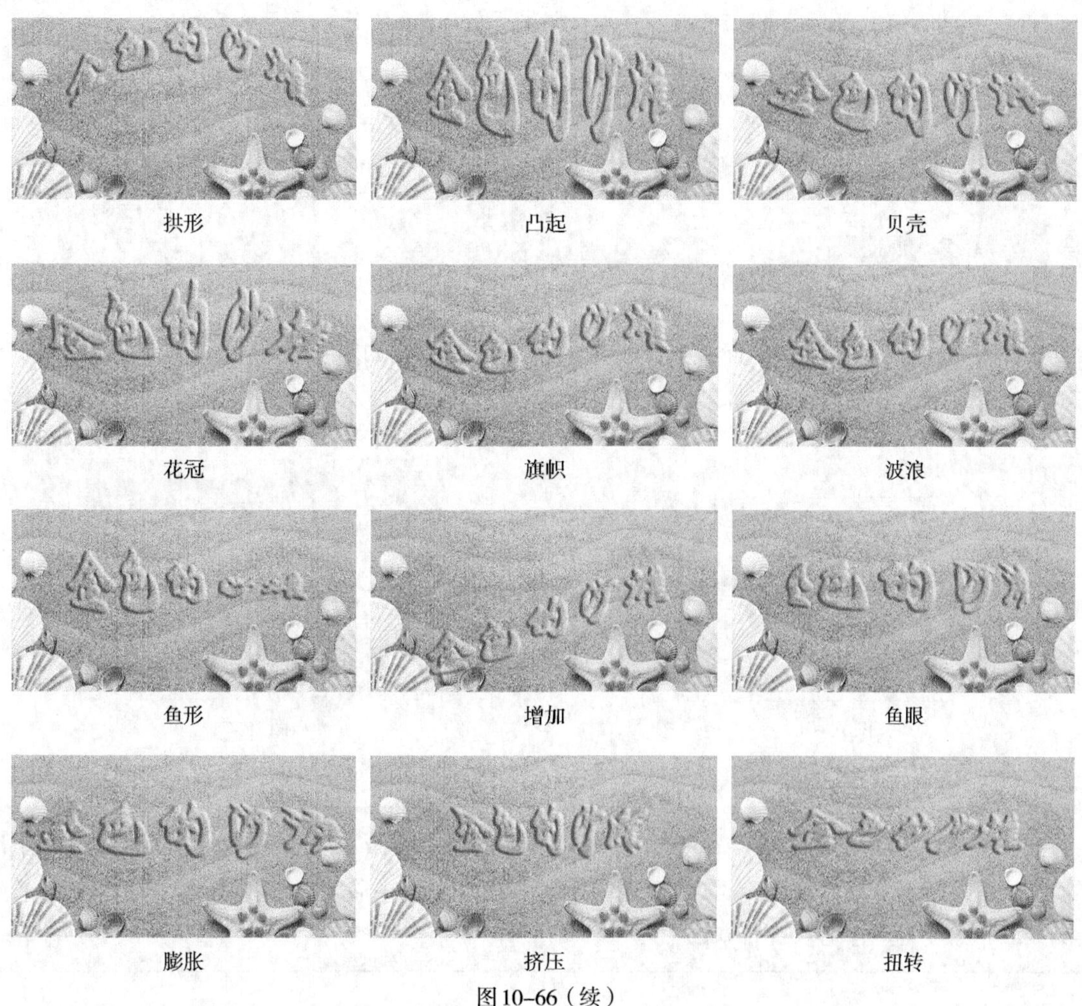

拱形　凸起　贝壳

花冠　旗帜　波浪

鱼形　增加　鱼眼

膨胀　挤压　扭转

图10-66（续）

2. 设置变形选项

如果要修改文字的变形效果，可以调出“变形文字”对话框，在对话框中重新设置样式或更改当前应用样式的数值。

3. 取消文字变形效果

如果要取消文字的变形效果，可以调出“变形文字”对话框，在“样式”下拉列表中选择“无”。

10.2.3 路径文字

应用路径可以将输入的文字排列成变化多端的效果。可以将文字建立在路径上，并应用路径对文字进行调整。

1. 在路径上创建文字

选择钢笔工具，将属性栏中的“选择工具模式”选项设为“路径”，在图像中绘制一条路径，如图10-67所示。选择横排文字工具T，将鼠标指针放在路径上，鼠标指针将变为图标，如图10-68所示。单击路径出现闪烁的光标，此处为输入文字的起始点。输入的文字会沿着路径的形状进行排列，效果如图10-69所示。

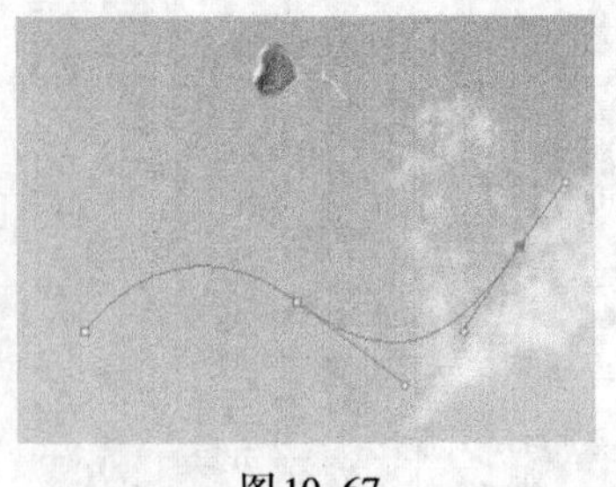

图10-67

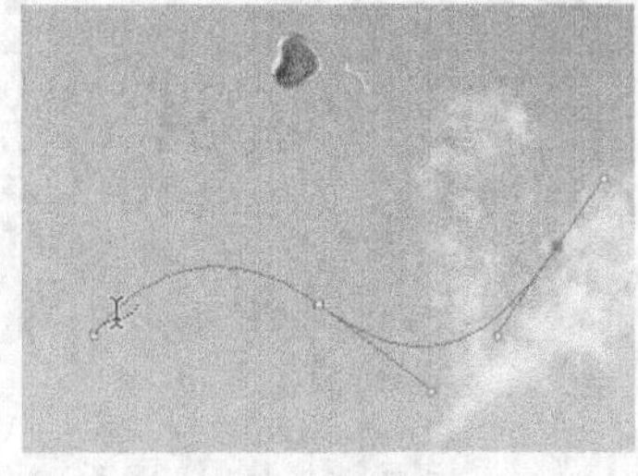

图10-68

图10-69

文字输入完成后，在“路径”面板中会自动生成文字路径层，如图10-70所示。取消勾选“视图>显示额外内容”命令，可以隐藏文字路径，如图10-71所示。

图10-70

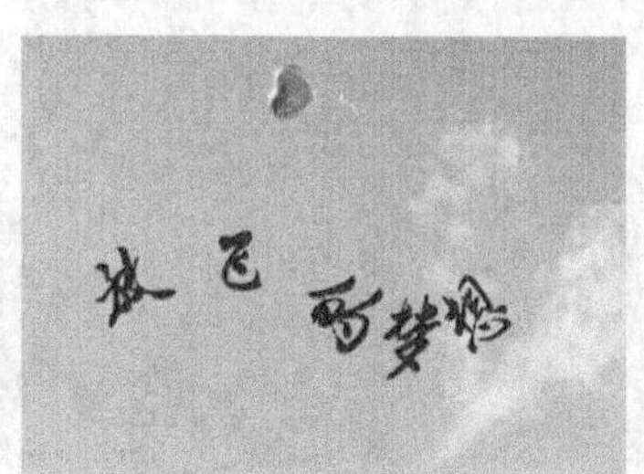

图10-71

提示

“路径”面板中的文字路径层与“图层”面板中对应的文字图层是相链接的，删除文字图层时，文字路径层会自动被删除，删除其他工作路径不会对文字的排列有影响。如果要修改文字的排列形状，需要对文字路径进行修改。

2. 在路径上移动文字

选择路径选择工具，将鼠标指针放置在文字上，鼠标指针显示为图标，如图10-72所示。单击并沿着路径拖曳鼠标，可以移动文字，效果如图10-73所示。

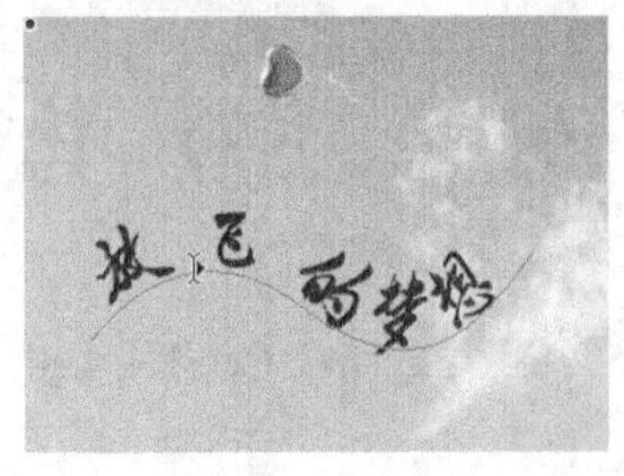

图10-72

图10-73

3. 在路径上翻转文字

选择路径选择工具，将鼠标指针放置在文字上，鼠标指针显示为图标，如图10-74所示。将文字沿路径向下拖曳，可以沿路径翻转文字，效果如图10-75所示。

图10-74

图10-75

4. 修改路径文字的形态

创建了路径文字后，同样可以编辑文字绕排的路径。选择直接选择工具，在路径上单击，路径上将显示出控制手柄，拖曳控制手柄修改路径的形状，如图10-76所示。文字会按照修改后的路径进行排列，效果如图10-77所示。

图10-76

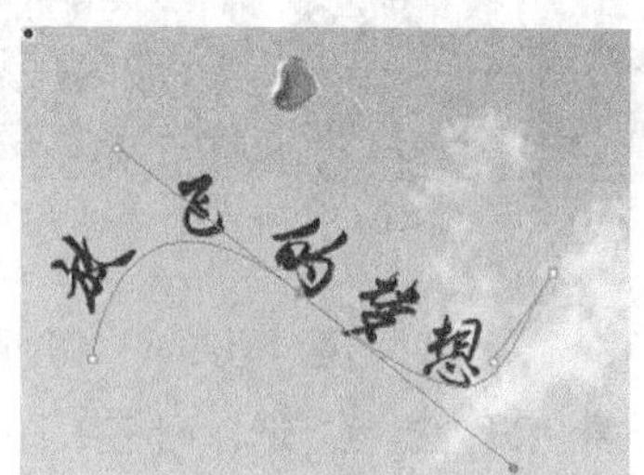

图10-77

10.3 图层蒙版

图层蒙版可以使图层中图像的某些部分被处理成透明和半透明的效果，而且可以恢复已经处理过的图像，是Photoshop中一种独特的处理图像的方式。在编辑图像时可以为某一图层或多个图层添加蒙版，并对添加的蒙版进行编辑、隐藏、链接、删除等操作。

10.3.1 课堂案例——制作家电类网站首页Banner

【案例学习目标】使用混合模式和图层蒙版调整图像。

【案例知识要点】使用移动工具添加图片；使用图层混合模式和图层蒙版制作火焰，最终效果如图10-78所示。

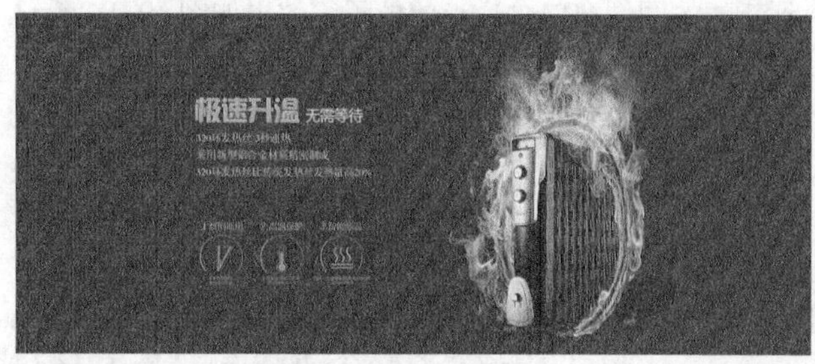

图10-78

【效果所在位置】资源/Ch10/效果/制作家电类网站首页Banner.psd。

（1）按Ctrl+N组合键，弹出“新建文档”对话框，设置“宽度”为1920像素、“高度”为800像素、“分辨率”为72像素/英寸、“颜色模式”为RGB、“背景内容”为深灰色（R:33，G:33，B:33），单击“创建”按钮，新建一个文件。

（2）按Ctrl+O组合键，打开“资源>Ch10>素材>制作家电类网站首页Banner”中的01、02文件，选择移动工具，将01和02图片分别拖曳到新建的图像窗口中适当的位置，效果如图10-79所示。“图层”面板中会生成新的图层，将其命名为“电暖气”和“火圈”。在“图层”面板上方，将“火圈”图层的混合模式设为“滤色”，效果如图10-80所示。

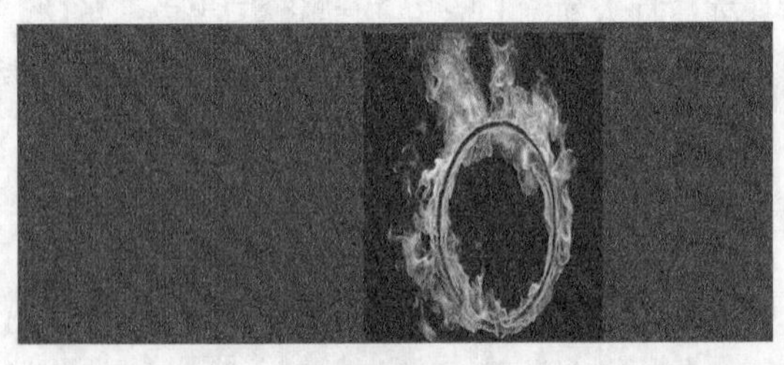

图10-79

图10-80

（3）单击“图层”面板下方的“添加图层蒙版”按钮，为“火圈”图层添加图层蒙版，如图10-81所示。将前景色设为黑色。选择画笔工具，在属性栏中单击画笔选项右侧的下拉按钮，在弹出的面板中选择需要的画笔形状，将“大小”选项设为300像素，如图10-82所示。在图像窗口中拖曳鼠标擦除不需要的部分，效果如图10-83所示。

图10-81

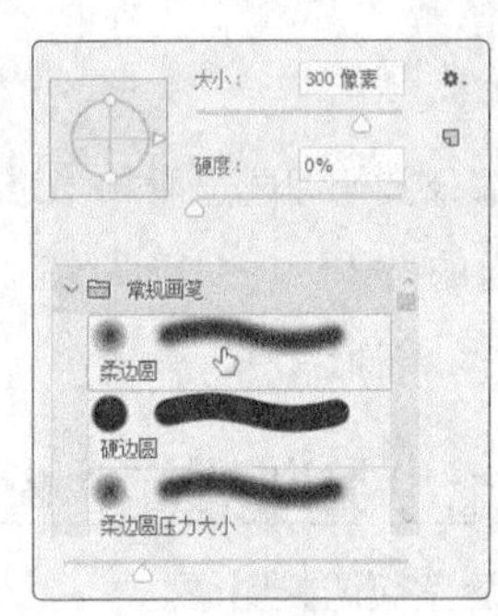

图10-82

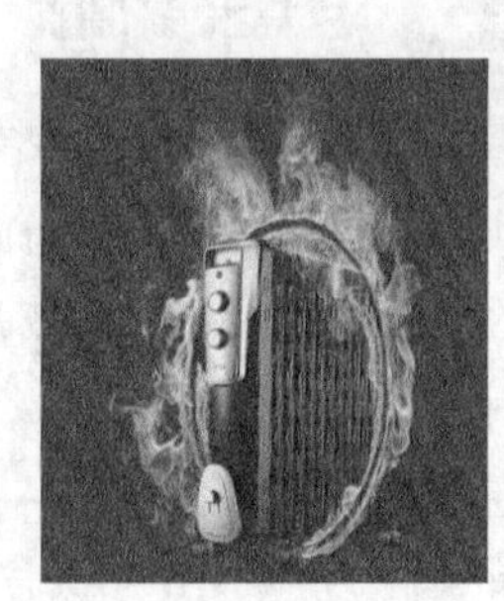

图10-83

（4）按Ctrl+O组合键，打开“资源>Ch10>素材>制作家电类网站首页Banner”中的03文件。选择移动工具，将03图片拖曳到新建的图像窗口中适当的位置，效果如图10-84所示。“图层”面板中会生成新的图层，将其命名为“火焰”。

（5）在“图层”面板上方，将“火焰”图层的混合模式设为“滤色”。单击“图层”面板下方的“添加图层蒙版”按钮，为“火焰”图层添加图层蒙版。选择画笔工具，擦除不需要的部分，效果如图10-85所示。使用相同的方法，置入04图片，并制作出图10-86所示的效果。

（6）按Ctrl+O组合键，打开“资源>Ch10>素材>制作家电类网站首页Banner”中的05文件。选择移动工具，将05图片拖曳到新建的图像窗口中适当的位置并调整大小，效果如图10-87所示。“图层”面板中会生成新的图层，将其命名为“文字”。

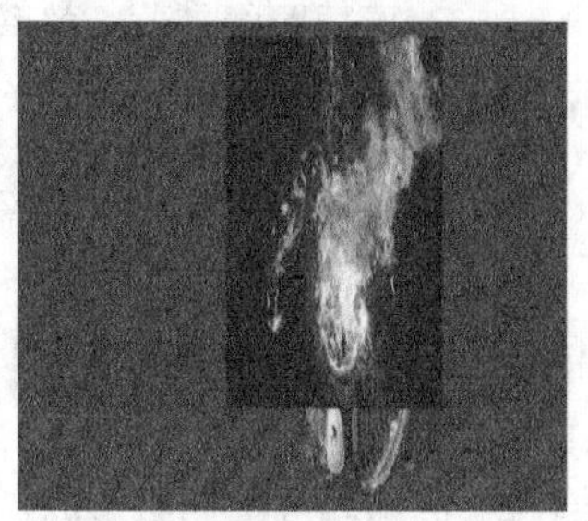
图10-84

图10-85

图10-86

（7）在“图层”面板上方，将“文字”图层的混合模式设为“变亮”，效果如图10-88所示。家电类网站首页Banner制作完成。

图10-87

图10-88

10.3.2 添加图层蒙版

单击“图层”面板下方的“添加图层蒙版”按钮，可以创建一个图层蒙版，如图10-89所示。按住Alt键的同时，单击“图层”面板下方的“添加图层蒙版”按钮，可以创建一个遮盖整个图层的蒙版，如图10-90所示。

图10-89

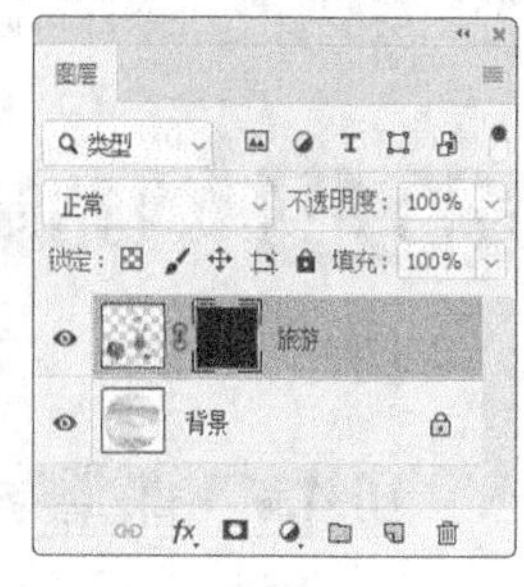

图10-90

选择“图层>图层蒙版>显示全部”命令，效果如图10-89所示。选择“图层>图层蒙版>隐藏全部”命令，效果如图10-90所示。

10.3.3 隐藏图层蒙版

按住Alt键的同时，单击图层蒙版缩览图，此时图像窗口中的图像将被隐藏，只显示蒙版缩览图中的效果，如图10-91所示。“图层”面板中的效果如图10-92所示。按住Alt键，再次单击图层蒙版缩览图，将恢复图像窗口中的图像效果。按住Alt+Shift组合键的同时，单击图层蒙版缩览图，将同时显示图像和图层蒙版的内容。

图10-91

图10-92

10.3.4 图层蒙版的链接

在“图层”面板中，图层缩览图与图层蒙版缩览图之间存在链接图标🔗，当图层图像与蒙版关联时，移动图像时蒙版会同步移动。单击链接图标🔗，将不显示此图标，可以分别对图像与蒙版进行操作。

10.3.5 应用及删除图层蒙版

在“通道”面板中，双击蒙版通道，弹出“图层蒙版显示选项”对话框，如图10-93所示，可以对蒙版的颜色和不透明度进行设置。

选择“图层>图层蒙版>停用”命令，或按Shift键的同时单击“图层”面板中的图层蒙版缩览图，图层蒙版被停用，如图10-94所示，图像将全部显示，效果如图10-95所示。按住Shift键，再次单击图层蒙版缩览图，将恢复图层蒙版效果，效果如图10-96所示。

图10-93　图10-94　图10-95　图10-96

选择“图层>图层蒙版>删除”命令，或在图层蒙版缩览图上单击鼠标右键，在弹出的菜单中选择“删除图层蒙版”命令，可以将图层蒙版删除。

10.4 剪贴蒙版与矢量蒙版

剪贴蒙版和矢量蒙版可以用遮盖的方式使图像产生特殊的效果。

10.4.1 课堂案例——制作服装类App主页Banner

【案例学习目标】使用图层蒙版和剪贴蒙版制作服装类App主页Banner。

【案例知识要点】使用椭圆工具、画笔工具、“添加图层蒙版”按钮和“创建剪贴蒙版”命令制作照片，使用移动工具添加宣传文字，最终效果如图10-97所示。

【效果所在位置】资源/Ch10/效果/制作服装类App主页Banner.psd。

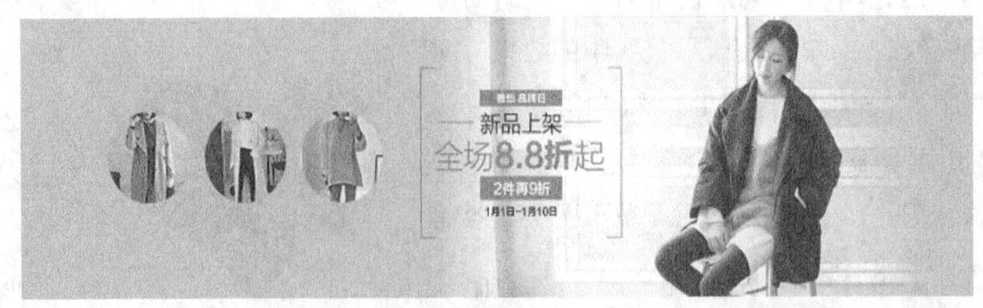

图10-97

（1）按Ctrl+N组合键，弹出“新建文档”对话框，设置“宽度”为750像素、“高度”为200像素、“分辨率”为72像素/英寸、“颜色模式”为RGB、“背景内容”为卡其色（R:207，G:197，B:188），单击“创建”按钮，新建一个文件。

（2）按Ctrl+O组合键，打开“资源>Ch10>素材>制作服装类App主页Banner”中的01文件，选择移动工具，将01图片拖曳到新建的图像窗口中适当的位置，效果如图10-98所示。“图层”面板中会生成新的图层，将其命名为“人物”。

图10-98

（3）单击“图层”面板下方的“添加图层蒙版”按钮，为图层添加蒙版。将前景色设为黑色。选择画笔工具，在属性栏中单击画笔选项右侧的下拉按钮，在弹出的面板中选择需要的画笔形状，将“大小”选项设为100像素，如图10-99所示。在图像窗口中拖曳鼠标擦除不需要的部分，效果如图10-100所示。

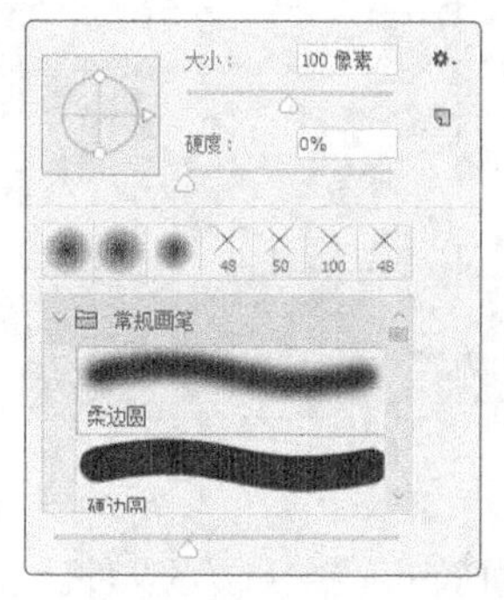

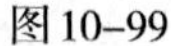

图10-99

图10-100

（4）选择椭圆工具，将属性栏中的“选择工具模式”选项设为“形状”、“填充”颜色设为白色、“描边”颜色设为无。按住Shift键的同时，在图像窗口中适当的位置绘制圆形，如图10-101所示，“图层”面板中生成新的形状图层“椭圆1”。

图10-101

（5）选择“文件>置入嵌入对象”命令，弹出“置入嵌入的对象”对话框。选择“资源>Ch10>素材>制作服装类App主页Banner”中的02文件，单击“置入”按钮，将图片置入图像窗口中。将其拖曳到适当的位置并调整其大小，按Enter键确认操作，“图层”面板中会生成新的图层，将其命名为“图片1”。按Alt+Ctrl+G组合键，为图层创建剪贴蒙版，效果如图10-102所示。

（6）单击“椭圆1”图层，按住Shift键将需要的图层同时选取。按Ctrl+G组合键，群组图层并将其命名为“模特1”，如图10-103所示。

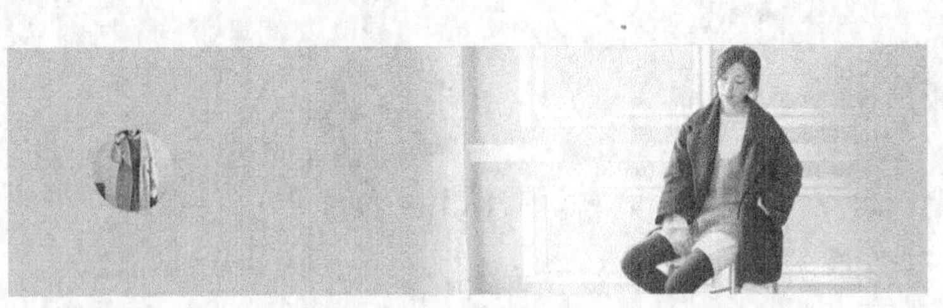

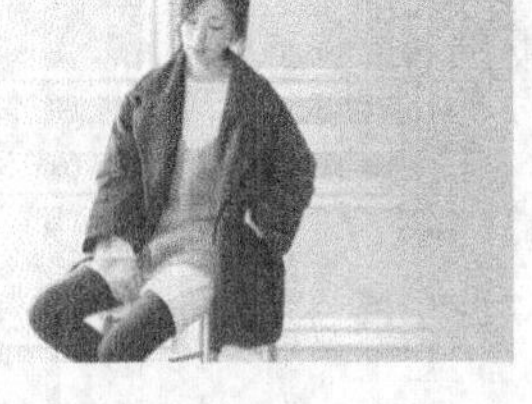

图10-102　　图10-103

（7）使用相同的方法分别制作“模特2”和“模特3”图层组，图像效果如图10-104所示。“图层”面板如图10-105所示。

图10-104　　图10-105

（8）按Ctrl+O组合键，打开“资源>Ch10>素材>制作服装类App主页Banner”中的05文件。选择移动工具，将05图片拖曳到新建的图像窗口中适当的位置，效果如图10-106所示。“图层”面板中会生成新的图层，将其命名为“文字”。服装类App主页Banner制作完成。

图10-106

10.4.2　剪贴蒙版

打开一个文件，如图10-107所示。“图层”面板如图10-108所示。按住Alt键的同时，将鼠标指针放置到“照片”图层和“图形”图层的中间位置，鼠标指针变为↲□图标，如图10-109所示。

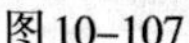
图10-107

图10-108

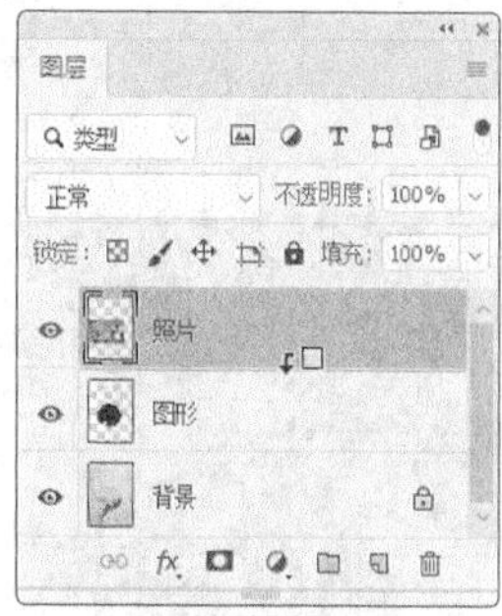

图10-109

单击以创建剪贴蒙版，如图10-110所示。图像窗口中的效果如图10-111所示。用移动工具可以任意移动蒙版图像，效果如图10-112所示。

图10-110

图10-111

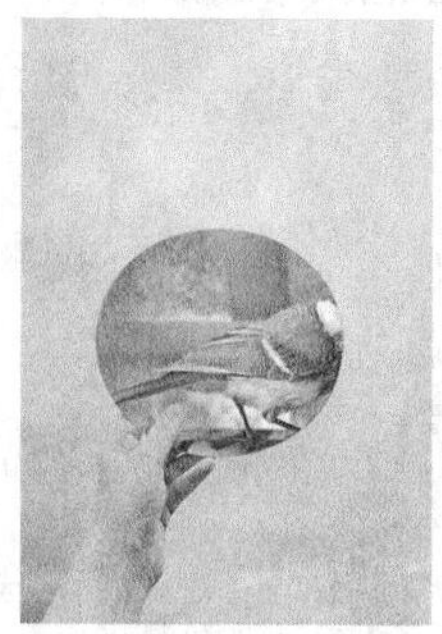
图10-112

选中剪贴蒙版组中上方的图层，选择“图层>释放剪贴蒙版”命令，或按Alt+Ctrl+G组合键，即可删除剪贴蒙版。

10.4.3　课堂案例——制作房地产类公众号封面次图

【案例学习目标】使用矢量蒙版制作图片效果。

【案例知识要点】使用“载入选区”、“从选区生成工作路径”和“创建矢量蒙版”命令制作公众号封面次图，最终效果如图10-113所示。

图10-113

【效果所在位置】资源/Ch10/效果/制作房地产类公众号封面次图.psd。

（1）按Ctrl+N组合键，弹出“新建文档”对话框，设置“宽度”为200像素、“高度”为200像素、“分辨率”为72像素/英寸、“颜色模式”为RGB、“背景内容”为白色，单击“创建”按钮，新建一个文件。

（2）按Ctrl+O组合键，打开“资源>Ch10>素材>制作房地产类公众号封面次图”中的01、02文件。选择移动工具，将01和02图片分别拖曳到新建的图像窗口中适当的位置，效果如图10-114所示。“图层”面板中会生成新的图层，将其命名为“图片”和“图标”，如图10-115所示。

（3）按住Ctrl键的同时，单击“图标”图层的缩览图，生成选区。单击“图标”图层左侧的眼睛图标，隐藏图层，效果如图10-116所示。

图10-114

图10-115

图10-116

（4）单击“路径”面板下方的“从选区生成工作路径”按钮，将选区转换为路径，如图10-117所示。图像窗口中的效果如图10-118所示。在“图层”面板中选中“图片”图层，选择“图层>矢量蒙版>当前路径”命令，创建矢量蒙版，效果如图10-119所示。房地产类公众号封面次图制作完成。

图10-117

图10-118

图10-119

10.4.4 矢量蒙版

原始图像效果如图10-120所示。选择自定形状工具，在属性栏中的“选择工具模式”下拉列表中选择“路径”选项，在“形状”下拉面板中选择“红心形卡”图形，如图10-121所示。

图10-120

图10-121

在图像窗口中绘制路径，如图10-122所示。选择“图层>矢量蒙版>当前路径”命令，为图片添加矢量蒙版，如图10-123所示，图像窗口中的效果如图10-124所示。选择直接选择工具，可以修改路径的形状，从而修改蒙版的遮罩区域，如图10-125所示。

图10-122

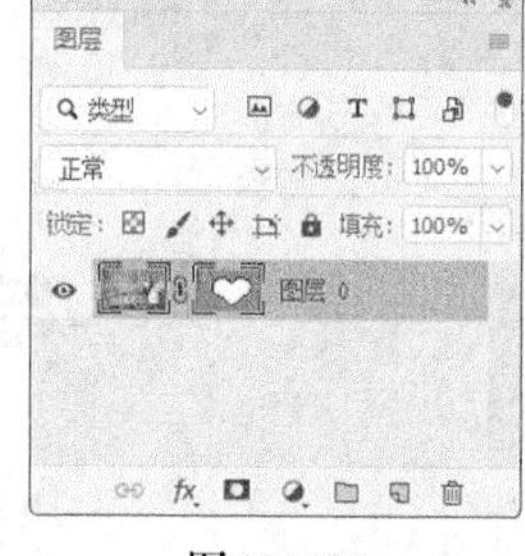

图10-123

图10-124

图10-125

课堂练习——制作空调广告

图10-126

【练习知识要点】使用色相/饱和度调整层调整背景颜色，使用移动工具添加产品和装饰图形，使用“变换”命令、图层蒙版和渐变工具制作投影，使用横排文字工具、“文字变形”命令、“载入选区”命令和图层样式制作标志文字，使用横排文字工具、“字符”面板、直线工具和图层样式添加宣传语，最终效果如图10-126所示。

【效果所在位置】资源/Ch10/效果/制作空调广告.psd。

课后习题——制作豆浆机广告

图10-127

【习题知识要点】使用纹理化滤镜和图层混合模式制作背景效果，使用加深工具和减淡工具调整豆浆机高光及阴影部分，使用文字工具和“自由变换”命令制作文字效果，最终效果如图10-127所示。

【效果所在位置】资源/Ch10/效果/制作豆浆机广告.psd。

第11章

使用通道、滤镜与动作

本章介绍

本章主要介绍通道、滤镜与动作的使用方法。通过对本章的学习，读者将掌握通道的基本操作、通道蒙版的创建和使用方法、滤镜功能的使用技巧，还有“动作”面板和“动作”命令的应用技巧，快速、准确地创作出精美的图像。

课堂学习目标

- 掌握“通道”面板及创建、复制和删除通道的操作方法
- 掌握通道蒙版的使用方法
- 掌握滤镜的使用方法
- 掌握滤镜的特殊使用技巧
- 了解“动作”面板并掌握应用动作的技巧
- 熟练掌握创建动作的方法

11.1 通道的操作

应用“通道”面板可以对通道进行创建、复制、删除、分离和合并等操作。

11.1.1 课堂案例——制作婚纱摄影类公众号运营海报

【案例学习目标】使用通道面板抠出婚纱。

【案例知识要点】使用钢笔工具绘制选区，使用“色阶”命令调整图片，使用“通道”面板和“计算”命令抠出婚纱，最终效果如图11-1所示。

图11-1

【效果所在位置】资源/Ch11/效果/制作婚纱摄影类公众号运营海报.psd。

（1）按Ctrl+O组合键，打开“资源>Ch11>素材>制作婚纱摄影类公众号运营海报”中的01文件，如图11-2所示。

（2）选择钢笔工具，将属性栏中的“选择工具模式”选项设为“路径”，沿着人物的轮廓绘制路径，绘制时要避开半透明的婚纱，如图11-3所示。

（3）按Ctrl+Enter组合键，将路径转换为选区，如图11-4所示。单击“通道”面板下方的“将选区存储为通道”按钮，将选区存储为通道，如图11-5所示。按Ctrl+D组合键，取消选区。

图11-2

图11-3

图11-4

图11-5

（4）将“红”通道拖曳到“通道”面板下方的“创建新通道”按钮上，复制通道，如图11-6所示。选择钢笔工具，在图像窗口中绘制路径，如图11-7所示。按Ctrl+Enter组合键，将路径转换为选区，效果如图11-8所示。

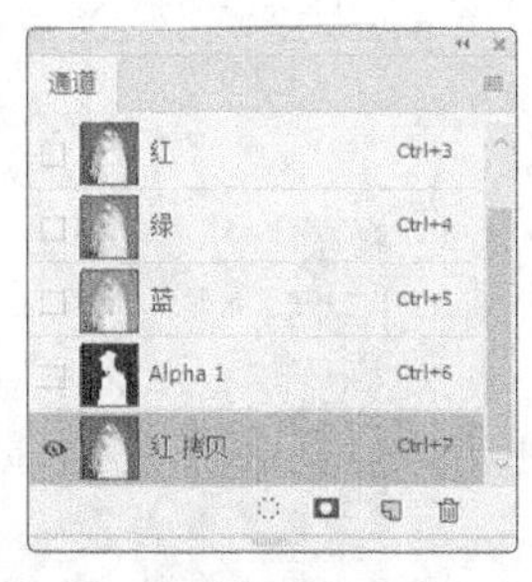

图11-6

图11-7

图11-8

（5）将前景色设为黑色。按Alt+Delete组合键，用前景色填充选区。按Ctrl+D组合键，取消选区，效果如图11-9所示。选择“图像>计算”命令，在弹出的对话框中进行设置，如图11-10所示。单击“确定”

按钮，得到新的通道图像，效果如图11-11所示。

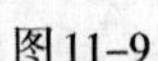

图11-9

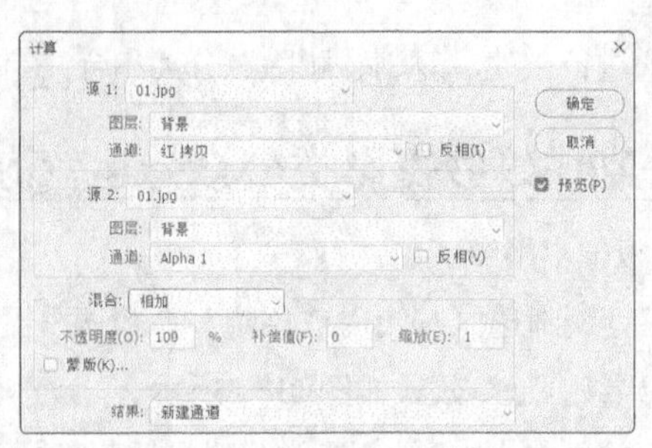

图11-10

图11-11

（6）选择“图像>调整>色阶”命令，在弹出的对话框中进行设置，如图11-12所示。单击“确定”按钮，效果如图11-13所示。按住Ctrl键的同时，单击“Alpha2”通道的缩览图，如图11-14所示，载入婚纱选区，效果如图11-15所示。

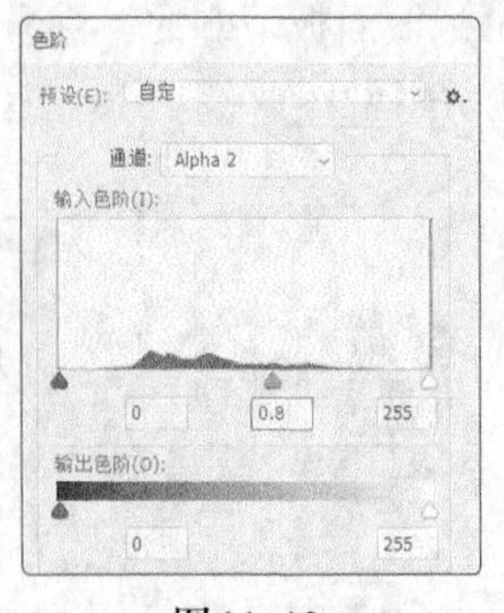

图11-12

图11-13

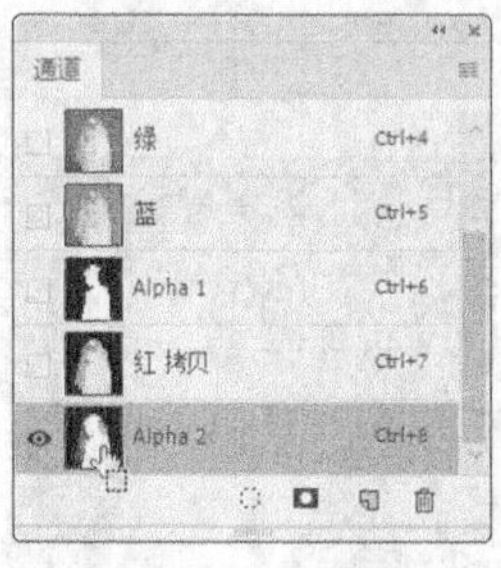

图11-14

图11-15

（7）单击“RGB”通道，显示彩色图像。单击“图层”面板下方的“添加图层蒙版”按钮，添加图层蒙版，如图11-16所示。抠出婚纱图像，效果如图11-17所示。

（8）按Ctrl+N组合键，弹出“新建文档”对话框，设置“宽度”为750像素、“高度”为1181像素、“分辨率”为72像素/英寸、“颜色模式”为RGB、“背景内容”为蓝灰色（R:143，G:153，B:165），单击“创建”按钮，新建一个文件。

（9）选择移动工具，将抠出的婚纱图像拖曳到新建的图像窗口中适当的位置，并调整大小，效果如图11-18所示。“图层”面板中会生成新的图层，将其命名为“婚纱照”。

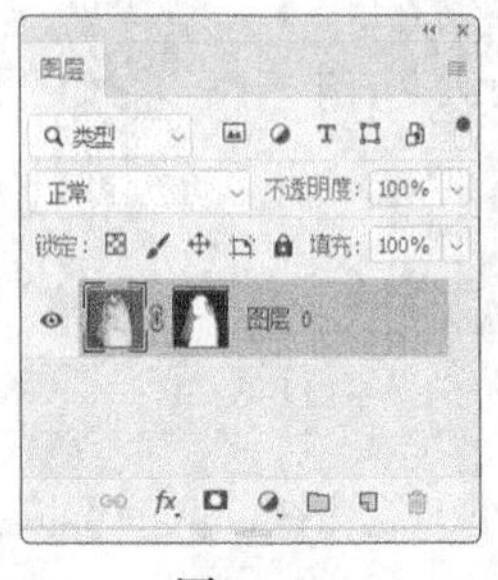

图11-16

图11-17

图11-18

（10）按Ctrl+L组合键，弹出“色阶”对话框，选项的设置如图11-19所示。单击“确定”按钮，图像效果如图11-20所示。

（11）按Ctrl+O组合键，打开“资源>Ch11>素材>制作婚纱摄影类公众号运营海报”中的02文件。选择移动工具，将02图片拖曳到新建的图像窗口中适当的位置，效果如图11-21所示。“图层”面板中会生成新的图层，将其命名为“文字”。婚纱摄影类公众号运营海报制作完成。

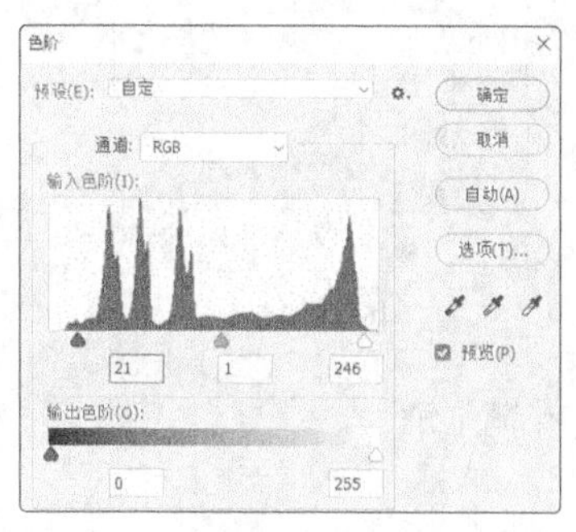

图11-19

图11-20

图11-21

11.1.2 “通道”面板

“通道”面板可以管理所有的通道并对通道进行编辑。选择“窗口>通道”命令，弹出“通道”面板，如图11-22所示。

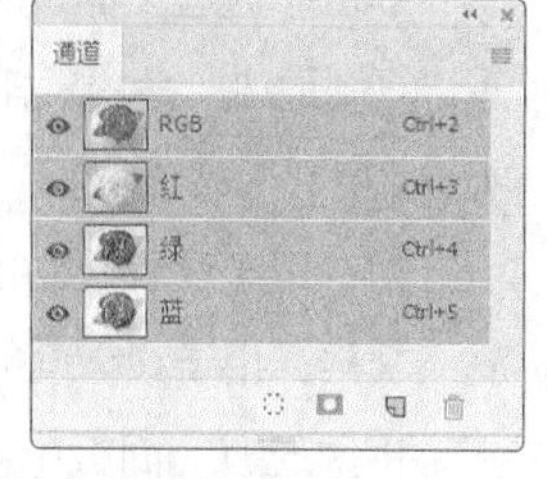

图11-22

在“通道”面板的右上方有两个系统按钮，分别是“折叠为图标”按钮和“关闭”按钮。单击“折叠为图标”按钮可以将面板折叠，只显示图标。单击“关闭”按钮可以将面板关闭。

在“通道”面板中，放置区用于存放当前图像中存在的所有通道。在通道放置区中，选中其中的一个通道，通道上将出现一个深色条。如果想选中多个通道，可以按住Shift键，再单击其他通道。通道左侧的眼睛图标用于显示或隐藏颜色通道。

在“通道”面板的底部有4个工具按钮，如图11-23所示。

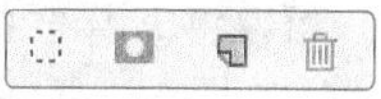

图11-23

（1）“将通道作为选区载入”按钮：用于将通道作为选区调出。

（2）“将选区存储为通道”按钮：用于将选区存入通道中。

（3）“创建新通道”按钮：用于创建或复制新的通道。

（4）“删除当前通道”按钮：用于删除选中的通道。

11.1.3 创建新通道

在编辑图像的过程中，可以建立新的通道。

单击“通道”面板右上方的图标，弹出下拉菜单，选择“新建通道”命令，弹出“新建通道”对话框，如图11-24所示。

名称：用于设置当前通道的名称。

色彩指示：用于选择保护区域。

颜色：用于设置新通道的颜色。

不透明度：用于设置当前通道的不透明度。

单击“确定”按钮，“通道”面板中将创建一个新通道，即Alpha 1，如图11-25所示。

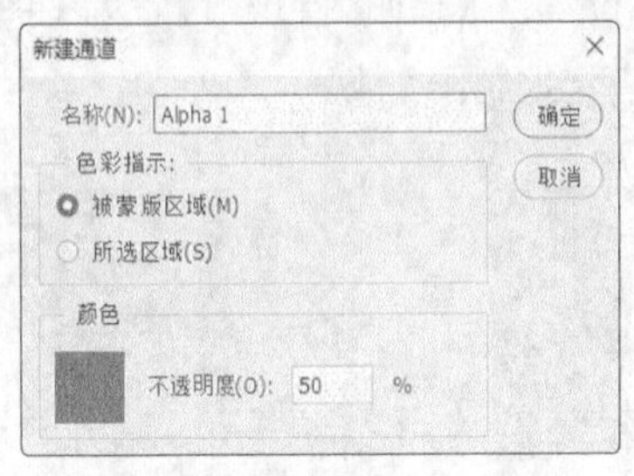

图11-24

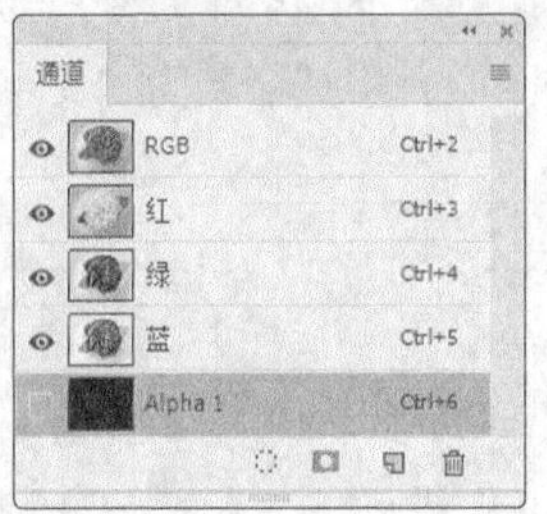

图11-25

单击“通道”面板下方的“创建新通道”按钮，也可以创建一个新通道。

11.1.4 复制通道

“复制通道”命令用于将现有的通道进行复制，产生相同属性的多个通道。

单击“通道”面板右上方的图标，弹出下拉菜单，选择“复制通道”命令，弹出“复制通道”对话框，如图11-26所示。

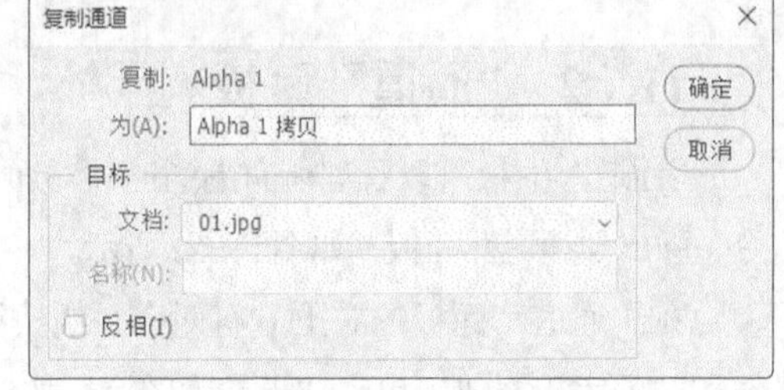

图11-26

为：用于设置复制出的新通道的名称。

文档：用于设置复制通道的文件来源。

将“通道”面板中需要复制的通道拖曳到下方的“创建新通道”按钮上，即可由所选的通道复制出一个新的通道。

11.1.5 删除通道

可以将不用的或废弃的通道删除，以免影响操作。

单击“通道”面板右上方的图标，弹出下拉菜单，选择“删除通道”命令，即可将通道删除。单击面板下方的“删除当前通道”按钮，可将通道删除。也可将需要删除的通道直接拖曳到“删除当前通道”按钮上进行删除。

11.1.6 分离与合并通道

单击“通道”面板右上方的图标，弹出下拉菜单，选择“分离通道”命令，将图像中的每个通道分离成各自独立的8bit灰度图像。图像原始效果如图11-27所示，分离后的效果如图11-28所示。

单击“通道”面板右上方的图标，弹出下拉菜单，选择“合并通道”命令，弹出“合并通道”对话框，如图11-29所示。设置完成后单击“确定”按钮，弹出“合并RGB通道”对话框，如图11-30所示。可以在选定的颜色模式中为每个通道指定一幅灰度图像，被指定的图像可以是同一幅图像，也可以是不同的图像。在合并之前，所有要合并的图像都必须是打开的，尺寸要保持一致，且为灰度图像，单击“确定”

按钮，效果如图11-31所示。

图11-27

图11-28

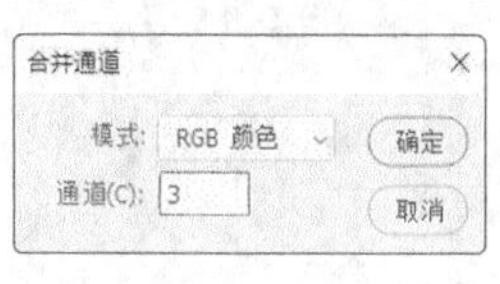

图11-29

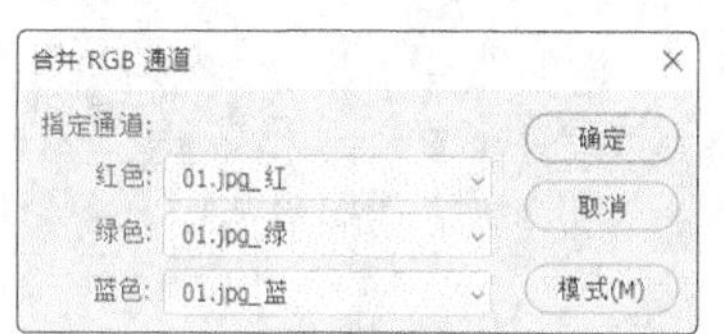

图11-30

图11-31

11.1.7　通道运算

应用“计算”命令可以计算处理通道内的图像，使图像混合产生特殊效果。“计算”命令同样可以计算处理两个通道中的相应内容，但主要用于合成单个通道的内容。

选择“图像>计算”命令，弹出“计算”对话框，如图11-32所示。

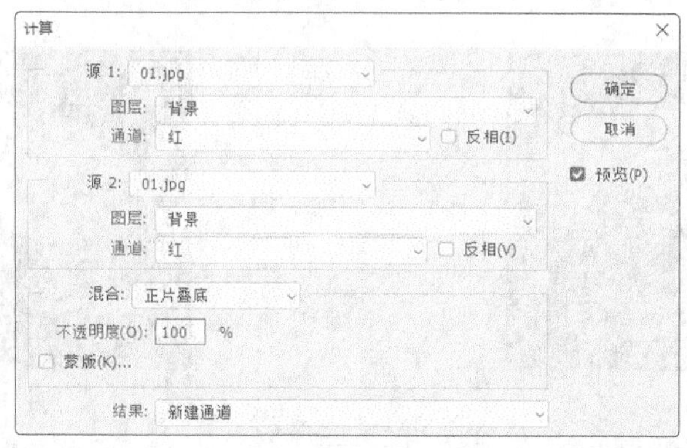

图11-32

源1：用于选择源文件1。图层：用于选择源文件1中的图层。通道：用于选择源文件1中的通道。反相：用于反转。源2：用于选择源文件2。混合：用于选择混合模式。不透明度：用于设定不透明度。结果：用于指定处理结果的存放位置。

“计算”命令尽管与“应用图像”命令一样都是对两个通道的相应内容进行计算处理的命令，但是二者也有区别。用“应用图像”命令处理后的结果可作为源文件或目标文件使用，而用“计算”命令处理后的结果则存成一个通道，如存成Alpha通道，使其可转变为选区以供其他工具使用。

选择“图像>计算”命令，弹出“计算”对话框，设置各选项如图11-33所示。单击“确定”按钮，两个图像通道运算后的新通道如图11-34所示。图像效果如图11-35所示。

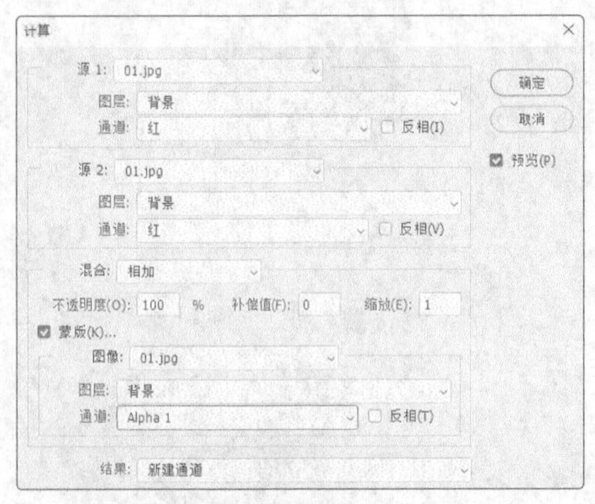

图11-33

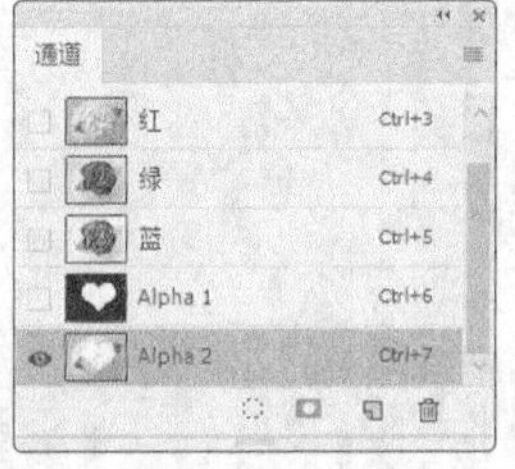

图11-34

图11-35

11.2 通道蒙版

在通道中可以快速地创建蒙版，还可以存储蒙版。

11.2.1 快速蒙版的制作

选择“快速蒙版”命令，可以使图像快速地进入蒙版编辑状态。打开一幅图像，效果如图11-36所示。选择快速选择工具，在图像窗口中绘制选区，如图11-37所示。

图11-36

图11-37

单击工具箱下方的“以快速蒙版模式编辑”按钮，进入蒙版状态，选区暂时消失，图像中未选择的区域变为红色，如图11-38所示。“通道”面板中将自动生成快速蒙版，如图11-39所示。快速蒙版图像如图11-40所示。

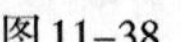

图11-38

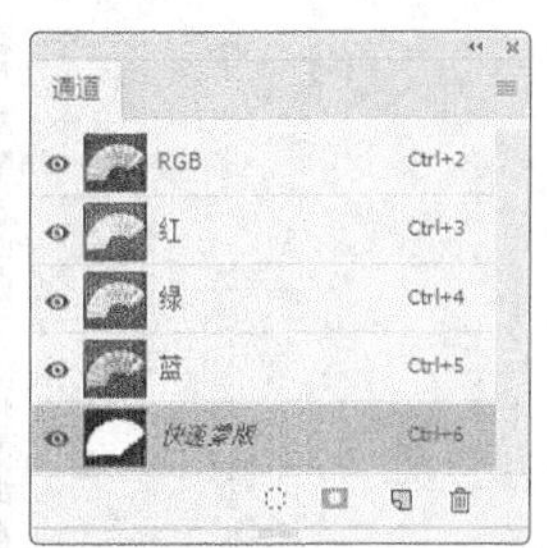

图11-39

图11-40

提示

系统预设蒙版颜色为半透明的红色。

选择画笔工具，在画笔工具属性栏中进行设定，如图11-41所示。将前景色设为白色，将快速蒙版中的扇子图形涂抹成白色，图像效果如图11-42所示，“通道”面板如图11-43所示。

图11-41

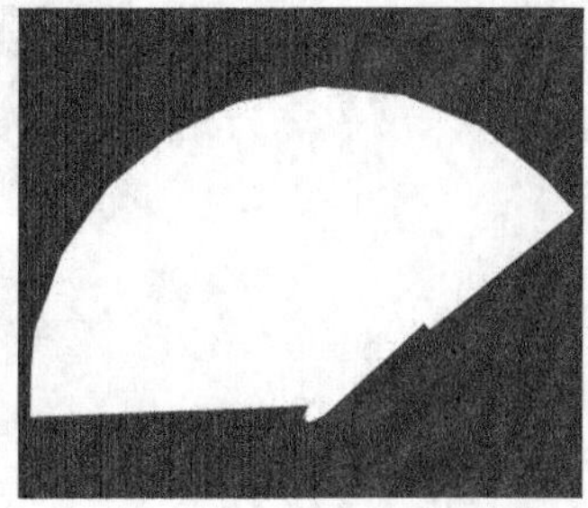

图11-42

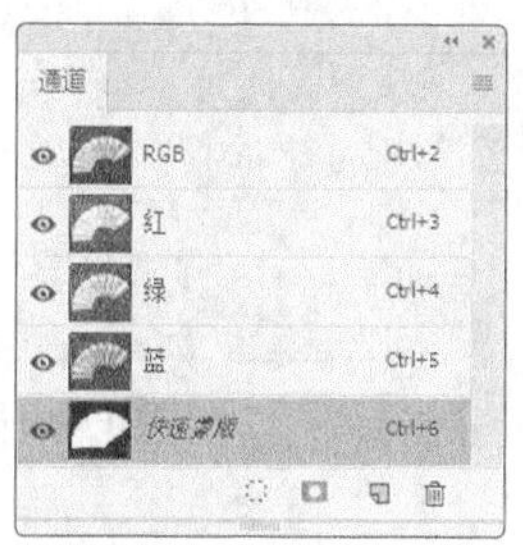

图11-43

11.2.2　在Alpha通道中存储蒙版

可以将编辑好的蒙版存储到Alpha通道中。

在图像中绘制选区，效果如图11-44所示。选择“选择>存储选区”命令，弹出“存储选区”对话框，设置各选项如图11-45所示，单击“确定”按钮，建立通道蒙版“扇子”。或单击“通道”面板中的“将选区存储为通道”按钮，建立通道蒙版“扇子”，将图像保存，如图11-46所示。图像效果如图11-47所示。

图11-44

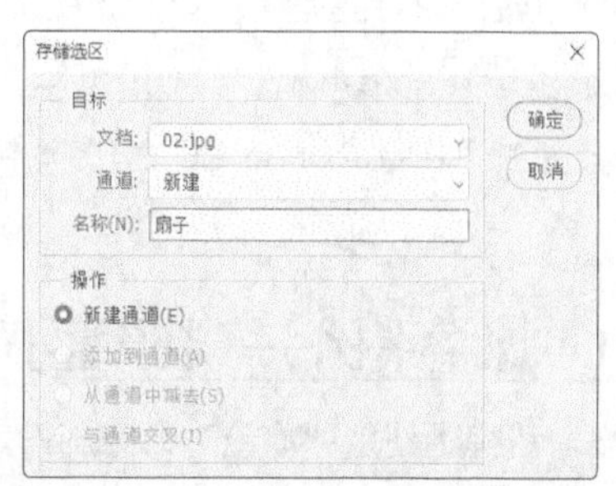

图11-45

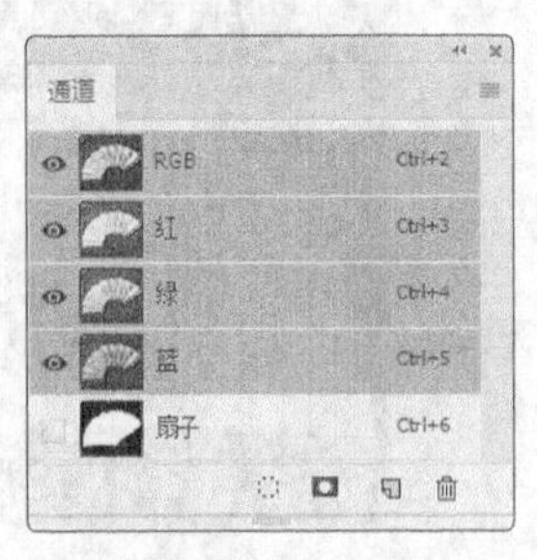

图11-46

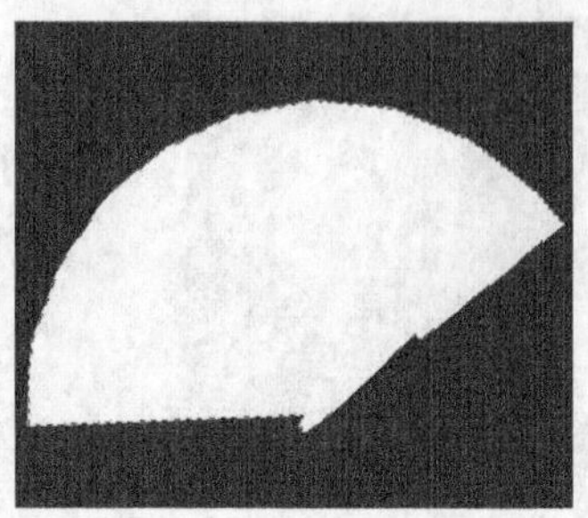

图11-47

将图像保存后，再次打开图像时，选择“选择>载入选区”命令，弹出“载入选区”对话框，设置各选项如图11-48所示，单击“确定”按钮，将“扇子”通道的选区载入；或单击“通道”面板中的“将通道作为选区载入”按钮，将“扇子”通道作为选区载入，效果如图11-49所示。

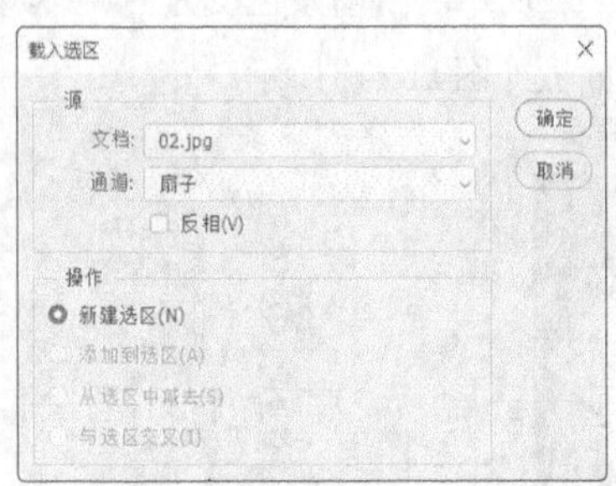

图11-48

图11-49

11.3 “滤镜”菜单及应用

Photoshop CC 2019的“滤镜”菜单下提供了多种滤镜，选择这些滤镜命令，可以制作出奇妙的图像效果。单击打开图11-50所示的下拉菜单。

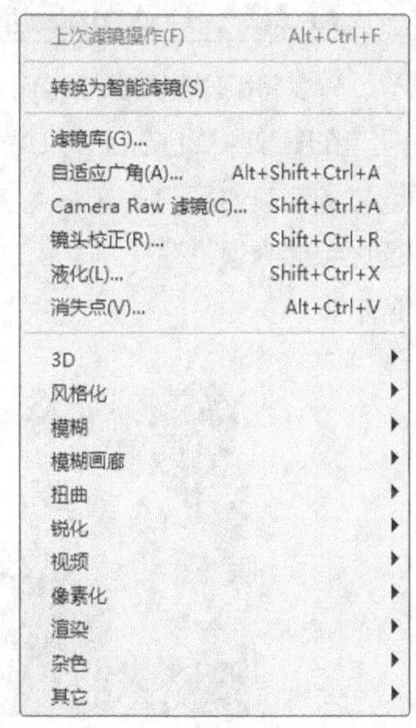

图11-50

Photoshop CC 2019中“滤镜”菜单被分为4个部分，并用横线划分开。

第1部分为最近一次使用的滤镜。没有使用滤镜时，此命令为灰色，不可选择。使用任意一种滤镜后，当需要重复使用这种滤镜时，只要直接选择该命令或按Ctrl+F组合键即可。

第2部分为转换为智能滤镜，智能滤镜可随时进行修改操作。

第3部分为6种Photoshop CC 2019滤镜，每个滤镜的功能都十分强大。

第4部分为11种Photoshop CC 2019滤镜组，每个滤镜组中都包含多个滤镜。

11.3.1 课堂案例——制作素描画效果

【案例学习目标】使用“滤镜”命令制作素描画效果。

【案例知识要点】使用特殊模糊滤镜和“反相”命令制作素描图像，使用“色阶”命令调整图像颜色，最终效果如图11-51所示。

【效果所在位置】光盘/Ch11/效果/制作素描画效果.psd。

（1）按Ctrl+O组合键，打开“资源>Ch11>素材>制作素描画效果”中的01文件，如图11-52所示。

（2）将“背景”图层拖曳到“图层”面板下方的“创建新图层”按钮 上进行复制，生成新的图层“背景 拷贝”，如图11-53所示。选择“图像>调整>去色”命令，将图像去色，效果如图11-54所示。

图11-51

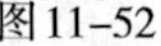

图11-52

图11-53

图11-54

（3）选择“滤镜>滤镜库”命令，在弹出的对话框中进行设置，如图11-55所示。单击“确定”按钮，效果如图11-56所示。

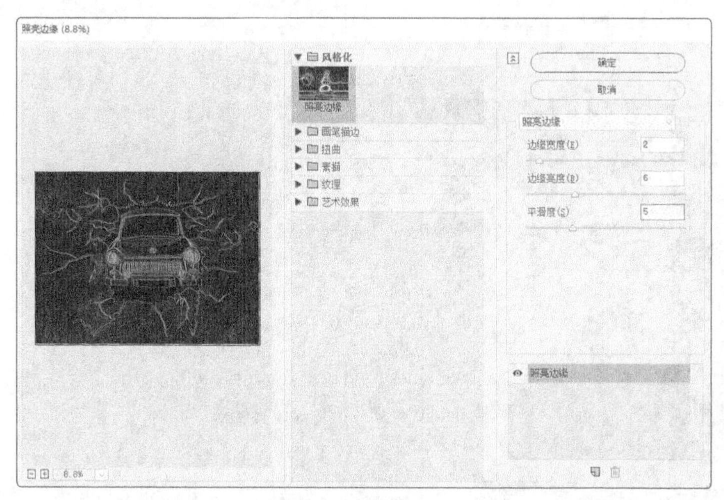

图11-55

图11-56

（4）选择“图像>调整>反相”命令，调整图像，效果如图11-57所示。单击“图层”面板下方的“创建新的填充或调整图层”按钮 ，在弹出的菜单中选择“色阶”命令，在“图层”面板中生成“色阶1”图层。同时弹出“属性”面板，设置如图11-58所示。按Enter键确认操作，效果如图11-59所示。素描画效果制作完成。

图11-57

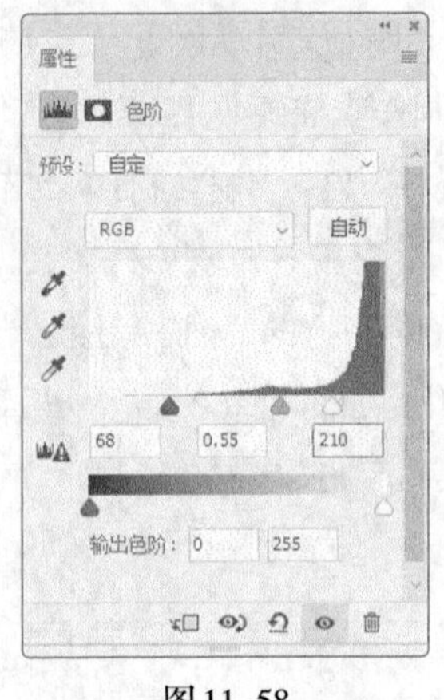

图11-58

图11-59

11.3.2 滤镜库的功能

Photoshop CC 2019的滤镜库将常用滤镜组组合在一个面板中，以折叠菜单的方式显示，并为每一个滤镜提供了直观的效果预览，使用十分方便。

选择“滤镜>滤镜库”命令，弹出“滤镜库”对话框，在对话框中，左侧为滤镜预览框，可显示滤镜应用后的效果；中部为滤镜列表，每个滤镜组下面包含了多个特色滤镜，单击需要的滤镜组，可以浏览滤镜组中的各个滤镜和其相应的滤镜效果；右侧为滤镜参数设置栏，可设置所用滤镜的各个参数，如图11-60所示。

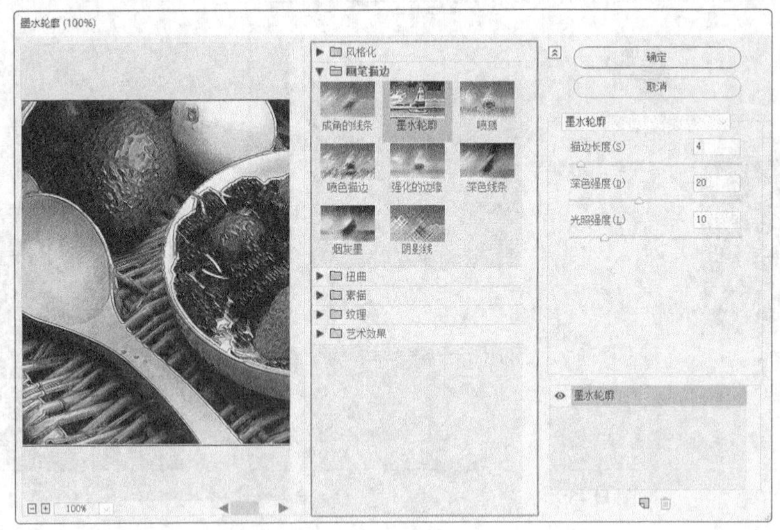

图11-60

1. 风格化滤镜组

风格化滤镜组只包含一个照亮边缘滤镜，如图11-61所示。此滤镜可以搜索主要颜色的变化区域并强化其过渡像素产生轮廓发光的效果，应用此滤镜前后的效果如图11-62和图11-63所示。

图11-61

图11-62

图11-63

2. 画笔描边滤镜组

画笔描边滤镜组包含8个滤镜，如图11-64所示。此滤镜组对CMYK和Lab颜色模式的图像都不起作用。应用不同的画笔描边滤镜制作出的效果如图11-65所示。

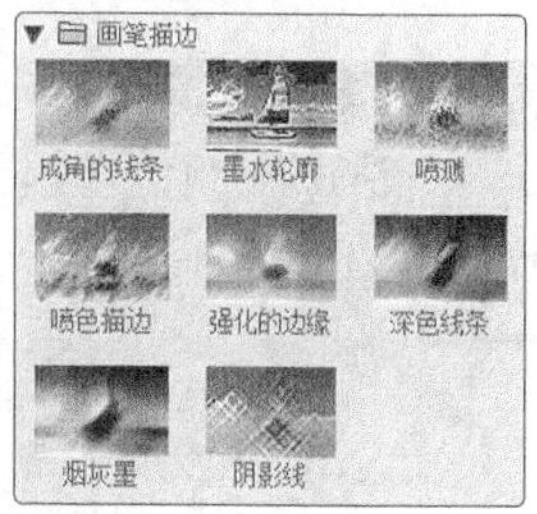

图11-64

图11-65

3. 扭曲滤镜组

扭曲滤镜组包含3个滤镜，如图11-66所示。此滤镜组可以生成一组从波纹到扭曲图像的变形效果。应用不同的扭曲滤镜制作出的效果如图11-67所示。

图11-66

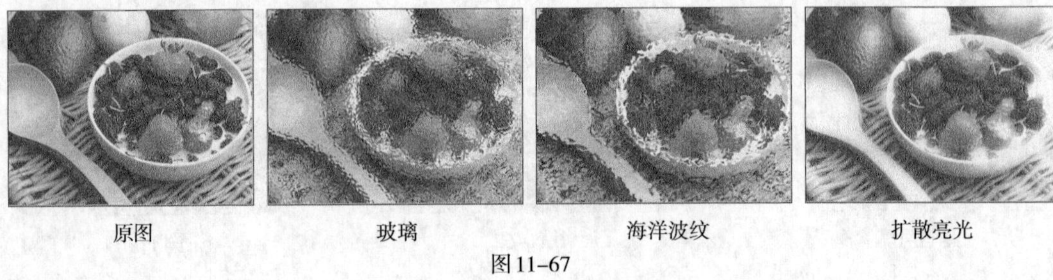

原图　玻璃　海洋波纹　扩散亮光

图11-67

4. 素描滤镜组

素描滤镜组包含14个滤镜，如图11-68所示。这些滤镜只对RGB颜色模式或灰度模式的图像起作用，可以制作出多种绘画效果。应用不同的素描滤镜制作出的效果如图11-69所示。

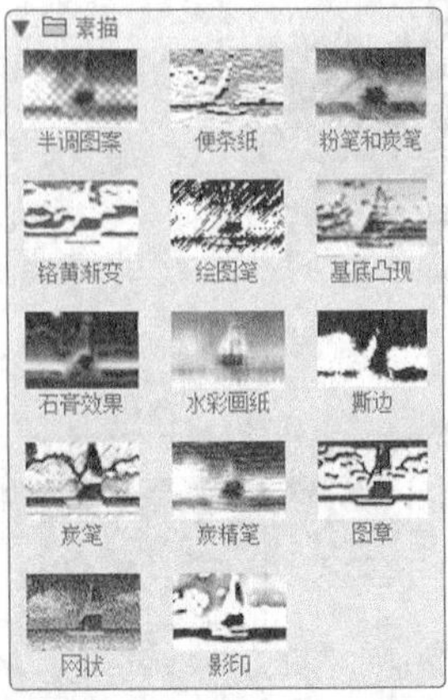

图11-68

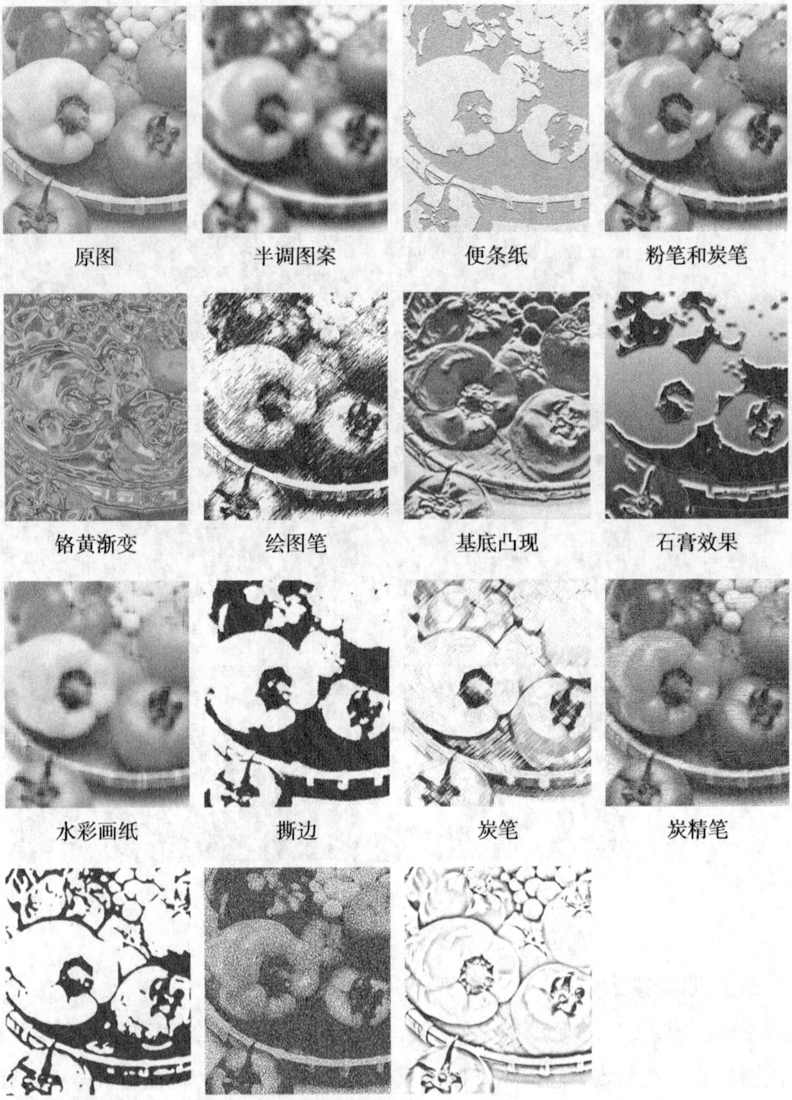

原图　半调图案　便条纸　粉笔和炭笔

铬黄渐变　绘图笔　基底凸现　石膏效果

水彩画纸　撕边　炭笔　炭精笔

图章　网状　影印

图11-69

5. 纹理滤镜组

纹理滤镜组包含6个滤镜，如图11-70所示。这些滤镜可以使图像中各颜色之间产生过渡变形的效果。应用不同的纹理滤镜制作出的效果如图11-71所示。

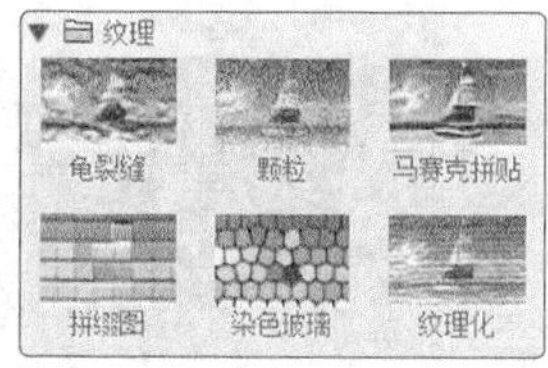

图11-70

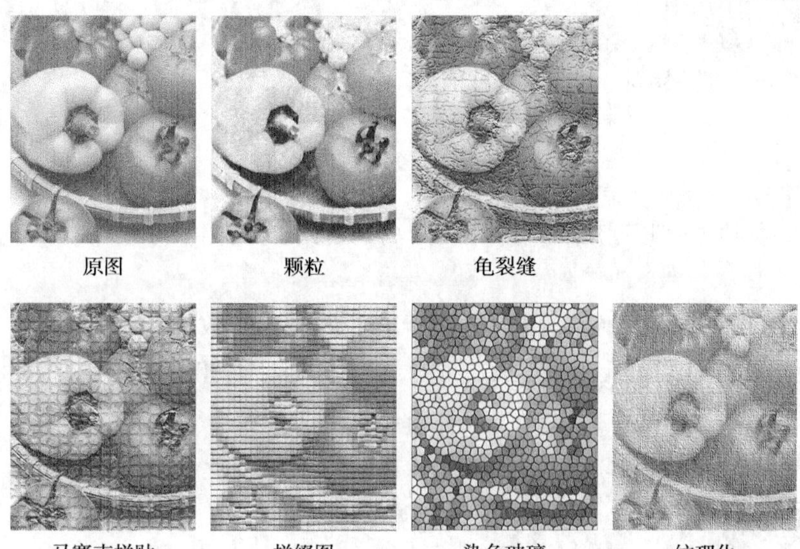

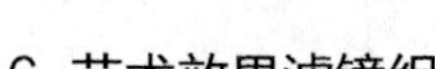

图11-71

6. 艺术效果滤镜组

艺术效果滤镜组包含15个滤镜，如图11-72所示。这些滤镜只有在RGB颜色模式和多通道颜色模式下才可用。应用不同的艺术效果滤镜制作出的效果如图11-73所示。

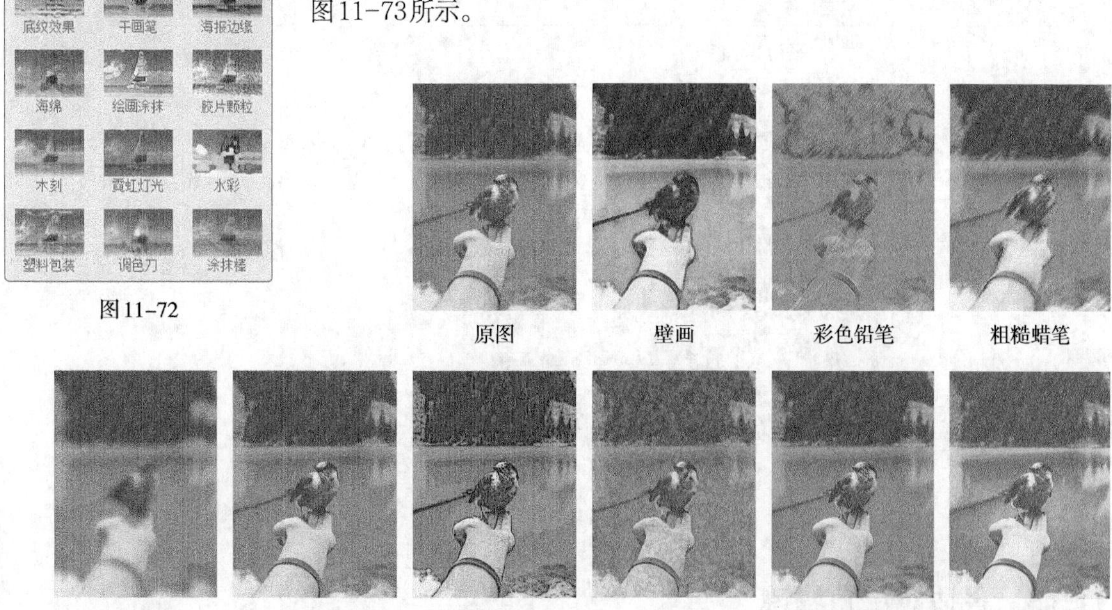

图11-72

图11-73

图11-73（续）

7. 滤镜叠加

在“滤镜库”对话框中可以创建多个效果图层，每个图层可以应用不同的滤镜，从而使图像产生多个滤镜叠加的效果。

为图像添加“强化的边缘”滤镜，如图11-74所示。单击“新建效果图层”按钮，生成新的效果图层，如图11-75所示。为图像添加“海报边缘”滤镜，叠加后的效果如图11-76所示。

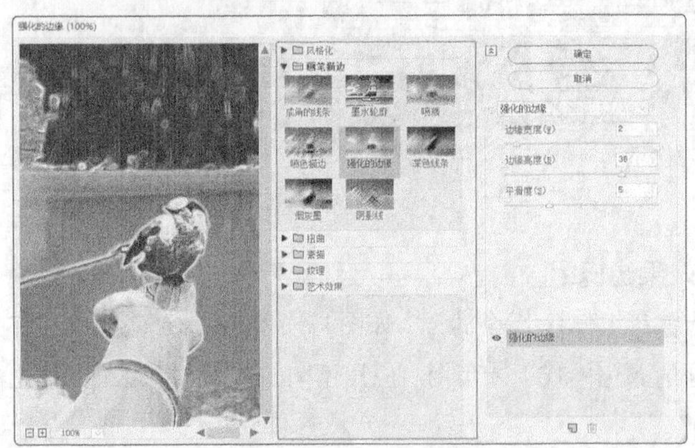

图11-74

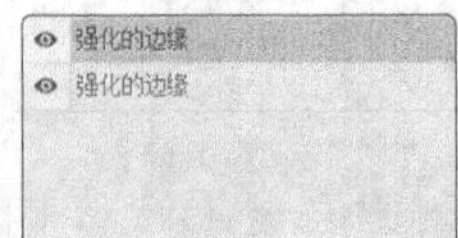

图11-75

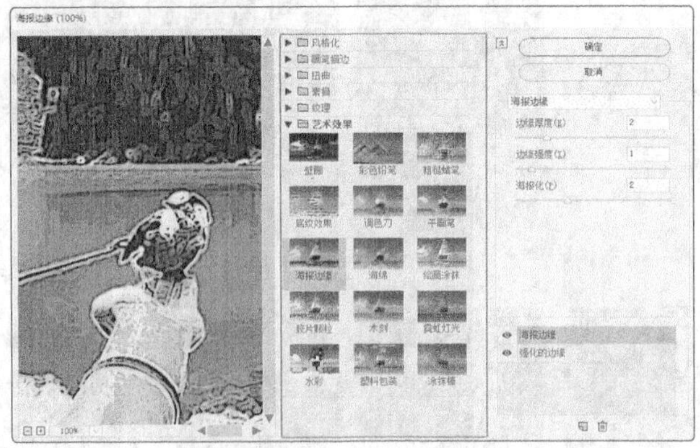

图11-76

11.3.3　自适应广角滤镜

自适应广角滤镜是Photoshop CC 2019中推出的一项新功能，可以利用它对具有广角、超广角及鱼眼效果的图片进行校正。

打开图11-77所示的图像。选择“滤镜>自适应广角”命令，弹出图11-78所示的对话框。

图11-77

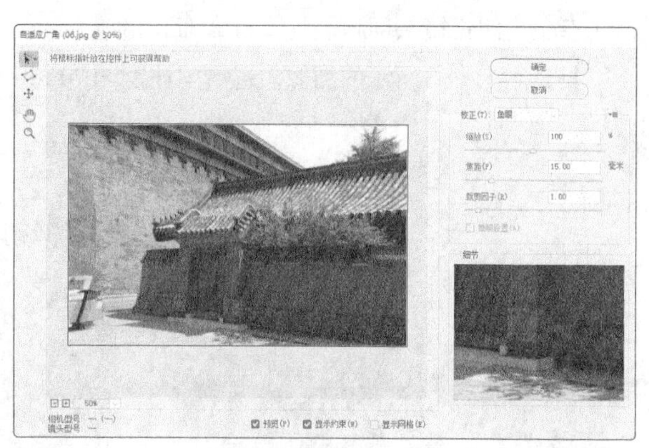
图11-78

在对话框左侧的图片上需要调整的位置单击添加控制点，并将其拖曳到适当的位置，如图11-79所示。再次单击添加另一个控制点，图片自动调整，如图11-80所示，单击“确定”按钮，照片调整后的效果如图11-81所示。

图11-79

图11-80

用相同的方法也可以调整上方的屋顶，效果如图11-82所示。

图11-81

图11-82

11.3.4 Camera Raw滤镜

Camera Raw滤镜可以调整图像的颜色，包括白平衡、色调以及饱和度，还可以对图像进行锐化处理、减少杂色、纠正镜头问题以及重新修饰。

打开图11-83所示的图像。选择“滤镜>Camera Raw滤镜”命令，弹出图11-84所示的对话框。

图11-83

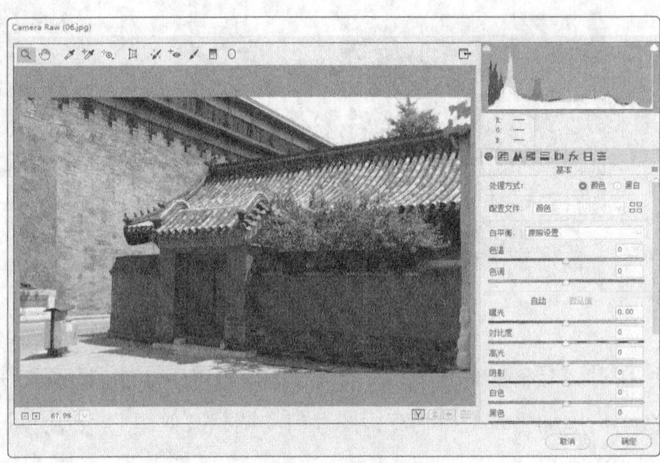

图11-84

单击“基本”选项卡，各选项设置如图11-85所示。单击“确定”按钮，效果如图11-86所示。

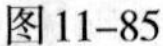

图11-85

图11-86

11.3.5 镜头校正滤镜

镜头校正滤镜可以修复常见的镜头瑕疵，如桶形失真、枕形失真、晕影和色差等，也可以使用该滤镜旋转图像，或修复由于相机在垂直或水平方向上倾斜而导致的图像透视错视现象。

打开图11-87所示的图像。选择“滤镜>镜头校正”命令，弹出图11-88所示的对话框。

单击“自定”选项卡，各选项设置如图11-89所示。单击“确定”按钮，效果如图11-90所示。

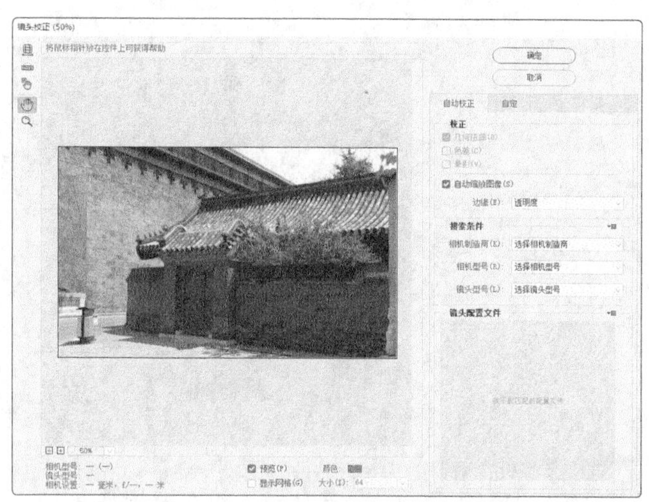

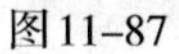
图11-87

图11-88

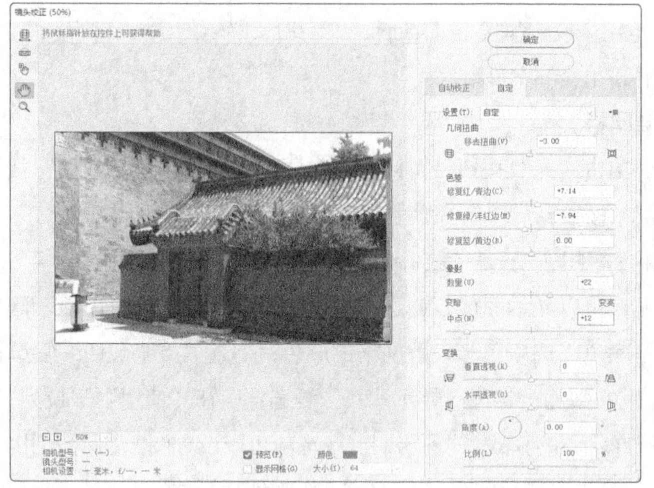

图11-89

图11-90

11.3.6　液化滤镜

液化滤镜可以制作出各种类似液化的图像变形效果。

打开一幅图像，选择"滤镜>液化"命令，或按Shift+Ctrl+X组合键，弹出"液化"对话框，如图11-91所示。

左侧的工具箱由上到下分别为向前变形工具、重建工具、平滑工具，顺时针旋转扭曲工具、褶皱工具、膨胀工具、左推工具、冻结蒙版工具、解冻蒙版工具、脸部工具、抓手工具和缩放工具。

画笔工具选项组："大小"选项用于设定所选工具的笔触大小；"浓度"选项用于设定画笔的浓密度；"压力"选项用于设定画笔的压力，压力越小，变形的过程越慢；"速率"选项用于设定画笔的绘制速度；"光笔压力"选项用于设定压感笔的压力；"固定边缘"选项用于选中可锁定的图像边缘。

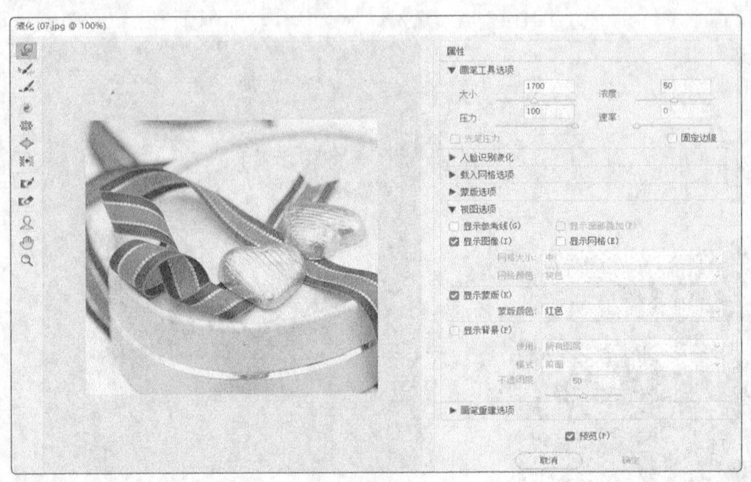

图11-91

人脸识别液化组：“眼睛”选项组用于设定眼睛的大小、高度、宽度、斜度和两眼间距离；“鼻子”选项组用于设定鼻子的高度和宽度；“嘴唇”选项组用于设定微笑、上嘴唇、下嘴唇、嘴唇的宽度和高度；“脸部形状”选项组用于设定脸部的前额、下巴、下颌和脸部宽度。

载入网格选项组：用于载入、使用和存储网格。

蒙版选项组：用于选择通道蒙版的形式。单击“无”按钮，可以不制作蒙版；单击“全部蒙住”按钮，可以为全部的区域制作蒙版；单击“全部反相”按钮，可以解冻蒙版区域并冻结剩余的区域。

视图选项组：勾选“显示参考线”复选框，可以显示参考线；勾选“显示面部叠加”复选框，可以显示面部的叠加部分；勾选“显示图像”复选框，可以显示图像；勾选“显示网格”复选框，可以显示网格，“网格大小”选项用于设置网格的大小，“网格颜色”选项用于设置网格的颜色；勾选“显示蒙版”复选框，可以显示蒙版，“蒙版颜色”选项用于设置蒙版的颜色；勾选“显示背景”复选框，在“使用”下拉列表中可以选择图层，在“模式”下拉列表中可以选择不同的模式，“不透明度”选项可以设置图像的不透明度。

画笔重建选项组：“重建”按钮用于对变形的图像进行重置；“恢复全部”按钮用于将图像恢复到打开时的状态。

在对话框中对图像进行变形，如图11-92所示。单击“确定”按钮，完成图像的液化变形，效果如图11-93所示。

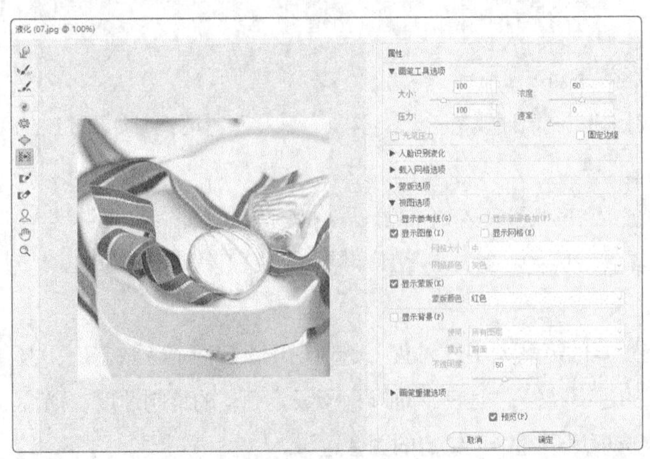

图11-92

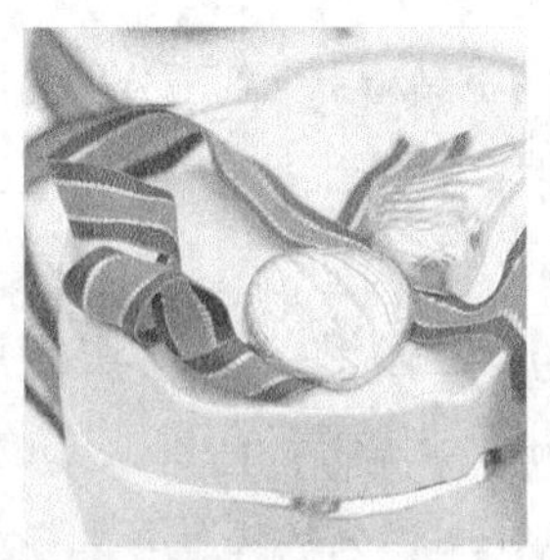

图11-93

11.3.7　消失点滤镜

应用消失点滤镜，可以制作建筑物或任何矩形对象的透视效果。

选中图像中的建筑物，生成选区，如图11-94所示。按Ctrl+C组合键，复制选区中的图像。按Ctrl+D组合键，取消选区。选择“滤镜>消失点”命令，弹出“消失点”对话框，在对话框的左侧选择创建平面工具，在图像中单击定义4个角的节点，如图11-95所示。节点之间会自动连接成透视平面，如图11-96所示。

图11-94

图11-95

图11-96

按Ctrl+V组合键，将刚才复制的图像粘贴到对话框中，如图11-97所示。将粘贴的图像拖曳到透视平面中，如图11-98所示。

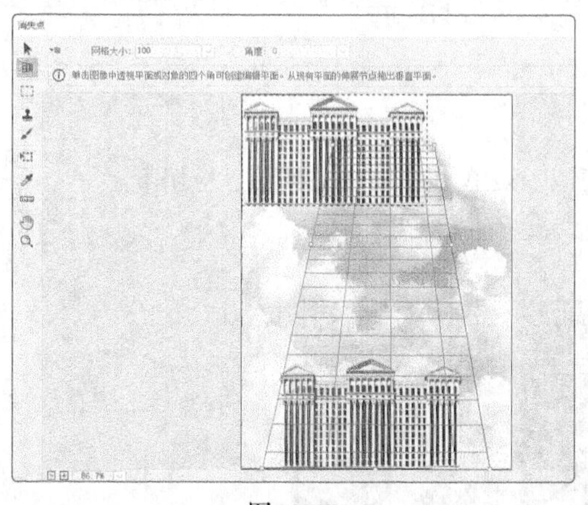

图11-97

图11-98

按住Alt键的同时向上拖曳建筑物以复制，如图11-99所示。使用相同的方法，再复制3次建筑物，如图11-100所示。单击“确定”按钮，建筑物的透视变形效果如图11-101所示。

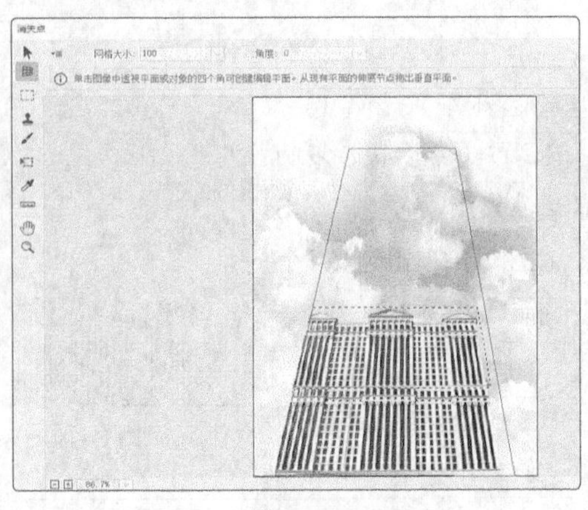

图11-99

图11-100

在“消失点”对话框中，透视平面显示为蓝色时为有效的平面；显示为红色时为无效的平面，无法计算平面的长宽比，也无法拉出垂直平面；显示为黄色时为无效的平面，无法解析平面的所有消失点，如图11-102所示。

图11-101

蓝色透视平面

红色透视平面

黄色透视平面

图11-102

11.3.8 3D滤镜

3D滤镜可以生成效果更好的凹凸图和法线图。3D滤镜子菜单如图11-103所示。应用不同的3D滤镜制作出的效果如图11-104所示。

生成凹凸图...
生成法线图...

图11-103

原图

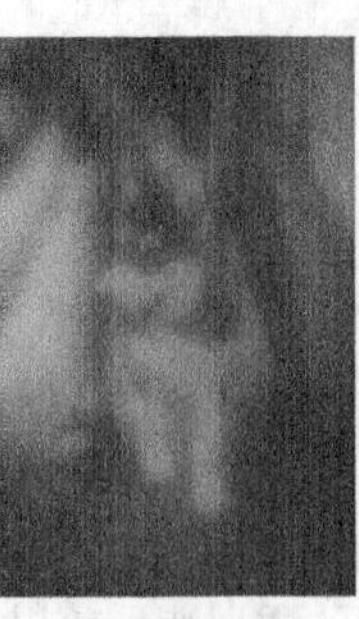

生成凹凸图

生成法线图

图11-104

11.3.9　课堂案例——制作彩妆网店详情页主图

【案例学习目标】使用扭曲、风格化和模糊滤镜制作粒子光。

【案例知识要点】使用“填充”命令和图层样式制作背景色，使用椭圆选框工具、“描边”命令、扭曲滤镜和“用画笔描边路径”按钮制作粒子光，最终效果如图11-105所示。

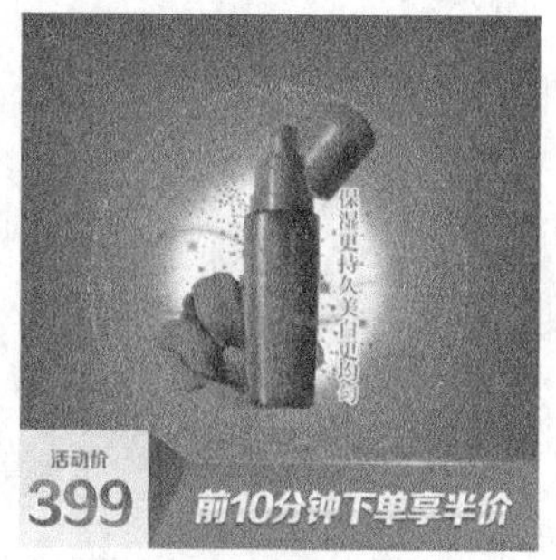

图11-105

【效果所在位置】资源/Ch11/效果/制作彩妆网店详情页主图.psd。

（1）按Ctrl+N组合键，弹出“新建文档”对话框，设置“宽度”为800像素、“高度”为800像素、“分辨率”为72像素/英寸、“颜色模式”为RGB、“背景内容”为白色，单击“创建”按钮，新建一个文件。

（2）新建图层并将其命名为“背景色”。将前景色设为红色（R:211，G:0，B:0），按Alt+Delete组合键，用前景色填充图层，效果如图11-106所示。

（3）单击“图层”面板下方的“添加图层样式”按钮fx，在弹出的菜单中选择“内阴影”命令，弹出对话框，将阴影颜色设为黑色，其他选项的设置如图11-107所示。单击“确定”按钮，效果如图11-108所示。

图11-106

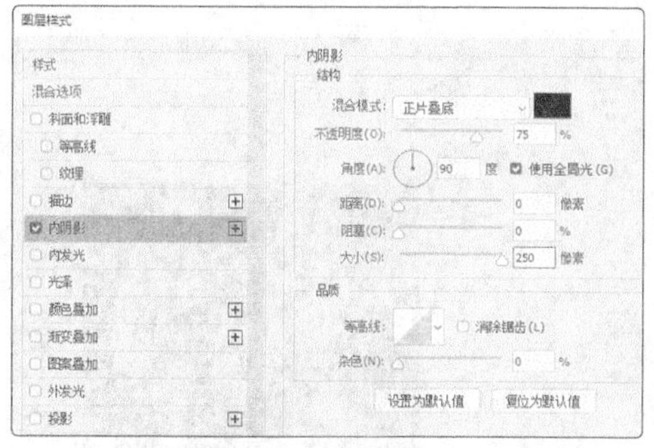

图11-107

图11-108

（4）新建图层并将其命名为“外光圈”。选择椭圆选框工具，按住Shift键的同时，在图像窗口中拖曳鼠标绘制圆形选区，如图11-109所示。选择“编辑>描边”命令，弹出对话框，将描边颜色设为白色，其他选项的设置如图11-110所示，单击“确定”按钮。按Ctrl+D组合键，取消选区，效果如图11-111所示。

图11-109

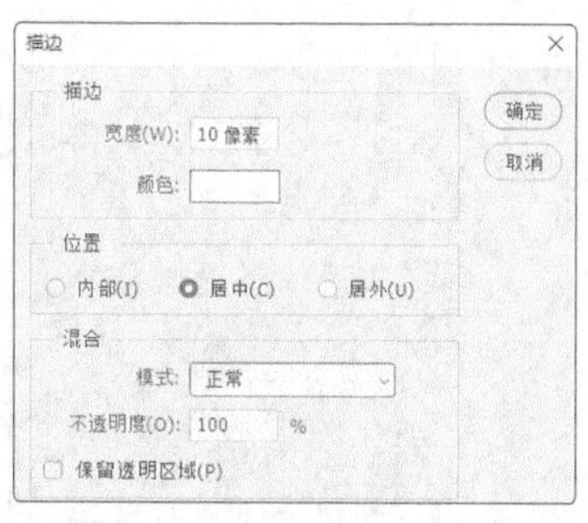

图11-110

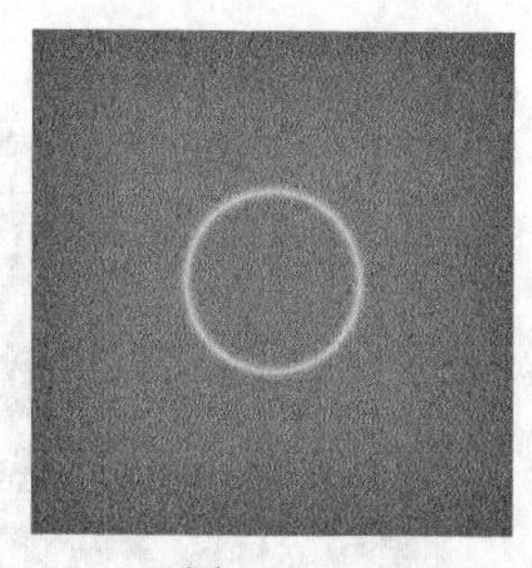
图11-111

（5）选择“滤镜>扭曲>极坐标”命令，在弹出的对话框中进行设置，如图11-112所示，单击“确定”

按钮，效果如图11-113所示。选择“图像>图像旋转>逆时针90度”命令，旋转图像，效果如图11-114所示。

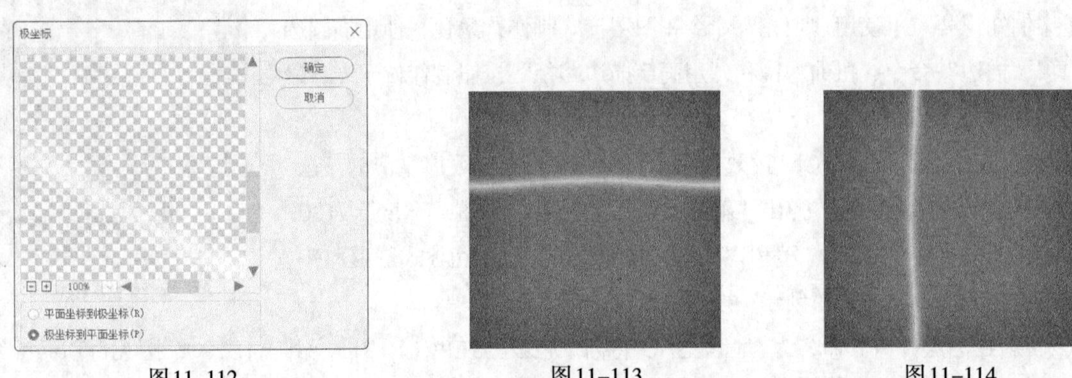

图11-112　　图11-113　　图11-114

（6）选择“滤镜>风格化>风”命令，在弹出的对话框中进行设置，如图11-115所示，单击“确定”按钮，效果如图11-116所示。按Ctrl+F组合键，重复使用风滤镜，效果如图11-117所示。

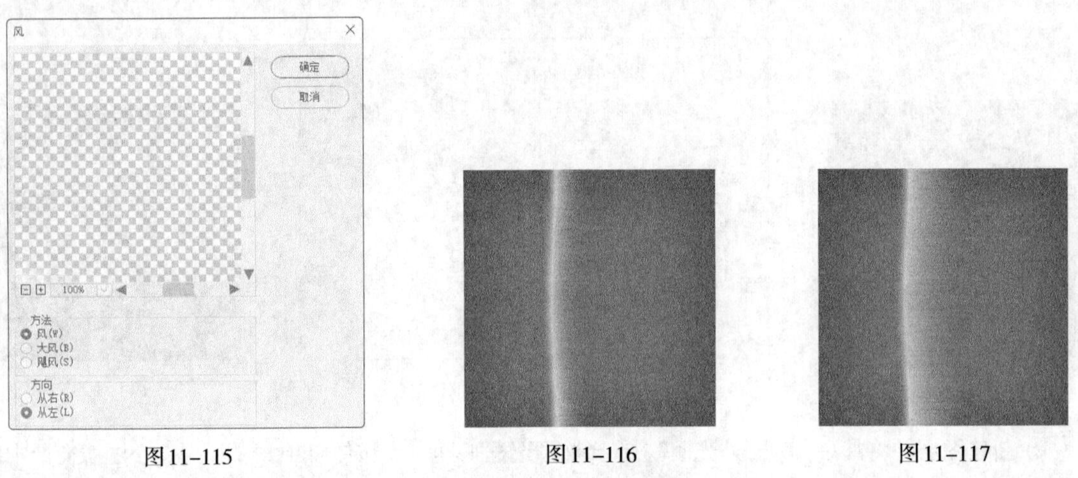

图11-115　　图11-116　　图11-117

（7）选择“图像>图像旋转>顺时针90度”命令，效果如图11-118所示。选择“滤镜>扭曲>极坐标”命令，在弹出的对话框中进行设置，如图11-119所示，单击“确定”按钮，效果如图11-120所示。

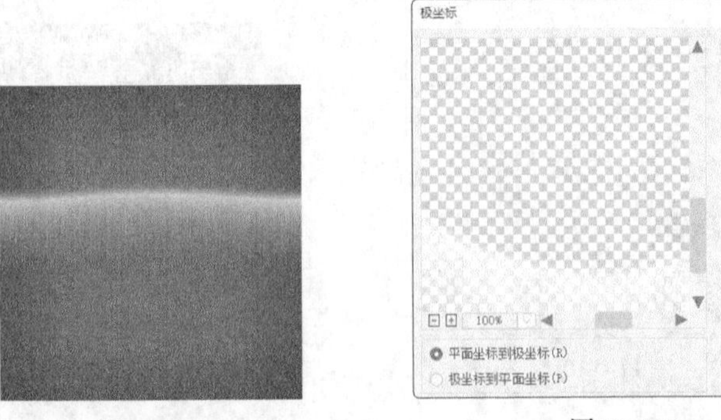

图11-118　　图11-119

图11-120

（8）按住Ctrl键的同时，单击“图层”面板下方的“创建新图层”按钮，在“外光圈”图层下方新建图层，并将其命名为“内光圈”。选择椭圆选框工具，将属性栏中的“羽化”选项设为6像素，按住Shift键的同时，在适当的位置上绘制一个圆形。将前景色设为白色。按Alt+Delete组合键，用前景色填充图层，效果如图11-121所示。

（9）选择“滤镜>模糊>径向模糊”命令，在弹出的对话框中进行设置，如图11-122所示，单击“确定”按钮，效果如图11-123所示。

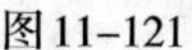

图11-121

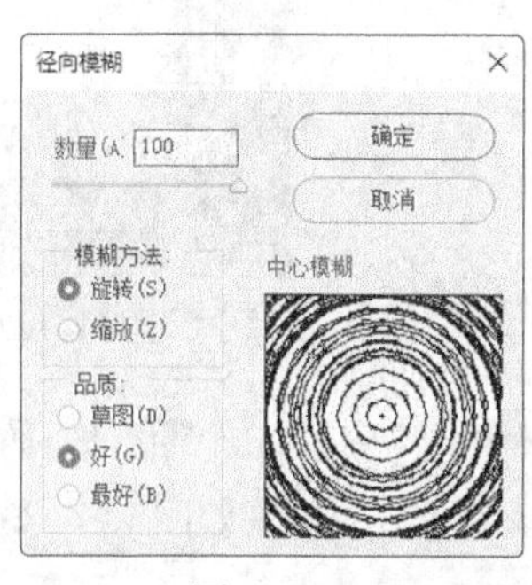

图11-122

图11-123

（10）在“图层”面板中，按住Shift键的同时，单击“外光圈”图层，将需要的图层同时选取。按Ctrl+E组合键合并图层，并将其命名为“光”，如图11-124所示。

（11）单击“图层”面板下方的“添加图层样式”按钮，在弹出的菜单中选择“内发光”命令，弹出对话框，将发光颜色设为黄色（R:235，G:233，B:182），其他选项的设置如图11-125所示。选择“外发光”选项，切换到相应的对话框中，将发光颜色设为红色（R:255，G:0，B:0），其他选项的设置如图11-126所示，单击“确定”按钮，效果如图11-127所示。

图11-124

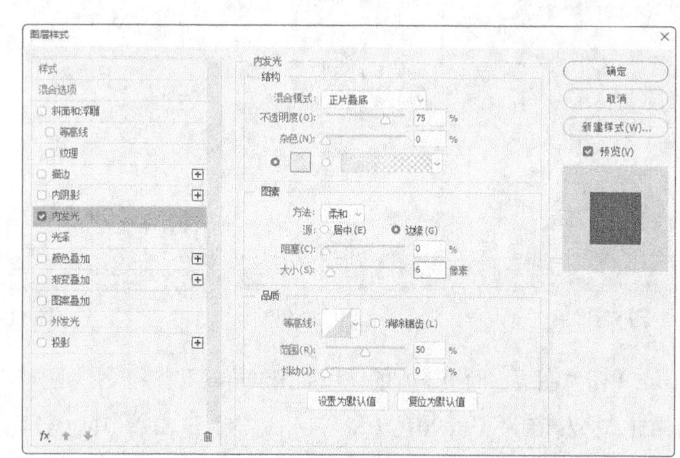

图11-125

（12）新建图层并将其命名为“外发光”。选择椭圆工具，将属性栏中的“选择工具模式”选项设为“路径”，按住Shift键的同时，在适当的位置上绘制一个圆形路径，如图11-128所示。

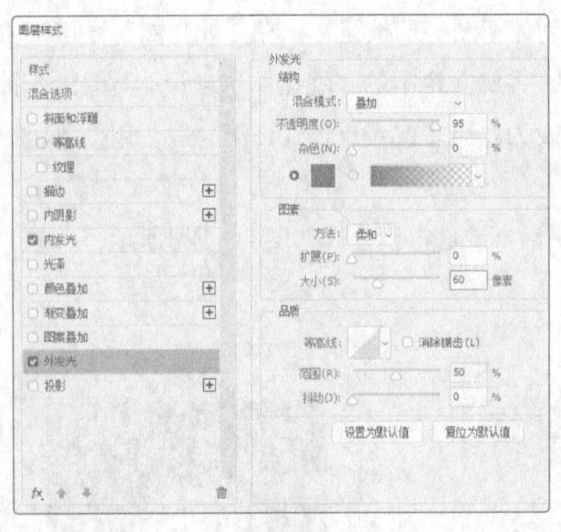

图11-126

图11-127

图11-128

（13）选择画笔工具，在属性栏中单击“切换‘画笔设置’面板”按钮，在弹出的面板中选择“画笔笔尖形状”选项，切换到相应的面板，各选项的设置如图11-129所示。选择“形状动态”选项，切换到相应的面板，各选项的设置如图11-130所示。

（14）选择“散布”选项，切换到相应的面板，各选项的设置如图11-131所示。单击“路径”面板下方的“用画笔描边路径”按钮，对路径进行描边。按Delete键，删除该路径，效果如图11-132所示。

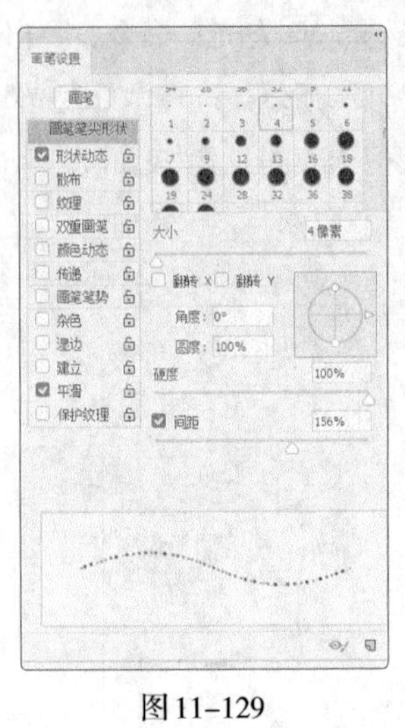

图11-129

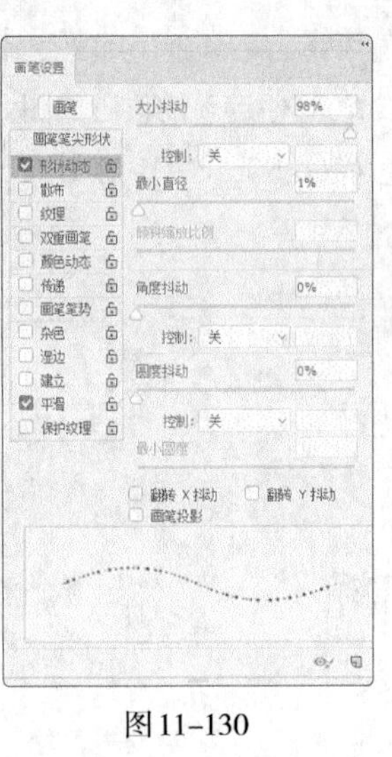

图11-130

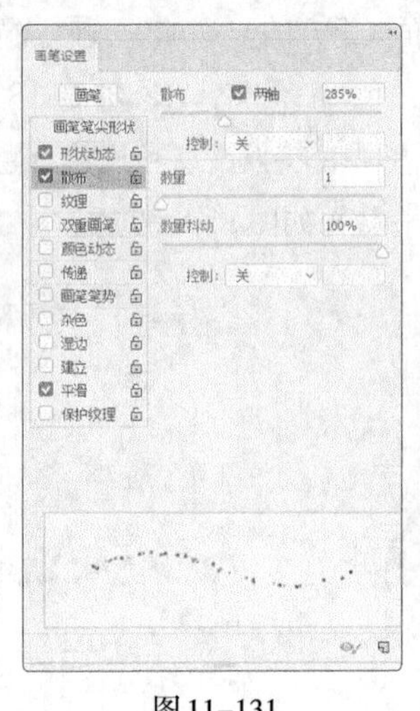

图11-131

图11-132

（15）单击“图层”面板下方的“添加图层样式”按钮，在弹出的菜单中选择“内发光”命令，切换到相应对话框，将发光颜色设为橙色（R:255，G:94，B:31），其他选项的设置如图11-133所示。选择“外发光”选项，切换到相应的对话框，将发光颜色设为红色（R:255，G:0，B:6），其他选项的设置如图11-134所示。单击“确定”按钮，效果如图11-135所示。

（16）按Ctrl+J组合键，生成复制图层“外发光 拷贝”。按Ctrl+T组合键，图像周围出现变换框，按住Alt+Shift组合键的同时，拖曳右上角的控制手柄等比例缩小图形，按Enter键确认操作，效果如图11-136所示。

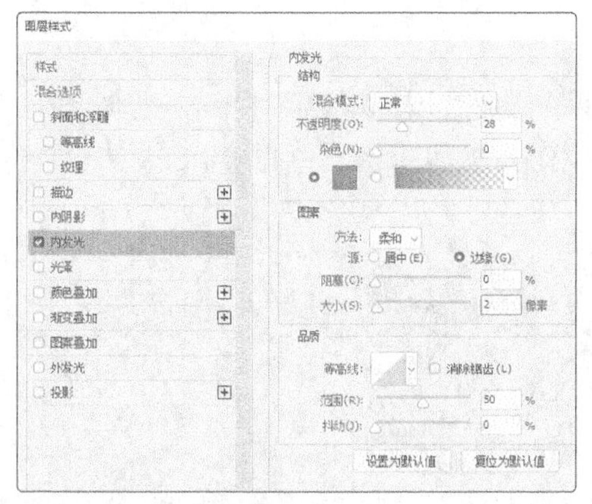

图11-133

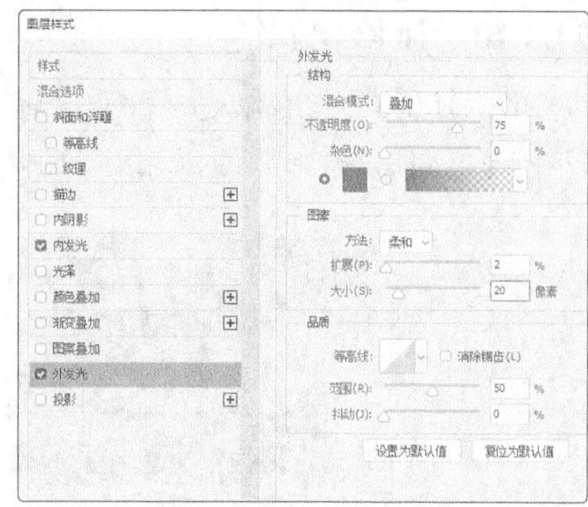

图11-134

（17）用相同的方法复制多个图形并分别等比例缩小图形，效果如图11-137所示。在“图层”面板中，按住Shift键的同时单击“外发光 拷贝2”图层，将需要的图层同时选取。按Ctrl+E组合键，合并图层并将其命名为“内光”，如图11-138所示。

图11-135

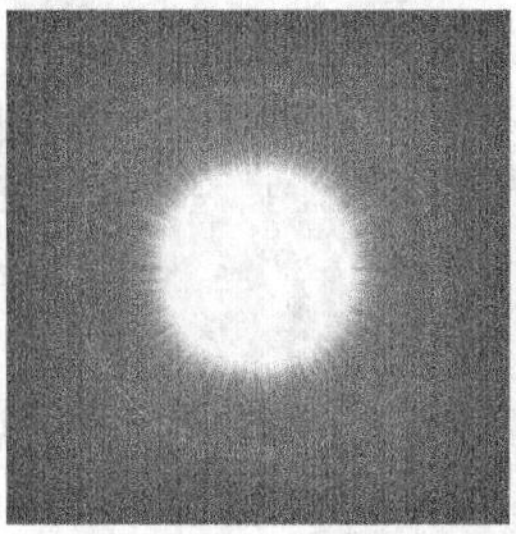

图11-136

图11-137

图11-138

（18）按Ctrl+J组合键，复制“内光”图层。选择“滤镜>模糊>高斯模糊”命令，在弹出的对话框中进行设置，如图11-139所示。单击“确定”按钮，效果如图11-140所示。

（19）按Ctrl+O组合键，打开本书“资源>Ch11>素材>制作彩妆网店详情页主图”中的01、02文件，选择移动工具，将01和02图片分别拖曳到新建的图像窗口中适当的位置，效果如图11-141所示。“图层”面板中会生成新的图层，将其命名为“化妆品”和“文字”。彩妆网店详情页主图制作完成。

图11-139

图11-140

图11-141

11.3.10 风格化滤镜

风格化滤镜可以产生印象派及其他风格流派作品的效果，它是完全模拟真实艺术手法进行创作的。风格化滤镜的子菜单如图11-142所示。应用不同的风格化滤镜制作出的效果如图11-143所示。

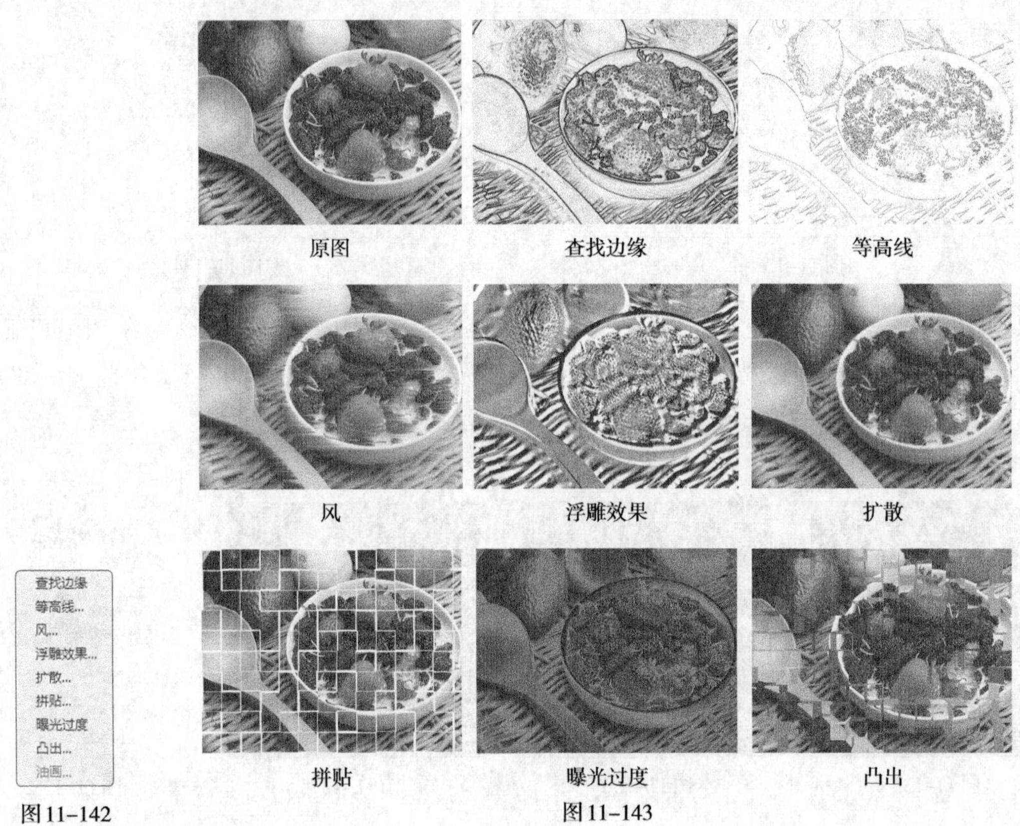

图11-142　　图11-143

11.3.11 模糊滤镜

模糊滤镜可以使图像中过于清晰或对比度强烈的区域产生模糊效果，还可以用于制作柔和阴影。模糊滤镜的子菜单如图11-144所示。应用不同的模糊滤镜制作出的效果如图11-145所示。

图11-144　　图11-145

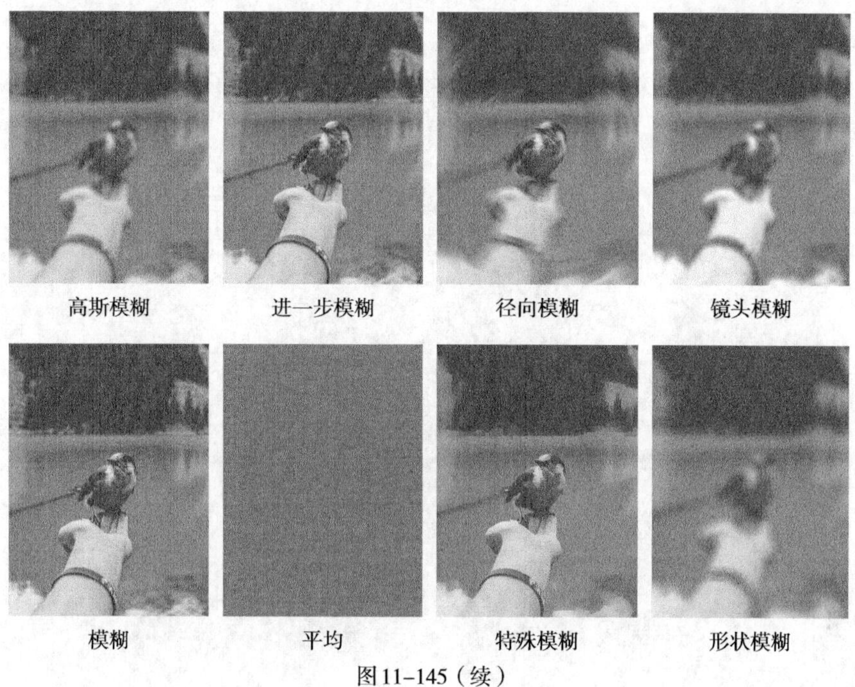

图11-145（续）

11.3.12　模糊画廊滤镜

模糊画廊滤镜可以使用图钉或路径来控制图像，制作模糊效果。模糊画廊滤镜子菜单如图11-146所示。应用不同的模糊画廊滤镜制作出的效果如图11-147所示。

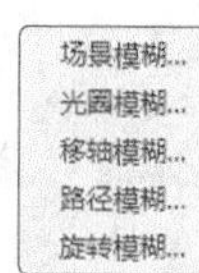

图11-146

图11-147

11.3.13 扭曲滤镜

扭曲滤镜可以生成一组从波纹到扭曲图像的变形效果。扭曲滤镜的子菜单项如图11-148所示。应用不同的扭曲滤镜制作出的效果如图11-149所示。

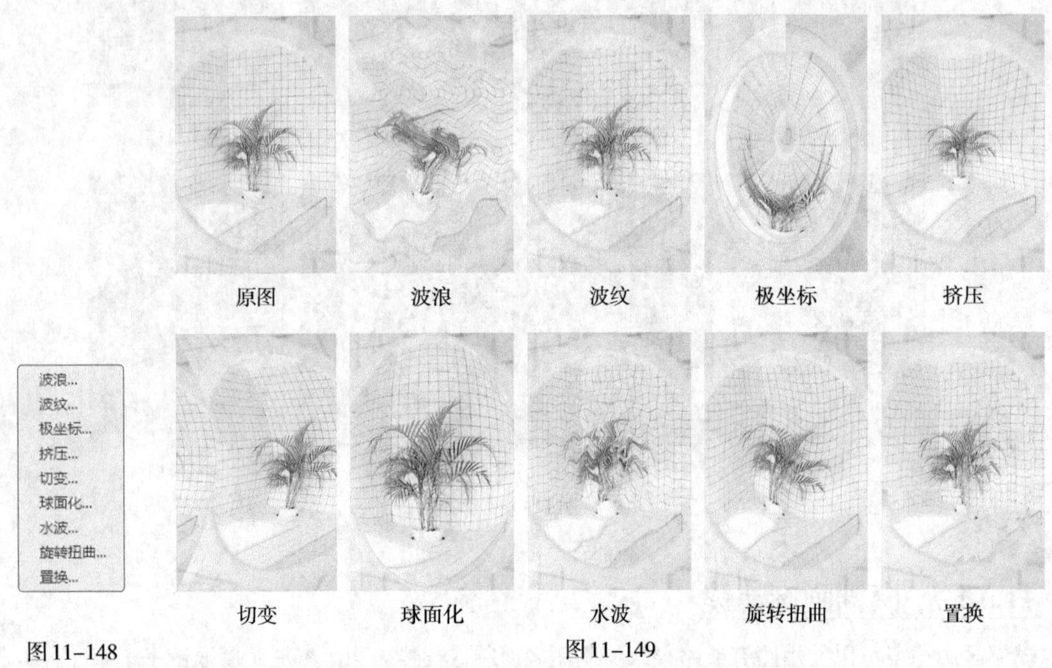

图11-148

图11-149

11.3.14 课堂案例——制作每日早餐公众号封面首图

【案例学习目标】使用滤镜库和锐化滤镜制作需要的效果。

【案例知识要点】使用“锐化边缘”命令对图像进行锐化，使用“滤镜库”命令为图片添加艺术效果，最终效果如图11-150所示。

【效果所在位置】资源/Ch11/效果/制作每日早餐公众号封面首图.psd。

图11-150

（1）按Ctrl+N组合键，弹出“新建文档”对话框，设置“宽度”为1175像素、“高度”为500像素、“分辨率”为72像素/英寸、“颜色模式”为RGB、“背景内容”为白色，单击“创建”按钮，新建一个文件。

（2）按Ctrl+O组合键，打开“资源>Ch11>素材>制作每日早餐公众号封面首图”中的01文件，选择移动工具，将图片拖曳到新建的图像窗口中适当的位置并调整其大小，效果如图11-151所示。“图层”面板中会生成新的图层，将其命名为“蔬菜”。

（3）选择“滤镜>锐化>锐化边缘”命令，对图像进行锐化操作，效果如图11-152所示。

图11-151

图11-152

（4）选择“滤镜>滤镜库”命令，在弹出的对话框中进行设置，如图11-153所示。单击“确定”按钮，效果如图11-154所示。

图11-153

（5）选择矩形工具，在属性栏的“选择工具模式”下拉列表中选择“形状”选项，将“填充”颜色设为黑色、“描边”颜色设为无，在图像窗口中绘制一个矩形，效果如图11-155所示，“图层”面板中生成新的形状图层“矩形1”。

图11-154

图11-155

（6）在“图层”面板上方，将“矩形1”形状图层的“不透明度”选项设为18%，如图11-156所示，按Enter键确认操作，图像效果如图11-157所示。

图 11-156

图 11-157

（7）将前景色设为白色。选择横排文字工具T，在适当的位置输入需要的文字并选取文字，在属性栏中选择合适的字体并设置大小，按Alt+→组合键，调整文字的间距，效果如图11-158所示，“图层”面板中生成新的文字图层。每日早餐公众号封面首图制作完成。

图 11-158

11.3.15　像素化滤镜

像素化滤镜可以用于将图像分块或将图像平面化。像素化滤镜的子菜单如图11-159所示。应用不同的像素化滤镜制作出的效果如图11-160所示。

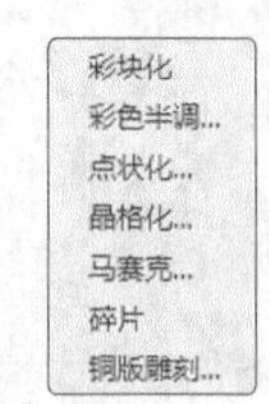

图 11-159

图 11-160

11.3.16　视频滤镜

视频滤镜将以隔行扫描方式提取的图像转换为视频设备可接收的图像，以解决图像交换时产生的系统差异。视频滤镜子菜单如图11-161所示。应用不同的视频滤镜制作出的效果如图11-162所示。

NTSC 颜色
逐行...

图11-161

原图

NTSC颜色

逐行

图11-162

11.3.17　锐化滤镜

锐化滤镜可以生成更大的对比度来使图像更清晰和增强处理图像的轮廓。此组滤镜可减少图像修改后产生的模糊效果。锐化滤镜的子菜单如图11-163所示。应用锐化滤镜制作的图像效果如图11-164所示。

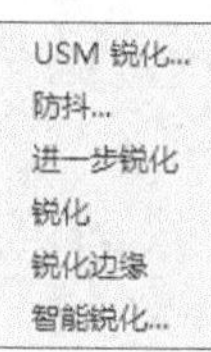

图11-163

原图

USM锐化

防抖

进一步锐化

锐化

锐化边缘

智能锐化

图11-164

11.3.18　杂色滤镜

杂色滤镜可以添加或去除杂色、斑点、蒙尘或划痕等。杂色滤镜的子菜单如图11-165所示。应用不同的杂色滤镜制作出的效果如图11-166所示。

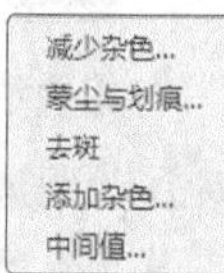

图11-165

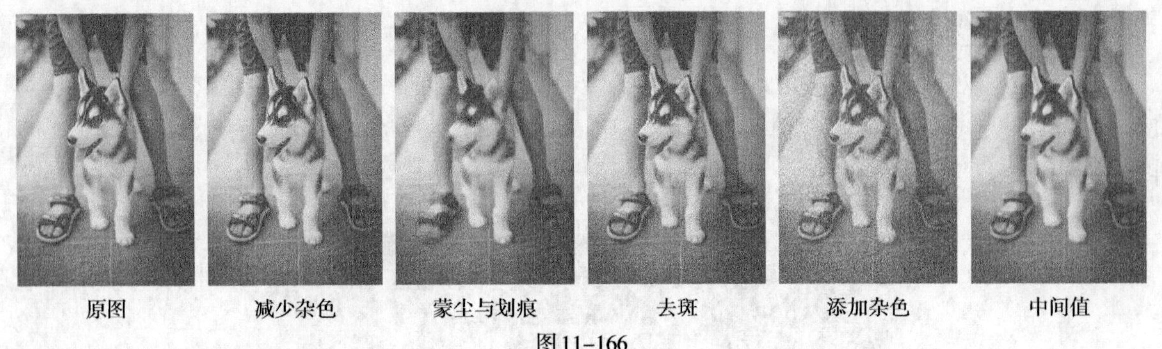

原图　减少杂色　蒙尘与划痕　去斑　添加杂色　中间值

图11-166

11.3.19　渲染滤镜

渲染滤镜可以在图片中产生不同的照明、光源和夜景效果。渲染滤镜的子菜单如图11-167所示。应用不同的渲染滤镜制作出的效果如图11-168所示。

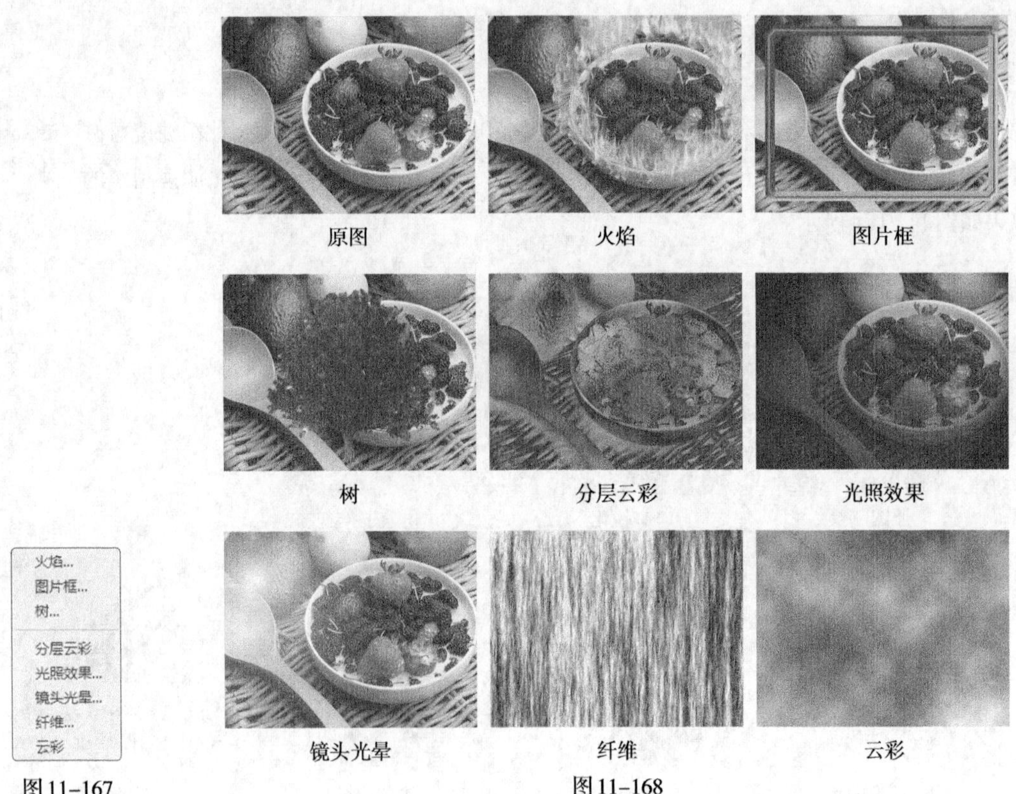

图11-167

原图　火焰　图片框

树　分层云彩　光照效果

镜头光晕　纤维　云彩

图11-168

11.3.20　其他滤镜

其他滤镜组中的滤镜可以创建特殊的滤镜效果。其他滤镜的子菜单如图11-169所示。应用该组滤镜制作的图像效果如图11-170所示。

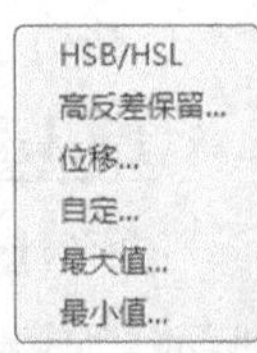

图11-169

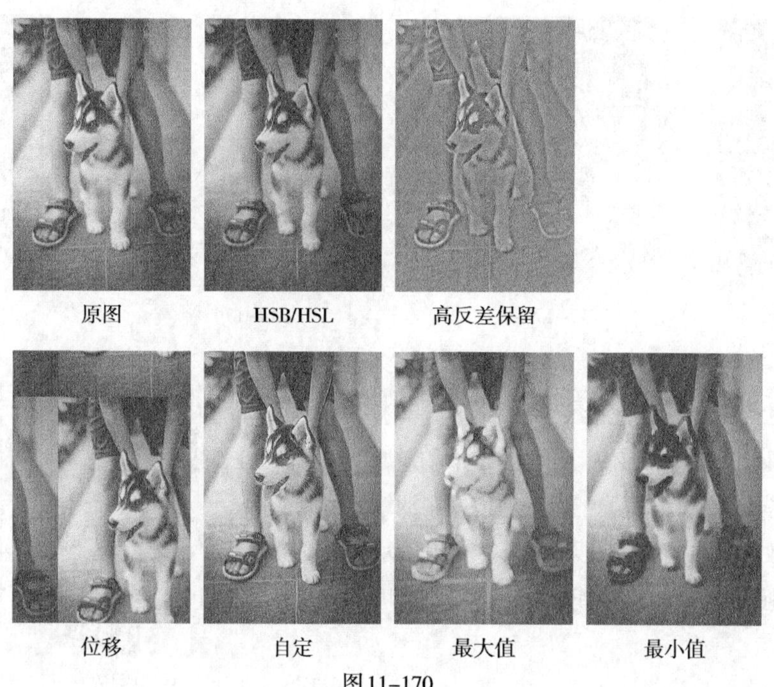

图11-170

11.4 滤镜使用技巧

重复使用滤镜、对局部图像使用滤镜可以使图像产生更加丰富、生动的变化。

11.4.1 重复使用滤镜

如果在使用一次滤镜后效果不理想，可以按Ctrl+F组合键重复使用滤镜。例如，重复使用玻璃滤镜的不同效果如图11-171所示。

 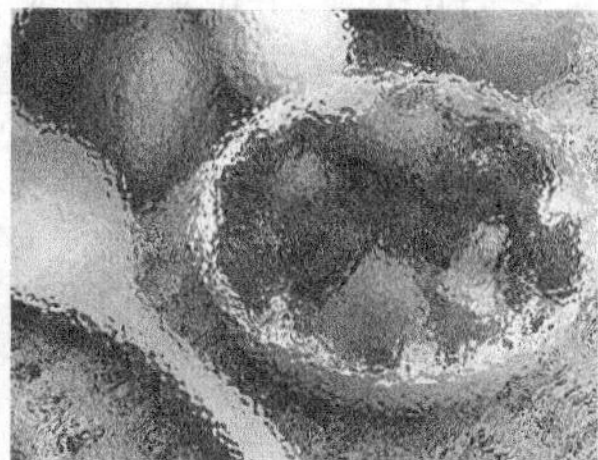 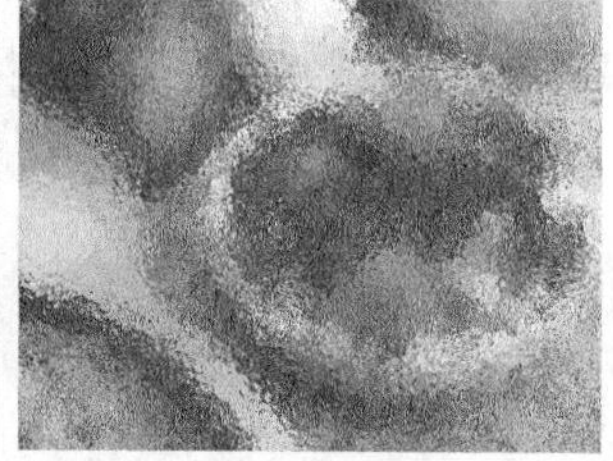

图11-171

11.4.2 对图像局部使用滤镜

对图像局部使用滤镜，是常用的处理图像的方法。在要应用的图像上绘制选区，如图11-172所示，对选区中的图像使用球面化滤镜，效果如图11-173所示。如果对选区进行羽化后再使用滤镜，就可以得到与原图融为一体的效果。在“羽化选区”对话框中设置羽化的数值，如图11-174所示，对选区进行羽化后再使用滤镜得到的效果如图11-175所示。

图11-172

图11-173

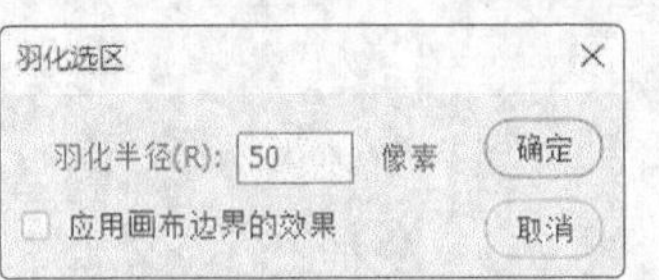

图11-174

图11-175

11.4.3 对通道使用滤镜

如果分别对图像的各个通道使用滤镜，结果和对原图像直接使用滤镜的效果是一样的。对图像的单个通道使用滤镜，可以得到一种非常好的效果。原始图像效果如图11-176所示，对图像的绿、蓝通道分别使用径向模糊滤镜后得到的效果如图11-177所示。

图11-176

图11-177

11.4.4 智能滤镜

常用滤镜在应用后就不能改变滤镜的数值了。智能滤镜是针对智能对象使用的、可调节滤镜效果的一种应用模式。

添加智能滤镜：在“图层”面板中选中需要的图层，如图11-178所示，选择“滤镜>转换为智能滤镜”命令，弹出提示对话框，单击“确定”按钮，“图层”面板中的效果如图11-179所示；选择“滤镜>模糊>动感模糊”命令，为图像添加动感模糊效果，在“图层”面板中此图层的下方显示出滤镜名称，如图11-180所示。

编辑智能滤镜：可以随时调整智能滤镜中各选项的参数来改变图像的效果。双击“图层”面板中的滤镜名称，在弹出的相应对话框中重新设置参数即可。单击滤镜名称右侧的“双击以编辑滤镜混合选项”图标，弹出“混合选项”对话框，在对话框中可以设置滤镜效果的模式和不透明度，如图11-181所示。

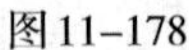
图11-178

图11-179

图11-180

图11-181

11.4.5　对滤镜效果进行调整

对图像应用点状化滤镜后，效果如图11-182所示。按Ctrl+Shift+F组合键，弹出“渐隐”对话框，调整不透明度并选择模式，如图11-183所示。单击“确定”按钮，滤镜效果产生变化，如图11-184所示。

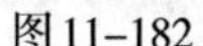
图11-182

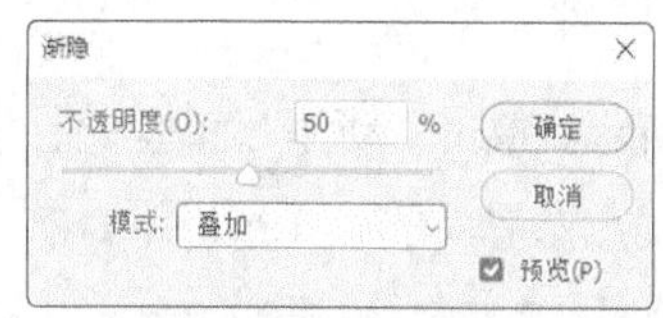

图11-183

图11-184

11.5 动作的应用

应用“动作”面板及其下拉命令菜单可以对动作进行各种处理和操作。

11.5.1　创建动作

在“动作”面板中，可以非常便捷地记录并应用动作。

打开一幅图像，如图11-185所示。单击“动作”面板右上方的≡图标，弹出其下拉命令菜单，选择“新建动作”命令，弹出“新建动作”对话框，如图11-186所示。单击“记录”按钮，在“动作”面板中出现“动作1”，如图11-187所示。

图11-185

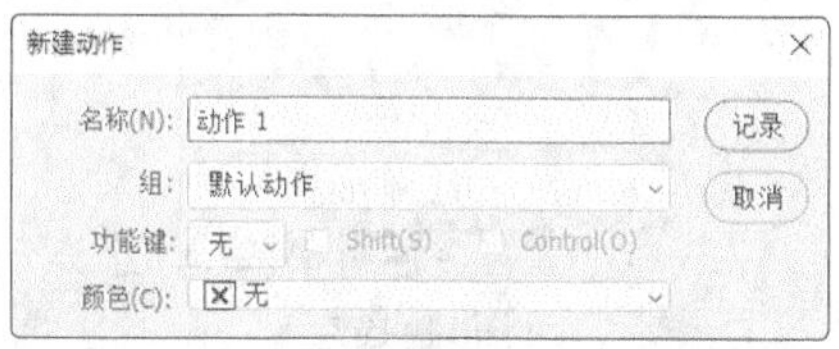

图11-186

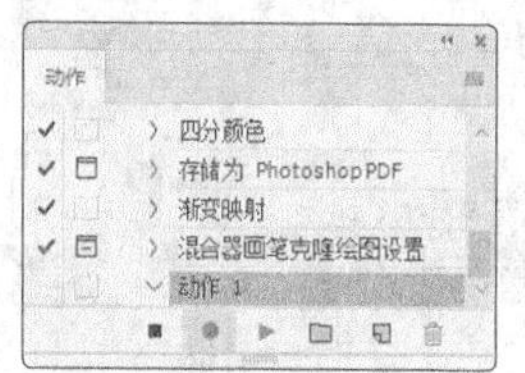

图11-187

在“图层”面板中新建“图层1”，如图11-188所示。在“动作”面板中记录下了新建“图层1”的动作，如图11-189所示。

在“图层1”中绘制出渐变效果，如图11-190所示。在“动作”面板中记录下了绘制渐变效果的动作，如图11-191所示。

在“图层”面板中的“混合模式”下拉列表中选择“颜色加深”选项，如图11-192所示。在“动作”面板中记录下了设置混合模式的动作，如图11-193所示。

图11-188

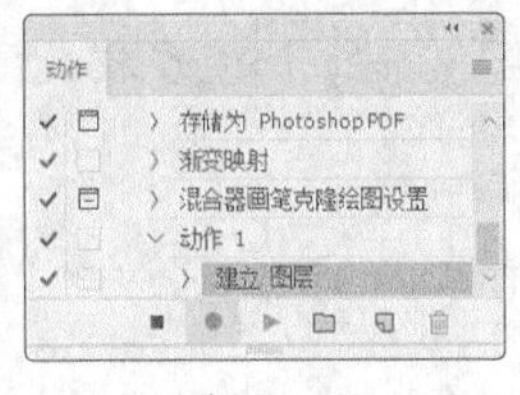

图11-189

图11-190

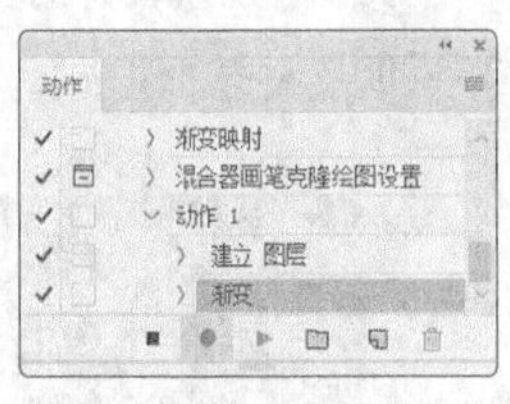

图11-191

图像编辑完成，效果如图11-194所示。单击“动作”面板右上方的☰图标，弹出其下拉命令菜单，选择“停止记录”命令，“动作1”的记录完成，如图11-195所示。

图11-192

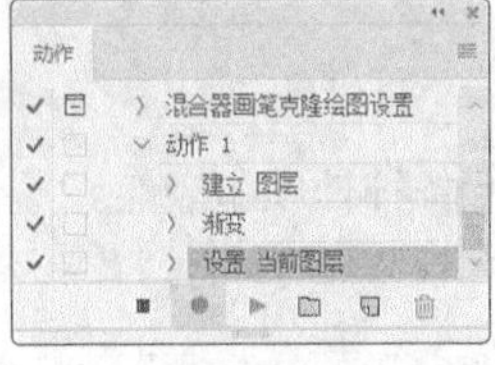

图11-193

图11-194

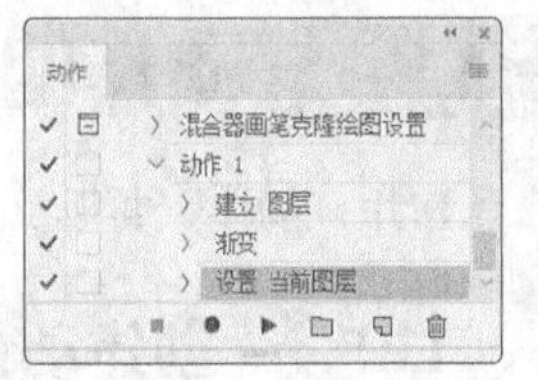

图11-195

图像的编辑过程被记录在“动作1”中之后，“动作1”中的编辑过程可以应用到其他的图像当中。

打开一幅图像，如图11-196所示。在“动作”面板中选择“动作1”，如图11-197所示。单击“播放选定的动作”按钮▶，应用编辑上一幅图像时的编辑过程和效果，最终效果如图11-198所示。

图11-196

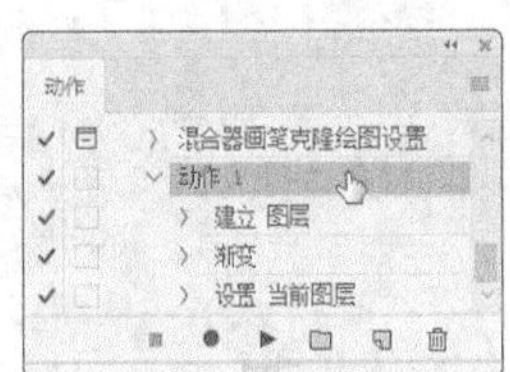

图11-197

图11-198

11.5.2 “动作”面板

“动作”面板可以用于对一批需要使用相同步骤进行处理的图像执行统一操作，以减少重复操作的麻烦。选择“窗口>动作”命令，或按Alt+F9组合键，弹出图11-199所示的“动作”面板。其中包括“停止播放/记录”按钮■、“开始记录”按钮●、“播放选定的动作”按钮▶、“创建新组”按钮▭、“创建新动作”按钮▭、“删除”按钮🗑。

单击“动作”面板右上方的☰图标，弹出其下拉菜单，如图11-200所示，此处也可对动作进行操作。

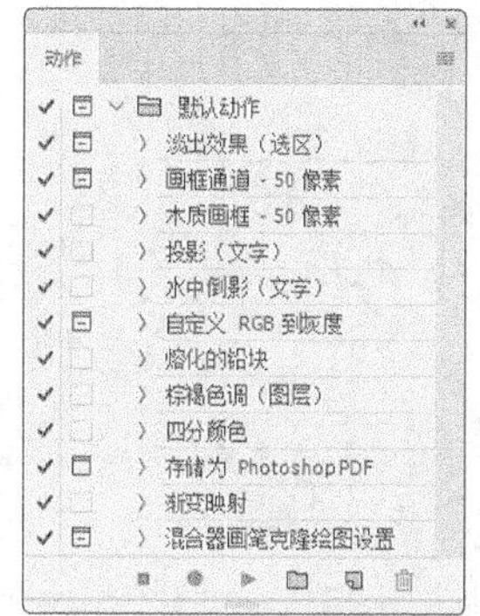

图11-199

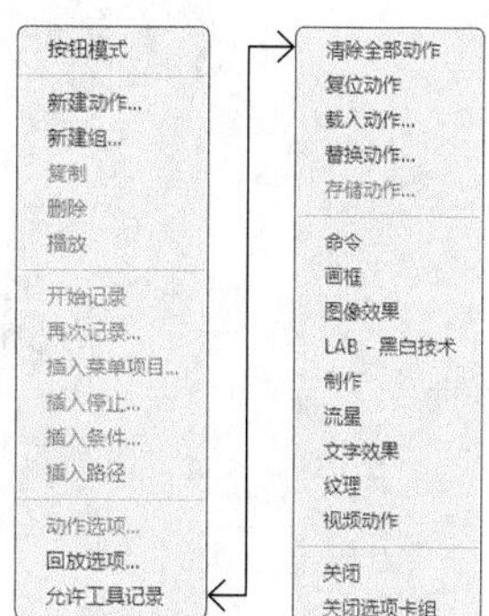

图11-200

课堂练习——制作文化传媒类公众号封面首图

【练习知识要点】使用彩色半调滤镜和高斯模糊滤镜制作网点图像，使用半调图案滤镜调整图像效果，使用镜头光晕滤镜添加光晕，最终效果如图11-201所示。

【效果所在位置】资源/Ch11/效果/制作文化传媒类公众号封面首图.psd。

图11-201

课后习题——制作家用电器类微信公众号封面首图

【习题知识要点】使用移动工具添加边框、热水壶和文字，使用USM锐化滤镜调整热水壶的清晰度，最终效果如图11-202所示。

【效果所在位置】资源/Ch11/效果/制作家用电器类微信公众号封面首图.psd。

图11-202

第12章

商业案例实训

本章介绍

本章为综合设计实训案例，采用商业设计项目真实情境训练读者利用所学知识完成商业设计项目。通过多个设计项目案例的演练，读者能够进一步牢固掌握Photoshop CC 2019的强大操作功能和使用技巧，并能应用好所学技能制作出专业的商业设计作品。

课堂学习目标

- 掌握Banner设计——空调扇Banner的设计方法
- 掌握海报设计——抗皱精华露海报的设计方法
- 掌握书籍装帧设计——儿童教育图书封面的设计方法
- 掌握包装设计——果汁饮料包装的设计方法
- 掌握网页设计——生活家具类网站首页的设计方法
- 掌握App页面设计——旅游类App首页的设计方法

12.1 Banner设计——制作空调扇Banner

12.1.1 【项目背景及要求】

1. 客户名称

戴森尔家电有限公司。

2. 客户需求

戴森尔是一家小家电零售企业，主要销售空调扇、电饭煲、空气炸锅等小家电。该品牌近期推出新款变频空调扇，需要为其制作一个全新的网店Banner，要求起到宣传公司新产品的作用，让客户有清新和雅致的感受。

3. 设计要求

（1）画面要求以产品图片为主体，模拟实际场景，带给客户直观的视觉感受。

（2）设计要求使用直观醒目的文字来诠释广告内容，表现活动特色。

（3）整体色彩清新干净，与宣传的主题相呼应。

（4）设计风格简洁大方，给人温馨舒适的感觉。

（5）设计规格为1920像素（宽）×800像素（高），分辨率为72像素/英寸。

12.1.2 【项目创意及流程】

1. 素材资源

素材所在位置：本书资源中的“Ch12/素材/制作空调扇Banner/01~05”。

2. 设计流程

设计流程如图12-1所示。

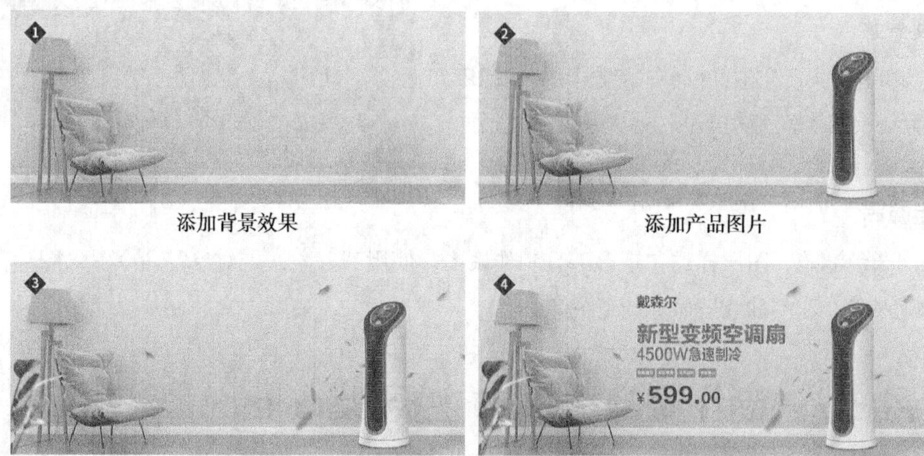

添加背景效果　添加产品图片

添加装饰素材　最终效果

图12-1

3. 制作要点

使用椭圆工具和高斯模糊滤镜为空调扇添加阴影效果，使用“色阶”命令调整图片颜色，使用圆角矩形工具、横排文字工具和“字符”面板添加产品品牌及相关功能。

课堂练习1——制作生活家具类网站Banner

练习1.1 【项目背景及要求】

1. 客户名称

克莱米尔家居商城。

2. 客户需求

克莱米尔家居商城主营项目包括衣柜、橱柜、沙发等各类家具定制，更提供免费上门测量、给出设计方案的服务。现阶段推出特惠配送的活动，需要为其制作一个全新的网店Banner，要求起到宣传活动内容的作用。

3. 设计要求

（1）画面要求以室内场景为背景，渲染浓厚的家庭氛围。

（2）使用简洁明了的文字来诠释活动内容，使人一目了然。

（3）整体色调以绿色为主，给人清新自然的感觉。

（4）装饰元素合理搭配，衬托主题。

（5）设计规格为1920像素（宽）×800像素（高），分辨率为72像素/英寸。

练习1.2 【项目创意及制作】

1. 素材资源

素材所在位置：本书资源中的“Ch12/素材/制作生活家具类网站Banner/01~04”。

2. 作品参考

设计作品参考效果所在位置：本书资源中的“Ch12/效果/制作生活家具类网站Banner.psd”，最终效果如图12-2所示。

图12-2

3. 制作要点

使用添加杂色滤镜、图层样式和矩形工具制作底图，使用“置入嵌入对象”命令置入图片，使用“色阶”“色相/饱和度”和“曲线”命令调整图像。

课堂练习2——制作服饰类App主页Banner

练习2.1 【项目背景及要求】

1. 客户名称

快搜电子商务有限公司。

2. 客户需求

快搜是一家为服装饰品类商品提供网上交易的购物平台。临近冬季，该平台现推出特惠活动，需要为其制作一个全新的App主页Banner，要求体现活动力度，宣传活动内容，从而吸引更多用户浏览和购买。

3. 设计要求

（1）为主标题添加变形效果，使活动信息更加立体。

（2）文字排版整齐大气，醒目地体现活动内容和时间。

（3）使用明快艳丽的色彩搭配，添加矢量图形装饰，渲染活泼的氛围。

（4）整体设计风格时尚，符合年轻人喜好。

（5）设计规格为750像素（宽）×200像素（高），分辨率为72像素/英寸。

练习2.2 【项目创意及制作】

1. 素材资源

素材所在位置：本书资源中的“Ch12/素材/制作服饰类App主页Banner/01”。

2. 作品参考

设计作品参考效果所在位置：本书资源中的“Ch12/效果/制作服饰类App主页Banner.psd”，最终效果如图12-3所示。

图12-3

3. 制作要点

使用横排文字工具输入文字，使用“栅格化文字图层”命令将文字转换为图像，使用“变换”命令制作文字特效，使用图层样式添加文字描边，使用钢笔工具绘制高光，使用多边形套索工具绘制装饰图形。

课后习题1——制作美妆护肤网店Banner

习题1.1 【项目背景及要求】

1. 客户名称

思美美妆有限公司。

2. 客户需求

思美美妆有限公司是一家以面膜为招牌产品的国货美妆企业，在“99划算节”到来之际，推出品牌特惠活动。要求以产品为主体，为其设计制作网店Banner，在体现产品的同时宣传活动内容，从而增加销量。

3. 设计要求

（1）要求紧紧围绕活动主题，摒弃多余装饰。

（2）设计版式具有创意性，体现产品水润自然的特点。

（3）文字排版主次分明，重点表现活动力度。

（4）整体色调和谐统一。

（5）设计规格为520像素（宽）×280像素（高），分辨率为72像素/英寸。

习题1.2 【项目创意及制作】

1. 素材资源

素材所在位置：本书资源中的“Ch12/素材/制作美妆护肤网店Banner/01~03”。

2. 作品参考

设计作品参考效果所在位置：本书资源中的“Ch12/效果/制作美妆护肤网店Banner.psd”，最终效果如图12-4所示。

图12-4

3. 制作要点

使用“置入嵌入对象”命令置入图像，使用矩形工具、圆角矩形工具和直线工具绘制形状，使用横排文字工具输入文字内容，使用“亮度/对比度”命令和“色彩平衡”命令为图像调色，使用“渐变叠加”命令和“投影”命令为图形添加效果。

课后习题2——制作电商平台App主页Banner

习题2.1 【项目背景及要求】

1. 客户名称

虎为科技有限公司。

2. 客户需求

虎为是一家主营各类电子产品的科技公司，为了宣传品牌推出的新款手机，需要设计制作一个全新的App主页Banner。要求画面时尚大方、具有活力，并能够凸显产品特性。

3. 设计要求

（1）以新款手机为主体，搭配宣传文字，使图文和谐统一。

（2）文字排版整齐大气，体现产品功能特点和产品价格。

（3）使用清爽干净的色彩搭配，添加矢量图形装饰，体现科技感。

（4）整体设计风格时尚，符合年轻人喜好。

（5）设计规格为750像素（宽）×200像素（高），分辨率为72像素/英寸。

习题2.2 【项目创意及制作】

1. 素材资源

素材所在位置：本书资源中的“Ch12/素材/制作电商平台App主页Banner/01~03”。

2. 作品参考

图12-5

设计作品参考效果所在位置：本书资源中的“Ch12/效果/制作电商平台App主页Banner.psd”，最终效果如图12-5所示。

3. 制作要点

使用快速选择工具绘制选区，使用“反选”命令反选图像，使用移动工具移动选区中的图像，使用横排文字工具添加宣传文字。

12.2 海报设计——制作抗皱精华露海报

12.2.1 【项目背景及要求】

1. 客户名称

雅颂美妆有限公司。

2. 客户需求

雅颂美妆是一个涉足护肤、彩妆、香水等多个产品领域的全新国货护肤品牌。现推出新款抗皱精华露，需要为其设计一款海报用于线上宣传，要求符合年轻人的喜好，突出产品特色且具有吸引力。

3. 设计要求

（1）画面要求以产品图片为主体，模拟实际场景，给客户带来直观的视觉感受。

（2）整体色彩明亮鲜丽，装饰元素合理搭配，丰富画面效果。

（3）文字排版整齐，突出产品特点和功效。

（4）设计风格具有特色，版式活而不散，能够引起顾客的兴趣及购买欲望。

（5）设计规格为1200像素（宽）×1520像素（高），分辨率为72像素/英寸。

12.2.2 【项目创意及流程】

1. 素材资源

素材所在位置：本书资源中的“Ch12/素材/制作抗皱精华露海报/01~07”。

2. 设计流程

设计流程如图12-6所示。

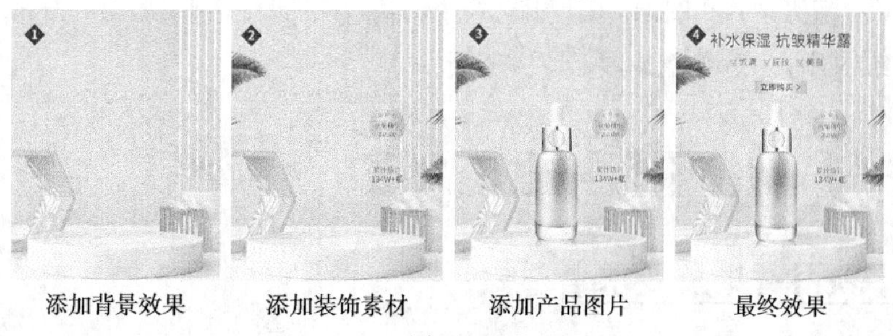

添加背景效果　添加装饰素材　添加产品图片　最终效果

图12-6

3. 制作要点

使用矩形工具绘制图形，使用“置入嵌入对象”命令置入图像，使用“创建剪贴蒙版”命令调整图片显示区域，使用“亮度/对比度”命令为图像调色，使用横排文字工具输入文字内容，使用“渐变叠加”命令为图形添加效果。

课堂练习1——制作实木餐桌椅海报

练习1.1 【项目背景及要求】

1. 客户名称

艾利佳家居。

2. 客户需求

艾利佳家居是一个专注设计感的现代家具品牌，力求给客户传递“零压力”生活概念。该品牌重点打造简约、时尚、现代的家居风格。现要求设计一款实木餐桌椅海报，设计要符合产品的宣传主题，能体现出产品的特点。

3. 设计要求

（1）版面设计简约，给人直观的印象，易于阅读。

（2）文字排版整齐大气，体现产品特点。

（3）以产品的展示照片为主，让人一目了然。

（4）整体设计风格时尚，符合年轻人喜好。

（5）设计规格为1200像素（宽）×1520像素（高），分辨率为72像素/英寸。

练习1.2 【项目创意及制作】

1. 素材资源

素材所在位置：本书资源中的“Ch12/素材/制作实木餐桌椅海报/01~02”。

2. 作品参考

设计作品参考效果所在位置：本书资源中的“Ch12/效果/制作实木餐桌椅海报.psd”，最终效果如图12-7所示。

图12-7

3. 制作要点

使用“新建参考线版面”命令建立参考线，使用矩形工具绘制背景，使用“置入嵌入对象”命令置入图片和图标，使用调色命令调整图片色调，使用横排文字工具添加宣传文字，使用圆角矩形工具绘制图形。

课堂练习2——制作旅行社推广海报

练习2.1 【项目背景及要求】

1. 客户名称

红太阳旅行社。

2. 客户需求

红太阳旅行社是一家经营各类旅行活动的旅游公司，包括车辆出租、带团旅行等活动。旅行社要为暑期旅游制作宣传单，需根据公司经营内容及景区风景制作宣传单，设计要求清新自然，主题突出。

3. 设计要求

（1）宣传单背景要求体现出旅行的特点。

（2）色彩搭配要求自然大气。

（3）画面以风景照片为主，效果独特、文字清晰，能达到吸引游客的目的。

（4）设计规格为750像素（宽）×1181像素（高），分辨率为72dpi。

练习2.2 【项目创意及制作】

1. 素材资源

素材所在位置：本书资源中的“Ch12/素材/制作旅行社推广海报/01~08”。

2. 作品参考

设计作品参考效果所在位置：本书资源中的“Ch12/效果/制作旅行社推广海报.psd”，最终效果如图12-8所示。

图12-8

3. 制作要点

使用“创建新的填充或调整图层”按钮调整图像色调，使用“添加图层蒙版”按钮、画笔工具调整图像显示效果，使用横排文字工具添加文字信息，使用椭圆工具和矩形工具添加装饰图形。

课后习题1——制作实木双人床海报

习题1.1 【项目背景及要求】

1. 客户名称

艾利佳家居。

2. 客户需求

艾利佳家居是一个专注设计感的现代家具品牌，力求为客户传递“零压力”生活概念。该品牌重点打造简约、时尚、现代风格家居。现要求设计一款双人床海报，设计要符合产品的宣传主题，能体现出产品的特点。

3. 设计要求

（1）以主体产品为主，搭配宣传文字，使图文和谐统一。

（2）文字排版整齐大气，易于阅读。

（3）合理运用颜色，给人品质感。

（4）整体设计清新自然，给人好感，使人产生购买欲望。

（5）设计规格为1200像素（宽）×1520像素（高），分辨率为72像素/英寸。

习题1.2 【项目创意及制作】

1. 素材资源

素材所在位置：本书资源中的“Ch12/素材/制作实木双人床海报/01~05”。

2. 作品参考

设计作品参考效果所在位置：本书资源中的“Ch12/效果/制作实木双人床海报.psd”，最终效果如图12-9所示。

图12-9

3. 制作要点

使用“新建参考线版面”命令建立参考线，使用矩形工具绘制背景，使用“置入嵌入对象”命令置入图片，使用“添加图层样式”按钮制作投影效果，使用横排文字工具添加宣传文字，使用圆角矩形工具绘制图形。

课后习题2——制作汽车海报

习题2.1 【项目背景及要求】

1. 客户名称

飞驰汽车集团。

2. 客户需求

飞驰汽车集团以高质量、高性能的汽车产品闻名，目前飞驰汽车集团推出最新优惠购车活动，要求为本次活动制作宣传广告，能适用于街头派发、橱窗及公告栏展示，并且能够将优惠信息明确清晰地传达给客户。

3. 设计要求

（1）广告背景以飞驰汽车为主，将文字与图片相结合，呼应主题。

（2）文字设计要具有特色，将本次活动全面概括地表现出来。

（3）设计要求采用横版的形式，色彩对比强烈，形成视觉冲击。

（4）能够给人带来速度与品质的观感，并体现品牌风格。

（5）设计规格为297mm（宽）×210mm（高），分辨率为300dpi。

习题2.2 【项目创意及制作】

1. 素材资源

素材所在位置：本书资源中的“Ch12/素材/制作汽车海报/01~05”。

2. 作品参考

设计作品参考效果所在位置：本书资源中的“Ch12/效果/制作汽车海报.psd”，最终效果如图12-10所示。

图12-10

3. 制作要点

使用矩形工具、“添加图层样式”按钮制作背景图，使用横排文字工具、“透视”命令和“投影”命令制作标题文字，使用圆角矩形工具和“创建剪贴蒙版”命令制作图片剪切效果。

12.3 书籍装帧设计——制作儿童教育图书封面

12.3.1 【项目背景及要求】

1. 客户名称

×××出版社。

2. 客户需求

《青少年的成长日记》是×××出版社策划的一本童书，书中的内容充满知识性和趣味性，使孩子在阅读的乐趣中体会人生道理。要求进行书籍的封面设计，用于图书的出版及发售，设计要符合儿童的喜好，保持童真和乐趣，避免出现成人化现象。

3. 设计要求

（1）图书封面的设计要以儿童喜欢的元素为主导。

（2）要求使用儿童插画的形式来诠释图书内容，表现图书特色。

（3）画面色彩要符合童真，使用柔和舒适的色彩，丰富画面效果。

（4）设计风格具有特色，能够引起儿童的好奇和阅读兴趣。

（5）设计规格为456mm（宽）×303mm（高），分辨率为150dpi。

12.3.2 【项目创意及流程】

1. 素材资源

素材所在位置：本书资源中的“Ch12/素材/制作儿童教育图书封面/01~08”。

2. 设计流程

设计流程如图12-11所示。

制作封面效果

制作封底效果

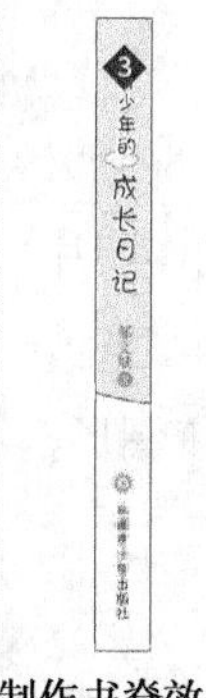
制作书脊效果

最终效果

图12-11

3. 制作要点

使用“新建参考线”命令添加参考线，使用钢笔工具和“描边”命令制作背景底图，使用横排文字工具和图层样式制作标题文字，使用移动工具添加素材图片，使用自定形状工具绘制装饰图形。

课堂练习1——制作化妆美容图书封面

练习1.1 【项目背景及要求】

1. 客户名称

×××出版社。

2. 客户需求

×××出版社即将出版一本关于化妆的图书，名字叫作《四季美妆私语》，目前需要为图书设计封面，为图书的出版及发售使用。要求围绕化妆这一主题，能够通过封面吸引读者注意，将图书内容在封面中很好地体现出来。

3. 设计要求

（1）图书封面的设计使用可爱漂亮的背景，注重细节的修饰和处理。

（2）整体色调美观舒适、色彩丰富、搭配自然。

（3）图书的封面要表现出化妆的魅力和特色，与图书主题相呼应。

（4）设计规格为466mm（宽）×266mm（高），分辨率为300dpi。

练习1.2 【项目创意及制作】

1. 素材资源

素材所在位置：本书资源中的“Ch12/素材/制作化妆美容图书封面/01~07”。

2. 作品参考

设计作品参考效果所在位置：本书资源中的“Ch12/效果/制作化妆美容图书封面.psd”，最终效果如图12-12所示。

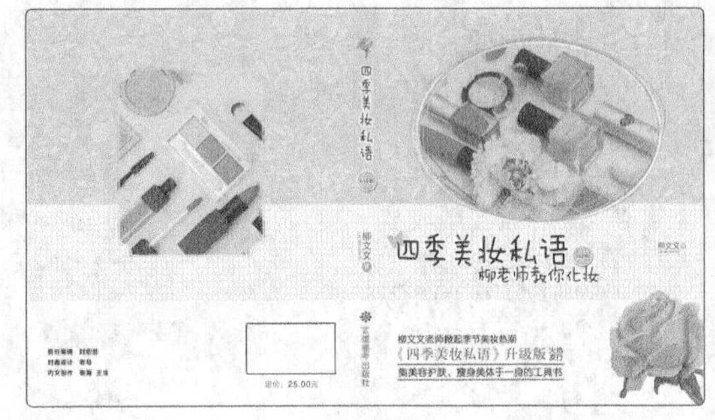

图12-12

3. 制作要点

使用“新建参考线”命令添加参考线，使用矩形工具、“不透明度”选项和“创建剪贴蒙版”命令制作图片的剪切效果，使用椭圆工具、“定义图案”命令和图案填充命令制作背景底图，使用自定形状工具绘制装饰图形，使用横排文字工具和“描边”命令添加相关文字。

课堂练习2——制作摄影图书封面

练习2.1 【项目背景及要求】

1. 客户名称

×××出版社。

2. 客户需求

×××出版社是一家为广大读者提供品种丰富且文化含量高的优质图书的出版社。该出版社目前有一本书需要根据其内容特点，设计封面及封底的内容。

3. 设计要求

（1）在设计思路上，使用优秀摄影作品为主要内容，吸引读者的注意。

（2）在画面中添加推荐文字，布局合理，主次分明。

（3）封底与封面相互呼应，向读者传达主要的信息内容。

（4）整体设计醒目直观，让人印象深刻。

（5）设计规格为355mm（宽）×229mm（高），分辨率为300dpi。

练习2.2 【项目创意及制作】

1. 素材资源

素材所在位置：本书资源中的“Ch12/素材/制作摄影图书封面/01~10”。

2. 作品参考

设计作品参考效果所在位置：本书资源中的“Ch12/效果/制作摄影图书封面.psd”，最终效果如图12-13所示。

图12-13

3. 制作要点

使用矩形工具、移动工具和剪贴蒙版制作主体照片，使用横排文字工具和“字符”面板添加图书信息，使用矩形工具和自定形状工具绘制标识。

课后习题1——制作花艺工坊图书封面

习题1.1 【项目背景及要求】

1. 客户名称

花艺工坊。

2. 客户需求

花艺工坊是一家致力于将花艺爱好者培养成花艺设计师的花艺坊。人们精神生活需求日益增长，花艺设计越来越受到人们的喜爱，花艺工坊的宗旨是让花艺爱好者时刻体验花艺的美感，让生活充满惊喜。本案例是为花艺工坊制作的图书封面，要求新颖别致，体现出花艺设计的特点。

3. 设计要求

（1）设计要求清新文艺，体现出花艺设计的特点。

（2）以实景照片作为封面的背景底图，文字与图片搭配合理，具有美感。

（3）色彩要求围绕照片进行设计搭配，达到舒适自然的效果。

（4）标题直观醒目，具有设计感。

（5）设计规格为391mm（宽）×266mm（高），分辨率为150dpi。

习题1.2 【项目创意及制作】

1. 素材资源

素材所在位置：本书资源中的“Ch12/素材/制作花艺工坊图书封面/01~02”。

2. 作品参考

设计作品参考效果所在位置：本书资源中的“Ch12/效果/制作花艺工坊图书封面.psd”，最终效果如图12-14所示。

图12-14

3. 制作要点

使用“新建参考线”命令添加参考线，使用“置入嵌入对象”命令置入图片，使用“创建剪贴蒙版”命令和矩形工具制作图像显示效果，使用文字工具添加文字信息，使用钢笔工具和直线工具添加装饰图案，使用图层混合模式更改图像的显示效果。

课后习题2——制作少儿读物图书封面

习题2.1 【项目背景及要求】

1. 客户名称

佳趣图书文化有限公司。

2. 客户需求

《快乐大冒险》是一本少儿科普图书，该书以漫画的形式使儿童在趣味中学到知识。要求为《快乐大冒险》设计封面，设计元素要符合儿童的特点，也要突出将漫画与知识相结合的特色，避免出现儿童图书成人化的现象。

3. 设计要求

（1）图书封面的设计要具有儿童图书的风格和特色。

（2）要求将漫画、科学和儿童3种要素完美结合。

（3）画面色彩要符合儿童的喜好，用色大胆强烈，使用鲜艳的色彩，在视觉上吸引儿童的注意。

（4）要符合儿童充满好奇、阳光向上的特点。

（5）设计规格为310mm（宽）×210mm（高），分辨率为300dpi。

习题2.2 【项目创意及制作】

1. 素材资源

素材所在位置：本书资源中的“Ch12/素材/制作少儿读物图书封面/01~04”。

2. 作品参考

设计作品参考效果所在位置：本书资源中的“Ch12/效果/制作少儿读物图书封面.psd”，最终效果如图12-15所示。

图12-15

3. 制作要点

使用图案填充命令、图层混合模式制作背景效果；使用钢笔工具、横排文字工具、“添加图层样式”按钮制作标题文字；使用圆角矩形工具、自定形状工具绘制装饰图形；使用钢笔工具、文字工具制作区域文字。

12.4 包装设计——制作果汁饮料包装

12.4.1 【项目背景及要求】

1. 客户名称

天乐饮料有限公司。

2. 客户需求

天乐饮料是一家以纯天然果汁为主要产品的饮料企业。要求为公司设计一款有机水果饮料的包装，产品主要针对的消费者是关注健康、注意营养膳食结构的人群。要求在包装设计上体现出果汁来源于新鲜水果。

3. 设计要求

（1）包装风格要求以米黄和粉红为主，体现出产品新鲜、健康的特点。

（2）字体要求简洁大气，配合整体的包装风格，让人印象深刻。

（3）设计以水果图片为主，图文搭配编排合理，视觉效果强烈。

（4）以真实简洁的方式向观者传达信息内容。

（5）设计规格为290mm（宽）×290mm（高），分辨率为300dpi。

12.4.2 【项目创意及流程】

1. 素材资源

素材所在位置：本书资源中的“Ch12/素材/制作果汁饮料包装/01~11”。

2. 设计流程

如图12-16所示。

制作包装平面图

制作包装立体图

最终效果

图12-16

3. 制作要点

使用“新建参考线”命令添加参考线，使用选框工具和绘图工具添加背景底图，使用移动工具、蒙版和画笔工具制作水果和自然图片，使用横排文字工具和“文字变形”命令添加宣传文字，使用“自由变换”命令和钢笔工具制作立体效果，使用移动工具制作广告效果。

课堂练习1——制作冰激凌包装

练习1.1 【项目背景及要求】

1. 客户名称

仙仙甜品店。

2. 客户需求

仙仙甜品店是一家主打冰激凌的甜品店，招牌口味有香草、抹茶、奶香曲奇、杧果、提拉米苏等。甜品包括冰雪奇缘、鲜果塔、甜蜜城堡、马卡龙等。现推出新款草莓口味冰激凌，要求为其制作一款独立包装。设计要求包装与产品契合，抓住产品特点。

3. 设计要求

（1）整体色彩搭配合理，主题突出，给人舒适感。

（2）草莓酱与冰激凌球的搭配带给人甜蜜细腻的感觉，凸显出产品的特色。

（3）字体的设计与宣传的主体相呼应，达到宣传的目的。

（4）整体设计简单方便，易给人好感，使人产生购买欲望。

（5）设计规格为200 mm（宽）×160 mm（高），分辨率为150dpi。

练习1.2 【项目创意及制作】

1. 素材资源

素材所在位置：本书资源中的“Ch12/素材/制作冰激凌包装/01~06”。

2. 作品参考

设计作品参考效果所在位置：本书资源中的“Ch12/效果/制作冰激凌包装.psd”，最终效果如图12-17所示。

图12-17

3. 制作要点

使用椭圆工具、图层样式、“色阶”命令和横排文字工具制作包装平面图，使用移动工具、“置入嵌入对象”命令和“投影”命令制作包装展示效果。

课堂练习2——制作土豆片软包装

练习2.1 【项目背景及要求】

1. 客户名称

脆乡食品有限公司。

2. 客户需求

脆乡食品有限公司是一家生产、销售各种零食的综合型制造企业。产品涵盖糖果、巧克力、果冻、糕点和调味品等众多类别。本例是为土豆片设计制作的产品包装，要求能体现出健康、时尚的特点和积极、乐观的生活态度。

3. 设计要求

（1）使用橙色的背景，营造出阳光、舒适的氛围。

（2）绿色叶子和薯片的搭配给人自然、健康的印象。

（3）以土豆和土豆片作为包装封面的元素，表现出自然、真实的特色。

（4）以真实、简洁的方式向观者传达信息内容。

（5）设计规格为212mm（宽）×100mm（高），分辨率为100dpi。

练习2.2 【项目创意及制作】

1. 素材资源

素材所在位置：本书资源中的“Ch12/素材/制作土豆片软包装/01~08”。

2. 作品参考

设计作品参考效果所在位置：本书资源中的“Ch12/效果/制作土豆片软包装.psd”，最终效果如图12-18所示。

图12-18

3. 制作要点

使用椭圆工具和横排文字工具添加产品相关信息，使用钢笔工具和“添加图层样式”按钮制作包装袋底图，使用画笔工具和“图层”面板制作阴影和高光。

课后习题1——制作洗发水包装

习题1.1 【项目背景及要求】

1. 客户名称

冰凌花洗发水。

2. 客户需求

冰凌花是一个著名的护发品牌，该公司在充分了解消费者需求的基础上不断研发出更新、更优质的产品，满足消费者的需求。目前，公司推出了一款最新的洗发水产品，要求为其设计包装，包装要求美观独特。

3. 设计要求

（1）包装的瓶身使用白色，瓶盖使用绿色，使其能够相互衬托。

（2）设计风格简洁时尚，包装清爽自然。

（3）要求体现产品的特色与最新产品技术。

（4）设计规格为297mm（宽）×210mm（高），分辨率为300dpi。

习题1.2 【项目创意及制作】

1. 素材资源

素材所在位置：本书资源中的“Ch12/素材/制作洗发水包装/01~07”。

2. 作品参考

设计作品参考效果所在位置：本书资源中的“Ch12/效果/制作洗发水包装.psd”，最终效果如图12-19所示。

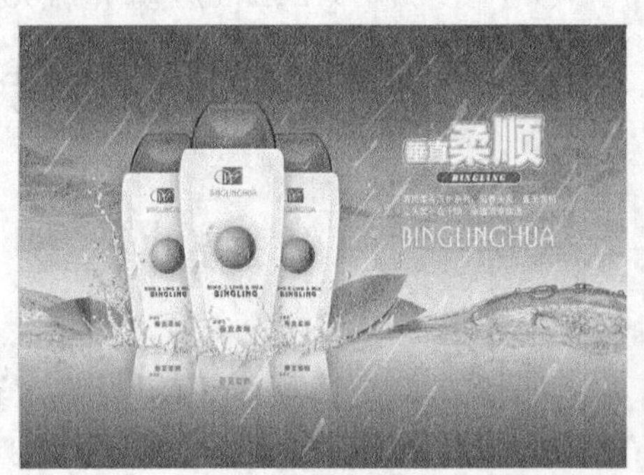

图12-19

3. 制作要点

使用渐变工具、图层混合模式制作图片的渐隐效果，使用圆角矩形工具、“添加图层样式”按钮制作装饰图形，使用横排文字工具添加宣传性文字。

课后习题2——制作五谷杂粮包装

习题2.1 【项目背景及要求】

1. 客户名称

梁辛绿色食品有限公司。

2. 客户需求

梁辛绿色食品有限公司是一家生产、经营和销售各种绿色食品的公司。本例是为食品公司设计的五谷杂粮包装，主要针对的消费者是关注健康、注意营养膳食结构的人群。在包装设计上要体现出健康、绿色的经营理念。

3. 设计要求

（1）设计要求清新古典，体现出五谷杂粮绿色健康的特点。

（2）背景与产品包装色调对比强烈，突出产品。

（3）包装色调为棕红色，和产品图片合理搭配，给人自然、可靠的印象。

（4）整体设计简单大方，颜色清爽明快，易使人产生购买欲望。

（5）设计规格为297mm（宽）×140mm（高），分辨率为300dpi。

习题2.2 【项目创意及制作】

1. 素材资源

素材所在位置：本书资源中的“Ch12/素材/制作五谷杂粮包装/01~06”。

2. 作品参考

设计作品参考效果所在位置：本书资源中的“Ch12/效果/制作五谷杂粮包装.psd”，最终效果如图12-20所示。

图12-20

3. 制作要点

使用“新建参考线”命令添加参考线，使用钢笔工具绘制包装平面图，使用“羽化”命令和图层混合模式制作高光效果，使用图层蒙版、渐变工具和“图层”面板制作图片叠加效果，使用多种图层样式为文字添加特殊效果，使用矩形选框工具和“变换”命令制作包装的立体效果。

12.5 网页设计——制作生活家具类网站首页

12.5.1 【项目背景及要求】

1. 客户名称

艾利佳家居。

2. 客户需求

艾利佳家居是一个具有设计感的现代家具品牌，秉承简约风格，传递“零压力”生活概念。平台重点打造简约、时尚、现代风格的家居。现为拓展公司业务、扩大规模，需要开发线上购物平台。要求设计一款网站首页，设计要符合产品的宣传主题，能体现出平台的特点。

3. 设计要求

（1）页面布局规整大气，给人简洁直观的印象。

（2）主次分明的商品展示，让人一目了然，便于人们查找和购买。

（3）不同程度的棕色和浅褐色的运用，展现出商品的精致和品质感。

（4）文字排版易读性强，同时给人时尚可靠的印象。

（5）设计规格为1920像素（宽）×3174像素（高），分辨率为72dpi。

12.5.2 【项目创意及流程】

1. 素材资源

素材所在位置：本书资源中的“Ch12/素材/制作生活家具类网站首页/01~13”。

2. 设计流程

设计流程如图12-21所示。

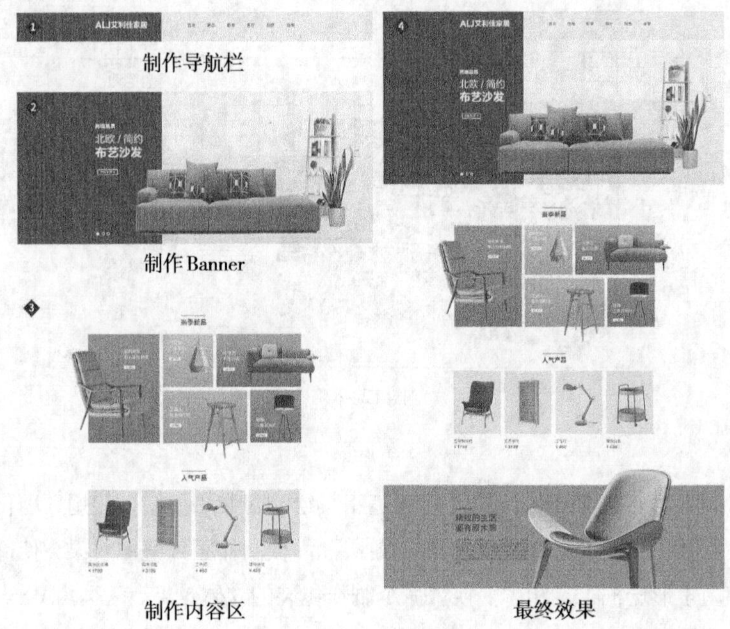

图12-21

3. 制作要点

使用移动工具添加素材图片，使用横排文字工具、“字符”面板、矩形工具和椭圆工具制作Banner和导航栏，使用直线工具、图层样式、矩形工具和横排文字工具制作网页内容和底部信息。

课堂练习1——制作生活家具类网站详情页

练习1.1 【项目背景及要求】

1. 客户名称

装饰家具公司。

2. 客户需求

装饰家具公司是一家集研发、生产销售、服务于一体的综合型家具装饰企业，得到众多客户的一致好评。公司需要为现有的产品设计销售详情页，要求使用简洁的形式表达出产品特点，使人产生购买的欲望。

3. 设计要求

（1）使用浅色的背景突出产品，使产品醒目直观。

（2）展示主产品的同时，推送相关的其他产品，促进销售。

（3）设计风格简约，颜色的运用搭配合理，给人品质感。

（4）设计规格为1920像素（宽）×3156像素（高），分辨率为72dpi。

练习1.2 【项目创意及制作】

1. 素材资源

素材所在位置：本书资源中的“Ch12/素材/制作生活家具类网站详情页/01~08”。

2. 作品参考

设计作品参考效果所在位置：本书资源中的“Ch12/效果/制作生活家具类网站详情页.psd”，最终效果如图12-22所示。

图12-22

3. 制作要点

使用“置入嵌入对象”命令置入图片，使用圆角矩形工具、矩形工具和直线工具绘制基本形状，使用横排文字工具添加文字，使用“创建剪贴蒙版”命令添加宣传产品。

课堂练习2——制作生活家具类网站列表页

练习2.1 【项目背景及要求】

1. 客户名称

装饰家具公司。

2. 客户需求

装饰家具公司是一家集研发、生产销售、服务于一体的综合型家具装饰企业，得到众多客户的一致好评。公司需要为现有的产品设计产品列表页，要求使用简洁的形式表达出产品特点，使人产生购买的欲望。

3. 设计要求

（1）使用浅色的背景突出产品，醒目直观。

（2）设计风格简洁大方，给人温馨舒适的感觉。

（3）整体设计清新自然，给人好感，使人产生购买欲望。

（4）产品排列整齐统一，使人一目了然。

（5）设计规格为1920像素（宽）×3496像素（高），分辨率为72dpi。

练习2.2 【项目创意及制作】

1. 素材资源

素材所在位置：本书资源中的“Ch12/素材/制作生活家具类网站列表页/01~14”。

2. 作品参考

设计作品参考效果所在位置：本书资源中的“Ch12/效果/制作生活家具类网站列表页.psd”，最终效果如图12-23所示。

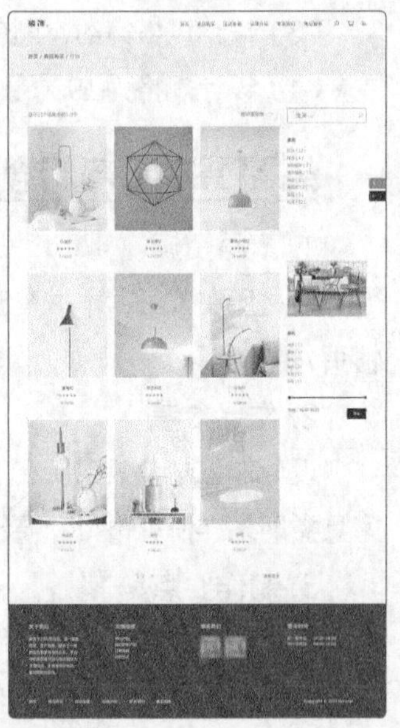
图12-23

3. 制作要点

使用“置入嵌入对象”命令置入图片，使用圆角矩形工具、矩形工具、椭圆工具和直线工具绘制基本形状，使用横排文字工具添加文字，使用“创建剪贴蒙版”命令添加宣传产品。

课后习题1——制作中式茶叶官网首页

习题1.1 【项目背景及要求】

1. 客户名称

品茗茶叶有限公司。

2. 客户需求

品茗茶叶是一家以制茶为主的企业，秉承汇聚源产地好茶的理念，在业内深受客户的喜爱，已开设多家连锁店。现为提升公司知名度，需要设计官网首页，要求体现公司内涵、传达企业理念，并能展示出主营产品。

3. 设计要求

（1）整体版面以中式风格为主。

（2）设计简洁大方，体现绿色生态的理念。

（3）以绿色和白色为主色调，和谐统一。

（4）要求体现主营产品的种类和种植环境。

（5）设计规格为1920像素（宽）×4867像素（高），分辨率为72dpi。

习题1.2 【项目创意及制作】

1. 素材资源

素材所在位置：本书资源中的“Ch12/素材/制作中式茶叶官网首页/01~24”。

2. 作品参考

设计作品参考效果所在位置：本书资源中的“Ch12/效果/制作中式茶叶官网首页.psd”，最终效果如图12-24所示。

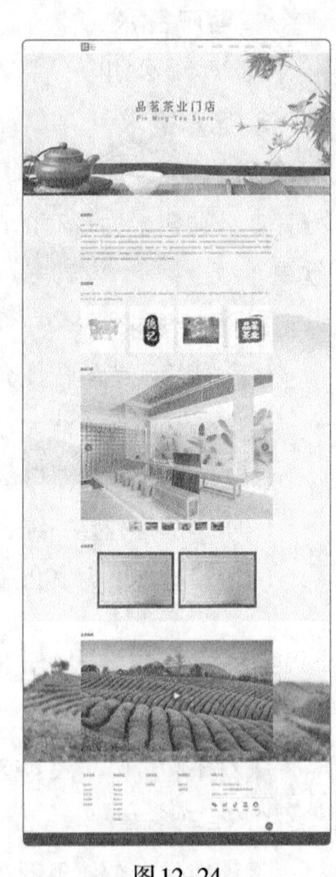

图12-24

3. 制作要点

使用“新建参考线”命令建立参考线，使用“置入嵌入对象”命令置入图片，使用“创建剪贴蒙版”命令调整图片显示区域，使用横排文字工具添加文字，使用矩形工具和圆角矩形工具绘制基本形状。

课后习题2——制作中式茶叶官网详情页

习题2.1 【项目背景及要求】

1. 客户名称

品茗茶叶有限公司。

2. 客户需求

品茗茶叶是一家以制茶为主的企业，秉承汇聚源产地好茶的理念，在业内深受客户的喜爱，已开设多家连锁店。现为推广茶文化，需要设计官网详情页，要求着重体现品茶方法，并普及泡茶过程以及制茶流程。

3. 设计要求

（1）整体版面以中式风格为主。

（2）设计简洁大方，体现绿色生态的理念。

（3）以绿色和白色为主色调，使颜色和谐统一。

（4）要求体现品茶方法、泡茶过程及制茶流程。

（5）设计规格为1920像素（宽）×7302像素（高），分辨率为72dpi。

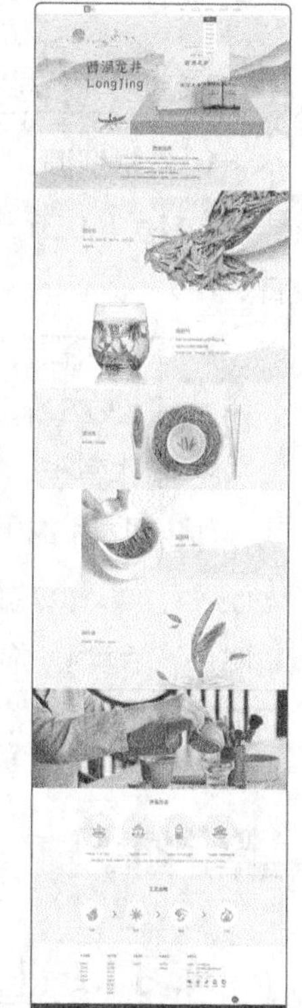

图12-25

习题2.2 【项目创意及制作】

1. 素材资源

素材所在位置：本书资源中的“Ch12/素材/制作中式茶叶官网详情页/01~30”。

2. 作品参考

设计作品参考效果所在位置：本书资源中的“Ch12/效果/制作中式茶叶官网详情页.psd”，最终效果如图12-25所示。

3. 制作要点

使用“新建参考线”命令建立参考线，使用“置入嵌入对象”命令置入图片，使用“创建剪贴蒙版”命令调整图片显示区域，使用横排文字工具添加文字，使用矩形工具和椭圆形工具绘制基本形状。

12.6 App页面设计——制作旅游类App首页

12.6.1 【项目背景及要求】

1. 客户名称

畅游旅游App。

2. 客户需求

畅游旅游是一个在线票务服务公司，已创办多年，成功整合了高科技产业与传统旅游行业，为会员提供集酒店预订、机票预订、度假预订、商旅管理、特惠商户及旅游资讯在内的全方位旅行服务。现为美化公司App页面，需要重新设计一款App首页，要求符合公司经营项目的特点。

3. 设计要求

（1）页面布局合理，模块划分清晰明确。

（2）Banner采用风景图与文字相结合的形式，突出主题。

（3）整体色彩鲜艳时尚，使人产生浏览兴趣。

（4）风景图与介绍性文字合理搭配，图文相互呼应。

（5）设计规格为750像素（宽）×2086像素（高），分辨率为72dpi。

12.6.2 【项目创意及流程】

1. 素材资源

素材所在位置：本书资源中的“Ch12/素材/制作旅游类App首页/01~17”。

2. 设计流程

如图12-26所示。

3. 制作要点

使用圆角矩形工具、矩形工具和椭圆工具绘制形状，使用“置入嵌入对象”命令置入图片和图标，使用“创建剪贴蒙版”命令调整图片显示区域，使用“渐变叠加”命令添加效果，使用“属性”面板制作弥散投影，使用横排文字工具输入文字。

制作Banner、状态栏和导航栏

制作金刚区和瓷片区

制作分段控件和热搜

制作瀑布流

最终效果

图12-26

课堂练习1——制作旅游类App引导页

练习1.1 【项目背景及要求】

1. 客户名称

畅游旅游App。

2. 客户需求

畅游旅游是一个在线票务服务公司，已创办多年，成功整合了高科技产业与传统旅游行业，为会员提供集酒店预订、机票预订、度假预订、商旅管理、特惠商户及旅游资讯在内的全方位旅行服务。现为美化公司App页面，需要重新设计一款App引导页，要求以风景为主，提升客户兴趣。

3. 设计要求

（1）版面以风景图片为主，生动形象地表现公司经营项目。

（2）宣传语排版合理，便于观看。

（3）控制页面切换的按钮具有设计感。

（4）整体风格简洁大气，体现自然的感觉。

（5）设计规格为750像素（宽）×1624像素（高），分辨率为72dpi。

练习1.2 【项目创意及制作】

1. 素材资源

素材所在位置：本书资源中的“Ch12/素材/制作旅游类App引导页/01~09”。

2. 作品参考

设计作品参考效果所在位置：本书资源中的“Ch12/效果/制作旅游类App引导页.psd”，最终效果如图12-27所示。

图12-27

3. 制作要点

使用“置入嵌入对象”命令置入图像和图标，使用“渐变叠加”命令和“颜色叠加”命令添加效果，使用横排文字工具输入文字，使用矩形工具绘制按钮。

课堂练习2——制作旅游类App个人中心页

练习2.1 【项目背景及要求】

1. 客户名称

畅游旅游App。

2. 客户需求

畅游旅游是一个在线票务服务公司，已创办多年，成功整合了高科技产业与传统旅游行业，为会员提供集酒店预订、机票预订、度假预订、商旅管理、特惠商户及旅游资讯在内的全方位旅行服务。现为美化公司App页面，需要重新设计一款App个人中心页，要求以功能性为主，便于客户编辑信息和查看订单。

3. 设计要求

（1）版面简洁直观，便于用户按需查看和使用多种功能。

（2）主体的个人信息罗列简单明了，便于编辑。

（3）活动信息及VIP模块布局合理，醒目清晰。

（4）常用工具排版规范，整齐大方。

（5）设计规格为750像素（宽）×1624像素（高），分辨率为72dpi。

练习2.2 【项目创意及制作】

1. 素材资源

素材所在位置：本书资源中的“Ch12/素材/制作旅游类App个人中心页/01~23”。

2. 作品参考

设计作品参考效果所在位置：本书资源中的“Ch12/效果/制作旅游类App个人中心页.psd”，最终效果如图12-28所示。

图12-28

3. 制作要点

使用圆角矩形工具、矩形工具、椭圆工具和直线工具绘制形状，使用“置入嵌入对象”命令置入图片和图标，使用“创建剪贴蒙版”命令调整图片显示区域，使用“渐变叠加”命令添加效果，使用“属性”面板制作弥散投影，使用横排文字工具输入文字。

课后习题1——制作旅游类App酒店详情页

习题1.1 【项目背景及要求】

1. 客户名称

畅游旅游App。

2. 客户需求

畅游旅游是一个在线票务服务公司，已创办多年，成功整合了高科技产业与传统旅游行业，为会员提供集酒店预订、机票预订、度假预订、商旅管理、特惠商户及旅游资讯在内的全方位旅行服务。现为美化公司App页面，需要重新设计一款App酒店详情页，要求以功能性为主，便于客户了解基本信息和订房间。

3. 设计要求

（1）版面上方以房间实拍图为主，生动形象地体现居住环境。

（2）说明性介绍文字排版合理，便于观看。

（3）订房日期醒目清晰，一目了然。

（4）房间性能及价格模块设计和谐统一，凸显功能性。

（5）设计规格为750像素（宽）×2290像素（高），分辨率为72dpi。

习题1.2 【项目创意及制作】

1. 素材资源

素材所在位置：本书资源中的“Ch12/素材/制作旅游类App酒店详情页/01~15”。

2. 作品参考

设计作品参考效果所在位置：本书资源中的“Ch12/效果/制作旅游类App酒店详情页.psd”，最终效果如图12-29所示。

图12-29

3. 制作要点

使用圆角矩形工具、矩形工具、椭圆工具和直线工具绘制形状，使用“置入嵌入对象”命令置入图片和图标，使用“创建剪贴蒙版”命令调整图片显示区域，使用“属性”面板制作弥散投影，使用横排文字工具输入文字。

课后习题2——制作旅游类App登录页

习题2.1 【项目背景及要求】

1. 客户名称

畅游旅游App。

2. 客户需求

畅游旅游是一个在线票务服务公司，已创办多年，成功整合了高科技产业与传统旅游行业，为会员提供集酒店预订、机票预订、度假预订、商旅管理、特惠商户及旅游资讯在内的全方位旅行服务。现为美化公司App页面，需要重新设计一款App登录页，要求排版简洁大方，便于用户登录。

3. 设计要求

（1）背景为风景图片，生动形象地表现公司经营项目。

（2）文字排版合理，主次分明。

（3）登录按钮醒目规范，便于用户点击。

（4）整体风格简洁大气，体现自然的感觉。

（5）设计规格为750像素（宽）×1624像素（高），分辨率为72dpi。

习题2.2 【项目创意及制作】

1. 素材资源

素材所在位置：本书资源中的“Ch12/素材/制作旅游类App登录页/01~10”。

2. 作品参考

设计作品参考效果所在位置：本书资源中的“Ch12/效果/制作旅游类App登录页.psd”，最终效果如图12-30所示。

3. 制作要点

使用圆角矩形工具和直线工具绘制形状，使用“置入嵌入对象”命令置入图片和图标，使用“颜色叠加”命令添加效果，使用横排文字工具输入文字。

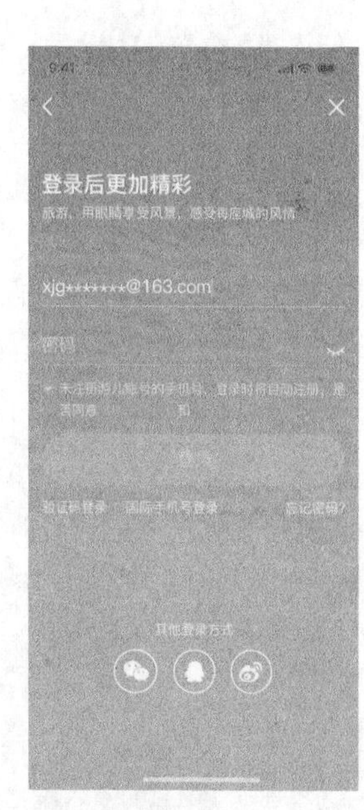

图12-30